电子技术

主　编　廖化容　张俊佳　朱文艳
副主编　刘　阳　邓　勇　王　旭
主　审　黄晓波　唐春林

西南交通大学出版社
·成　都·

图书在版编目（CIP）数据

电子技术 / 廖化容，张俊佳，朱文艳主编. —成都：
西南交通大学出版社，2022.11
ISBN 978-7-5643-9050-1

Ⅰ. ①电… Ⅱ. ①廖… ②张… ③朱… Ⅲ. ①电子技
术 Ⅳ. ①TN

中国版本图书馆 CIP 数据核字（2022）第 232063 号

Dianzi Jishu
电子技术

主编　廖化容　张俊佳　朱文艳

责 任 编 辑	梁志敏	
封 面 设 计	原谋书装	
	西南交通大学出版社	
出 版 发 行	（四川省成都市金牛区二环路北一段 111 号 西南交通大学创新大厦 21 楼）	
发行部电话	028-87600564　028-87600533	
邮 政 编 码	610031	
网　　　址	http://www.xnjdcbs.com	
印　　　刷	成都蜀通印务有限责任公司	
成 品 尺 寸	185 mm × 260 mm	
印　　　张	16	
字　　　数	389 千	
版　　　次	2022 年 11 月第 1 版	
印　　　次	2022 年 11 月第 1 次	
书　　　号	ISBN 978-7-5643-9050-1	
定　　　价	48.00 元	

前 言
PREFACE

电子技术是电工电子学的重要组成部分，其应用广泛，是高等职业院校工科非电类专业学生必须学习和掌握的技术基础课程。为了适应高等职业院校培养实用型高级人才的需要，使电子技术课程的教学内容和教学体系不断完善，并能及时反映日新月异的电子新技术、新器件、新应用，编者结合多年的实践教学经验，编写了本书。参加编写的教师大部分长期工作在理论教学、实验和实习指导第一线。本书可作为高职高专电气类专业的基础课教材，也可作为电子技术应用相关专业人员的参考用书。

本书为校企合作联合编审的教材，邀请了中国铁路成都局集团有限公司黄晓波高级工程师、重庆公共运输职业学院唐春林教授担任联合主审，还邀请了具有多年一线工作经验的老师参与教材内容审定。

全书共 10 章，内容安排如下：

第 1 章介绍常用半导体元器件，包括二极管、三极管的工作特性，以及它们的判别方法；第 2 章介绍基本放大电路，包括基本放大电路的组成、工作原理及其分析方法；第 3 章介绍集成运算放大器，包括集成运算放大电路的基本应用；第 4 章介绍直流稳压电源，包括直流稳压电源的组成及工作原理；第 5 章介绍正弦波振荡电路的组成，RC 正弦波振荡电路、正弦波振荡电路的工作原理；第 6 章主要介绍电力电子器件、电力电子电路和电力电子装置及其系统；第 7 章介绍门电路与组合逻辑电路，包括数制的相互转换、基本门电路的逻辑功能、逻辑符号、真值表和逻辑表达式等；第 8 章介绍触发器和时序逻辑电路，包括触发器的工作原理、时序逻辑电路的分析方法；第 9 章介绍只读存储器和随机存取存储器的几种典型电路结构和工作原理，几种典型的可编程逻辑器件的结构和逻辑功能；第 10 章介绍模拟量和数字量的转换，D/A 转换器、A/D 转换器的工作原理。

本书由重庆公共运输职业学院廖化容、张俊佳、朱文艳担任主编，刘阳、邓勇、王旭担任副主编。廖化容对本书的内容和编写思路进行了总体策划，并对全书进行统稿。

廖化容、朱文艳编写了第 3、4、5、7、10 章；张俊佳编写了第 6、9 章；刘阳、邓勇编写了第 1、2 章；邓雄、张莉编写了第 8 章；皮秀军参与了第 3、4 章的编写；重庆江南冷气电器有限责任公司王旭参与了 PPT 和教学资源的制作。此书在编写过程中得到了重庆公共运输职业学院蔡娟、马羊琴、张芳莉、杨靓雨、卢文、罗苹、龚清林、王骁等老师的支持和帮助，在此一并表示感谢。

全书在西南交通大学出版社指导下完成，在编写过程中还借鉴了许多参考资料，在此对西南交通大学出版社各位编辑及参考资料的作者一并表示感谢。

限于经验和水平，书中疏漏在所难免，恳请广大读者提出宝贵意见。

编 者

2022 年 9 月

目　录
CONTENTS

1 半导体元器件

半导体元器件是在 20 世纪 50 年代初发展起来的电子元器件，它具有体积小、质量小、使用寿命长、输入功率小等优点。半导体元器件在集成电路、电力电子、通信系统、光伏发电、照明、大功率电源转换等领域都有应用，如二极管就是采用半导体制作的器件。

无论从科技或是经济发展的角度来看，半导体都是极其重要的。大部分的电子产品，如计算机、手机或通信设备中的核心单元都和半导体密不可分。

常见的半导体材料有硅、锗、砷化镓等，硅是各种半导体材料应用中最具有影响力的一种。可制作整流器、振荡器、发光器、放大器、测光器等器材。

半导体元器件是电子电器的核心元器件，常用的有二极管、三极管、稳压二极管、场效应晶体管等。半导体元器件是构成各种电子电路最基本的元器件，掌握其基本结构、工作原理、特性和参数是学习电子技术和分析电子电路不可或缺的基础，这样才能正确选择和合理使用半导体元器件。本章首先简要地介绍半导体的基础知识和 PN 结的基本原理，然后介绍半导体二极管、三极管、场效应管的结构、工作原理、特性曲线、主要参数以及应用电路等。

1.1 半导体的基础知识与 PN 结

1.1.1 半导体基础知识

1.1.1.1 半导体材料

半导体材料是一类具有半导体性能（导电能力介于导体与绝缘体之间，电阻率为 $1\,m\Omega \cdot cm \sim 1\,G\Omega \cdot cm$）、可用来制作半导体器件和集成电路的电子材料。

最常用的是硅（Si）和锗（Gc）两种元素半导体。半导体材料之所以得到广泛的应用，是因为它具有不同于导体和绝缘体的两种独特性质。

半导体是制造晶体管的原材料，之所以能得到广泛应用，主要原因并不在于它的电阻率大小，而在于其电阻率随温度、光照以及所含杂质的种类、浓度等条件的不同而出现显著的差别。半导体的导电性能有以下特性：

（1）半导体的电阻率对温度的反应很灵敏，其电阻率随温度的上升而明显下降。利用半导体的温度特性，可以把它作为热敏材料制成热敏元件，如热电偶、热敏电阻等。

（2）半导体对光的反应也很灵敏，它的电阻率因光照的不同会发生改变，光照越强，电阻率越低，导电能力越强。利用半导体的光照特性，可以把它作为光敏材料制成光电元器件，如光敏电阻、光电管等。

（3）半导体的电阻率与其所含杂质的浓度有很大关系，这一点与导体及绝缘体截然不同。利用半导体的杂敏特性，通过工艺手段，可以生产各种性能和用途的半导体器件，如二极管、晶体管、场效应管、晶闸管等。

半导体材料可按化学组成来分类，再将结构与性能比较特殊的非晶态与液态半导体单独列为一类。按照这样分类方法可将半导体材料分为元素半导体、无机化合物半导体、有机化合物半导体和非晶态与液态半导体。

1.1.1.2 本征半导体

本征半导体是指完全不含杂质且无晶格缺陷的纯净半导体，一般是指其导电能力主要由材料的本征激发决定的纯净半导体。典型的本征半导体有硅（Si）、锗（Ge）及砷化镓（GaAs）等。如图 1.1（a）所示，本征半导体中存在大量的价电子，当半导体的温度 $T > 0$ K 时，有电子从价带激发到导带去，同时价带中产生了空穴，这就是所谓的本征激发。

一般来说，半导体中的价电子不完全像绝缘体中价电子所受束缚那样强，如果能从外界获得一定的能量（如光照、温升、电磁场激发等），一些价电子就可能挣脱共价键的束缚而成为近似自由的电子（同时产生出一个空穴），这就是本征激发。这是一种热学本征激发，所需要的平均能量就是禁带宽度。

本征激发还有其他一些形式。如果是光照使得价电子获得足够的能量、挣脱共价键而成为自由电子，这是光学本征激发（竖直跃迁）；这种本征激发所需要的平均能量要大于热学本征激发的能量——禁带宽度。如果是电场加速作用使得价电子受到高能量电子的碰撞、发生电离而成为自由电子，就是碰撞电离本征激发。这种本征激发所需要的平均能量大约为禁带宽度的 1.5 倍。

价电子挣脱共价键的束缚成为自由电子，同时在原来共价键的相应位置上留下一个空位，这个空位称为空穴。空穴是一种带正电荷的载流子，其电量与电子电量相等。如图 1.1（b）所示，其中 A 处为空穴，B 处为自由电子。自由电子和空穴是成对出现的，因此称为电子空穴对。可见，在本征半导体中存在两种载流子，带负电荷的自由电子和带正电荷的空穴。但是，由于本征激发产生的电子空穴对的数目很少，载流子浓度很低，因此本征半导体的导电能力仍然很弱。

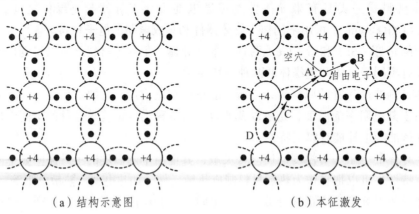

（a）结构示意图　　　　　　（b）本征激发

图 1.1　本征半导体

在本征激发产生电子空穴对的同时，自由电子在运动中因能量的损失有可能和空穴相遇，重新被共价键束缚起来，电子空穴对消失，这种现象称为"复合"。显然，在一定的温度下，半导体内部的自由电子载流子运动和空穴载流子运动总是共存的，激发和复合都在不停地进行，但最终将达到动态平衡。

1.1.1.3 杂质半导体

在本征半导体中掺入某些微量元素作为杂质，可使半导体的导电性发生显著变化。掺入的杂质主要是三价或五价元素。掺入杂质的本征半导体称为杂质半导体。制备杂质半导体时一般按百万分之一数量级的比例在本征半导体中掺杂，也叫作掺杂半导体。根据掺入杂质的化合价不同，可分为 N 型半导体和 P 型半导体。

1. N 型半导体

在硅（锗）晶体内掺入微量的五价元素如磷（P）或砷（As）等，由于磷原子最外层轨道上有 5 个价电子，其中 4 个价电子和周围的硅原子形成共价键，还多出一个价电子，这个价电子受磷原子的束缚很弱，很容易受热激发获得能量摆脱磷原子核对它的束缚而成为自由电子。每个磷原子都能提供一个自由电子，成为一个带正电离子，磷元素越多，形成的自由电子越多，且磷原子固定在晶格中不能移动，不可能有电子来弥补它，所以也不能产生空穴。这种半导体内电子的数量远远超出空穴的数量，被称为 N 型半导体，主要靠自由电子导电，自由电子是传递电流的主要带电粒子，称为多数载流子，空穴称为少数载流子，如图 1.2（a）所示。

显然，在 N 型半导体中，自由电子浓度远大于空穴浓度，所以称自由电子为多数载流子（简称多子），空穴为少数载流子（简称少子）。多子的浓度取决于所掺杂质的浓度，而少子是由本征激发产生的，因此它的浓度与温度或光照密切相关。

2. P 型半导体

在硅（锗）单晶体内掺入微量的三价元素如硼（B）或铝（Al）等，由于硼原子最外层轨道上只有 3 个价电子，分别和相邻的 3 个硅原子形成共价键后，还留下一个空穴缺少电子填补，成为一种不稳定的结构，硼原子很容易从邻近的共价键中夺取一个电子，形成一个带负电的离子，而在失去电子的共价键中形成一个空穴，这种半导体就称为 P 型半导体，如图 1.2（b）所示。显然，在 P 型半导体中，空穴是多子，而自由电子是少子。

注意：无论是 N 型还是 P 型半导体都是电中性，对外不显电性。

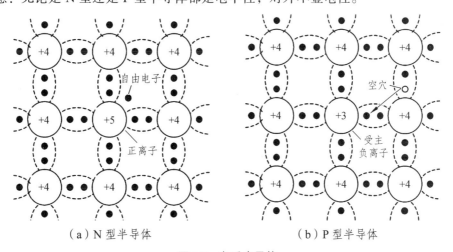

（a）N 型半导体　　　　　　　　（b）P 型半导体

图 1.2　杂质半导体

1.1.2 PN 结

单一的 N 型半导体或 P 型半导体还不能直接制成半导体,如果将 P 型半导体和 N 型半导体制作在同一块本征半导体基片上,在它们的交界面就会形成一层很薄的特殊导电层,即 PN 结,如图 1.3 所示。PN 结形成过程中,多数载流子的扩散和少数载流子的漂移共存。开始时多子的扩散运动占优势,扩散运动的结果使 PN 结加宽,内电场增强;内电场又促使了少子的漂移运动;P 区的少子电子向 N 区漂移,补充了交界面上 N 区失去的电子,同时,N 区的少子空穴向 P 区漂移,补充了原交界面上 P 区失去的空穴,显然漂移运动减少了空间电荷区带电离子的数量,削弱了内电场,使 PN 结变窄;最后,扩散运动和漂移运动达到动态平衡,空间电荷区的宽度基本稳定,即 PN 结形成。

PN 结内部载流子基本为零,因此导电率很低,相当于介质。但 PN 结两侧的 P 区和 N 区导电率很高,相当于导体,这一点和电容比较相似,所以说 PN 结具有电容效应。又因为它是由不能移动的正负离子组成,其中几乎没有载流子,因此又称为空间电荷区或耗尽层。

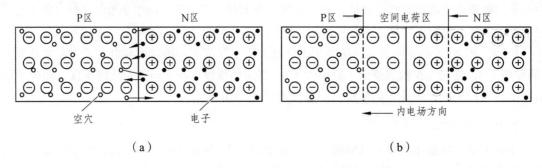

图 1.3　PN 结的形成

若在 PN 结两端外加电压,即给 PN 结加偏置,PN 结中将有电流流过。当外加电压极性不同时,PN 表现出截然不同的导电性能,即呈现出单向导电性。

1. PN 结正向导通

若 PN 结的 P 端接电源正极,N 端接电源负极,这种接法称为正向偏置,简称正偏,如图 1.4(a)所示。正偏时,内电场和外电场方向相反,外加电场抵消内电场使 PN 结变窄,有利于多数载流子运动,形成较大的正向电流(主要为多子电流),其方向由 P 区指向 N 区。在一定的范围内,外加电场越强,正向电流越大,此时 PN 结对外电路呈现较小的电阻,这种状态称为正向导通。

2. PN 结反向截止

若 PN 结的 P 端接电源负极,N 端接电源正极,这种接法称为反向偏置,简称反偏,如图 1.4(b)所示。反偏时,内电场和外电场方向相同,外加电场增加内电场使 PN 结变厚,有利于少数载流子运动,形成较小的反向电流(主要为少子电流),其方向由 N 区指向 P 区。此时 PN 结对外电路呈现较高的电阻,这种状态称为反向截止。

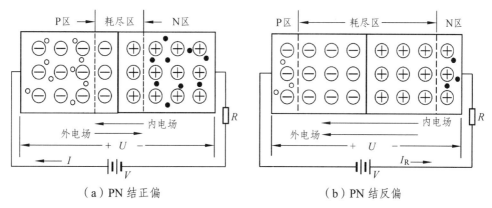

（a）PN 结正偏　　　　　　　　　　　（b）PN 结反偏

图 1.4　外加电压时的 PN 结

PN 结的上述"正向导通，反向阻断"作用，说明它具有单向导电性，PN 结的单向导电性是它构成半导体器件的基础。

由于常温下少数载流子的数量不多，故反向电流很小，而且当外加电压在一定范围内变化时，反向电流几乎不随外加电压的变化而变化，因此反向电流又称为反向饱和电流。由于反向饱和电流很小，一般可以忽略，从这一点来看，PN 结对反向电流呈高阻状态，也就是所谓的反向阻断作用。值得注意的是，由于本征激发随温度的升高而加剧，导致电子-空穴对增多，因而反向电流将随温度的升高而成倍增长。反向电流是造成电路噪声的主要原因之一，因此，在设计电路时，必须考虑温度补偿问题。

1.1.3　PN 结的反向击穿

PN 结反向偏置时，在一定的电压范围内，流过 PN 结的电流很小，基本上可视为零。但当电压超过某一数值时，反向电流会急剧增加，这种现象称为 PN 结反向击穿。

反向击穿发生在空间电荷区。击穿的原因主要有两种。

1.1.3.1　电击穿

1. 雪崩击穿

当 PN 结上加的反向电压大大超过反向击穿电压时，处在强电场中的载流子获得足够大的能量碰撞晶格，将价电子碰撞出来，产生电子空穴对，新产生的载流子又会在电场中获得足够能量，再去碰撞其他价电子产生新的电子空穴对，如此连锁反应，使反向电流越来越大，这种击穿称为雪崩击穿。雪崩击穿属于碰撞式击穿，其电场较强，外加反向电压相对较高。通常出现雪崩击穿的电压均在 7 V 以上。当 PN 结两边的掺杂浓度很高，阻挡层又很薄时，阻挡层内载流子与中性原子碰撞的机会大为减少，因而不会发生雪崩击穿。

2. 齐纳击穿

PN 结非常薄时，即使阻挡层两端加的反向电压不大，也会产生一个比较强的内电场。这个内电场足以把 PN 结内中性原子的价电子从共价键中拉出来，产生出大量的电子-空穴对，使 PN 结反向电流剧增，这种击穿现象称为齐纳击穿。可见，齐纳击穿发生在高掺杂的 PN 结中，相应的击穿电压较低，一般均小于 5 V。

雪崩击穿是一种碰撞的击穿，齐纳击穿是一种场效应击穿，二者均属于电击穿。电击穿过程通常可逆，只要迅速把 PN 结两端的反向电压降低，PN 结即可恢复到原状态。利用电击穿时 PN 结两端电压变化很小、电流变化很大的特点，人们制造出工作在反向击穿区的稳压管。

1.1.3.2 热击穿

若 PN 结两端加的反向电压过高，反向电流将急剧增长，从而造成 PN 结上热量不断积累，引起其结温的持续升高，当这个温度超过 PN 结最大允许结温时，PN 结就会发生热击穿，热击穿将使 PN 结永久损坏。热击穿的过程是不可逆的，实用中应避免发生。

1.2 二极管及其应用

1.2.1 半导体二极管

半导体二极管（以下简称二极管）是最简单的半导体元器件，它是由一个 PN 结的两端加上相应的外引线，然后用塑料、玻璃或金属等材料做外壳封装就可以构成最简单的二极管。它的用途十分广泛，例如整流、检波、隔离、元器件保护及用作开关元件等。

1.2.1.1 二极管的结构与符号

二极管是各种半导体器件及其应用电路的基础，各种普通二极管器件的外形图及封装形式如图 1.5 所示。

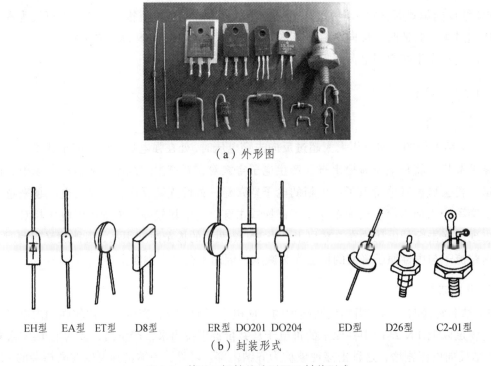

（a）外形图

EH型　EA型　ET型　D8型　　　ER型　DO201　DO204　　　ED型　　D26型　C2-01型

（b）封装形式

图 1.5　普通二极管的外形图及封装形式

二极管的基本结构如图 1.6（a）所示。将 PN 结用外壳封装起来，并在两端加上电极引线就构成了半导体二极管。其中，由 P 区引出的电极称为阳极 a，由 N 区引出的电极称为阴极 k。二极管的电路符号如图 1.6（b）所示，其箭头方向表示正向电流的方向，即由阳极指向阴极的方向。二极管的分类主要有点接触型二极管、面接触型二极管和平面型二极管三个类型，如图 1.7 所示。

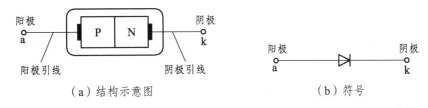

（a）结构示意图　　　　　　　　　　　　　　（b）符号

图 1.6　二极管的结构和符号

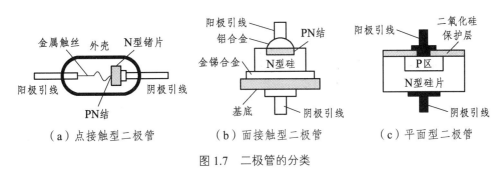

（a）点接触型二极管　　　　（b）面接触型二极管　　　　（c）平面型二极管

图 1.7　二极管的分类

1.2.1.2　二极管的伏安特性

由于二极管的组成核心是 PN 结，因此二极管最基本的特性就是单向导电性。图 1.8 所示为二极管的伏安特性曲线。

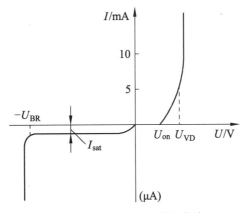

图 1.8　二极管的伏安特性曲线

1. 正向特性

当二极管的阳极施加高电位，阴极施加低电位时，二极管正向偏置，此时二极管产生正向电流。但当正向电压较低，外电场不足以克服 PN 结内电场对多数载流子扩散运动造成的阻力时，二极管的正向电流很小，呈现较大的电阻，这个区域被称为死区。通常，硅二极管的死区电压约为 0.5 V，锗二极管的死区电压约为 0.2 V。只有当正向电压超出死区电压值时，外电场抵消了内电场，二极管开始导通，正向电流随外加电压的增加而明显增大，正向电阻变得很小，正向电流开始急剧增大时所对应的正向电压称为正向压降。当二极管完全导通后，正向压降基本维持不变，称为二极管正向导通压降，一般硅管的管压降约为 0.6 ~ 0.8 V，锗管的管压降约为 0.1 ~ 0.3 V。

2. 反向特性

当外加电压使二极管的阳极电位小于阴极电位时，二极管反向偏置，外电场与内电场方向一致，只有少数载流子漂移运动，形成的反向电流极小，且几乎不随外加电压的增大而增大，此电流值称为反向饱和电流。此时二极管呈现很高的电阻，近似于截止状态。一般硅二极管的饱和电流为几微安以下，锗二极管较大，通常为几十到几百微安。这种特性称为反向截止特性。

3. 反向击穿特性

当反向电压增大到一定数值时，由于外电场过强，会使反向电流急剧增加，二极管失去单向导电性，这种现象称为二极管的反向击穿，如图 1.8 所示，其中反向电流开始明显增大时所对应的电压 U_{BR} 称为反向击穿电压。

二极管反向击穿后，一方面失去了单向导电性，另一方面 PN 结将流过很大的电流，可能导致 PN 结过热而烧毁。因此，普通二极管在实际应用中不允许工作在反向击穿区。

1.2.1.3　二极管的主要参数

半导体器件的参数用于表示其性能指标和安全使用范围，是正确使用和合理选择器件的依据。二极管的主要参数有以下几个。

1. 最大整流电流 I_{FM}

I_{FM} 是指二极管正常工作时允许通过的最大正向平均电流。如果在实际应用中流过二极管的平均电流超过 I_{FM}，管子将因过热而烧坏。

2. 最高反向工作电压 U_{RM}

U_{RM} 是指二极管在使用时所允许施加的最大反向电压，通常取反向击穿电压 U_{BR} 的一半为 U_{RM}。在实际使用时，二极管所承受的最大反向电压不应超过 U_{RM}，以免二极管反向击穿。

3. 反向电流 I_R

I_R 是指二极管未击穿时的反向电流。I_R 越小，二极管的单向导电性越好。常温下，硅管的反向电流一般只有几微安；锗管的反向电流较大，一般在几十至几百微安之间。反向电流受温度影响较大，温度越高，其值越大，硅管的温度稳定性比锗管好。

4. 最高工作频率 f_M

f_M 是指二极管正常工作的上限频率，主要由 PN 结的结电容大小决定的，当工作频率超过 f_M，二极管将失去单向导电性。

二极管的参数很多，除上述主要参数之外，还有结电容、工作温度、正向压降等参数。各种型号管子的各种参数都可在半导体器件手册中查到。

1.2.2 二极管的应用

二极管的应用范围很广泛，利用其单向导电性，可用于整流、检波、限幅、钳位、隔离、元器件保护及用作开关元件等各种电路。

1.2.2.1 二极管的大信号模型

1. 理想模型

理想二极管的 U-I 特性如图 1.9（a）所示，其中的虚线表示实际二极管的 U-I 特性。可见，在正向偏置时，其管压降为 0，可等效为短路；而在反向偏置时，其电流为 0，可等效为断路。

2. 恒压降模型

恒压降模型如图 1.9（b）所示，其基本思想是二极管导通后，其管压降 U_{VD} 是恒定的，不随电流而变化，典型值为硅管 0.7 V，锗管 0.2 V。该模型提供了合理的近似，因此应用也较广。

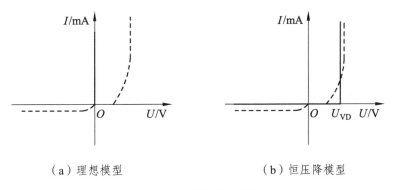

（a）理想模型　　　　　　　　（b）恒压降模型

图 1.9　二极管等效电路模型

1.2.2.2 二极管的应用电路

1. 整流电路

二极管半波整流电路如图 1.10（a）所示。图中 u_i 为交流电压，其幅度一般较大，为几伏以上。

当输入电压 $u_i > 0$ 时，二极管导通，$u_o = u_i$；当 $u_i < 0$ 时，二极管截止，$u_o = 0$，从而可以得到该电路的输入、输出电压波形，如图 1.10（b）所示。显然，该整流电路可以将双向交流电变为单向脉动交流电。

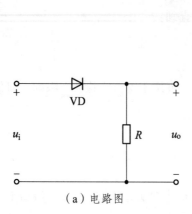
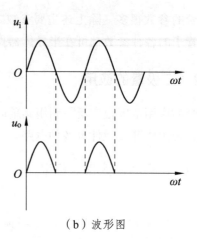

（a）电路图 　　　　　（b）波形图

图 1.10　半波整流电路

2. 钳位电路

利用二极管的正向导通时压降很小的特性，可组成钳位电路，如图 1.11 所示。

在图 1.11 中，若 A 点 $U_A = 0$，二极管 VD 可正向导通，其压降很小，故 F 点的电位也被钳制在 0 V 左右，即 $U_F \approx 0$。

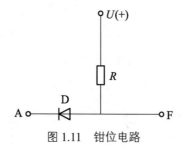

图 1.11　钳位电路

3. 限幅电路

二极管限幅电路如图 1.12（a）所示，假设 $0 < E < U_m$。当 $u_i < E$ 时，二极管截止，$u_o = u_i$；当 $u_i > E$ 时，二极管导通，$u_o = E$。其输入、输出波形如图 1.12（b）所示。

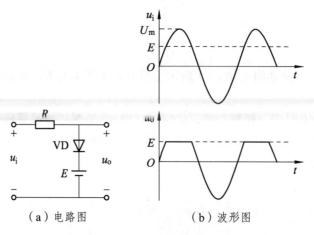

（a）电路图 　　　　　（b）波形图

图 1.12　限幅电路

可见，该电路将输出电压的上限电平限定在某一固定值 E，所以称为上限幅电路。如将图中二极管的极性对调，则可得到将输出电压下限电平限定在某一数值的下限幅电路。能同时实现上、下电平限制的称为双向限幅电路。

4. 元件保护

在电子线路中，经常利用二极管来保护其他元器件免受过高电压的损害。如图 1.13 所示电路中，L 和 R 是线圈的电感和电阻。

在开关 S 接通时，电源 U 给线圈供电，L 中有电流流过，储存了磁场能量。在开关 S 由接通到断开的瞬时，电流突然中断，L 中将产生一个高于电源电压很多倍的自感电动势 e_L，e_L 与 U 叠加作用在开关 S 的端子上，在 S 的端子上产生电火花放电，这将影像设备的正常工作，使开关

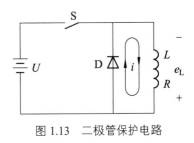

图 1.13　二极管保护电路

S 寿命缩短。接入二极管 VD 后，e_L 通过二极管 VD 产生放电电流 i，使 L 中储存的能量不经过开关 S 而放掉，从而保护了开关 S。

1.2.2.3　二极管的使用常识

1. 二极管的选用原则

（1）保证选用的二极管型号所对应的参数能满足实际电路的要求。

（2）一般情况下整流电路首选稳定性好的硅管，高频检波电路才选锗管。

2. 二极管引脚识别

二极管阳极、阴极一般在二极管的管壳上有识别标记，对于极性不明的二极管，可用万用表的电阻挡通过测量二极管的正反向电阻值来判别其阳极和阴极。一般采用万用表电阻挡的 R×1K 或 R×100 挡。若测得的电阻值较小（指针的偏转角大于 1/2）时，则说明二极管在万用表内置电池的偏置下正向导通，此时黑表笔接触的一端为二极管的阳极，红表笔接触的一端为二极管的阴极；若测得的电阻值很大（指针的偏转角小于 1/4）时，则黑表笔接触的一端为二极管的阴极，红表笔接触的一端为二极管的阳极。

1.2.3　特殊二极管

除了以上用途外，还有许多特殊结构的二极管，例如稳压二极管、发光二极管、光电二极管等。随着半导体技术发展，二极管应用范围越来越广。

1.2.3.1　稳压二极管

1. 稳压二极管的结构及工作原理

稳压二极管是一种特殊的硅材料二极管，又叫齐纳二极管，在一定的条件下具有稳定电压的作用，常用于基准电压、保护、限幅和电平转换电路中。稳压二极管器件的外形图及电路符号如图 1.14 所示，利用 PN 结反向击穿状态，其电流可在很大范围内变化而电压基本不

变，起稳压作用。稳压二极管是一种直到临界反向击穿电压前都具有很高电阻的半导体器件，在临界击穿点上，反向电阻降低到一个很小的数值，在这个低阻区中电流增加而电压则保持恒定，稳压二极管是根据击穿电压来分档的，因为这种特性，稳压管主要被作为稳压器或电压基准元件使用。稳压二极管可以串联起来以便在较高的电压上使用，通过串联就可获得更高的稳定电压。

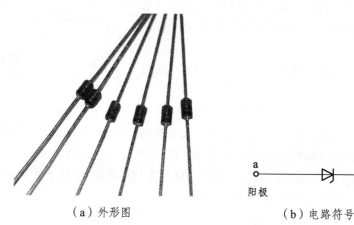

（a）外形图　　　　　　（b）电路符号

图 1.14　稳压二极管的外形图及符号

稳压二极管的伏安特性曲线的正向特性和普通二极管差不多，反向特性体现在反向电压低于反向击穿电压时，反向电阻很大，反向漏电流极小。但是，当反向电压临近反向电压的临界值时，反向电流骤然增大，称为击穿，在这一临界击穿点上，反向电阻骤然降至极小值。尽管电流在很大的范围内变化，而二极管两端的电压却基本上稳定在击穿电压附近，从而实现了二极管的稳压功能。硅稳压管特性曲线如图 1.15 所示。

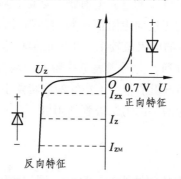

图 1.15　硅稳压二极管特性曲线

2. 稳压二极管的参数

稳压管的主要参数如下：

（1）稳定电压 U_Z：稳压二极管反相击穿后的稳定工作电压值。

（2）稳定电流 I_Z：工作电压等于稳定电压时的工作电流，是稳压二极管工作时的电流值，若实际电流低于此值时稳压效果变坏，只要不超过稳压管的额定功率，电流越大，稳压效果越好。

（3）最大稳定电流 I_{ZM}：稳压二极管允许通过的最大反向电流。

（4）动态电阻 r_Z：稳压二极管正常工作时，其电压的变化量与相应电流变化量的比值。动态电阻越小，稳压效果越好。

（5）最大允许耗散功率 P_{ZM}：管子不致发生热击穿而损坏的最大功率损耗，它等于最大稳定电流与相应稳定电压的乘积。

3. 稳压二极管识别判断

1）正负极识别

从外形上看，金属封装稳压二极管管体的正极一端为平面形，负极一端为半圆面形。塑封稳压二极管管体上印有彩色标记的一端为负极，另一端为正极。对标志不清楚的稳压二极管，也可以用万用表判别其极性，测量的方法与普通二极管相同，即用万用表 R×1K 挡，将两表笔分别接稳压二极管的两个电极，测出一个结果后，再对调两表笔进行测量。在两次测量结果中，阻值较小那一次，黑表笔接的是稳压二极管的正极，红表笔接的是稳压二极管的负极。这里指的是指针式万用表。

2）色环稳压二极管识别

色环稳压二极管国内产品很少见，大多数来自国外，尤其以日本产品居多。一般色环稳压二极管都标有型号及参数，详细资料可在元件手册上查到。而色环稳压二极管体积小、功率小、稳压值大多在 10 V 以内，极易击穿损坏。色环稳压二极管的外观与色环电阻十分相似，因而很容易弄错。色环稳压二极管上的色环代表两个含义：一是代表数字，二是代表小数点位数。如同色环电阻一样，环的颜色有棕、红、橙、黄、绿、蓝、紫、灰、白、黑，它们分别用来表示数值 1、2、3、4、5、6、7、8、9、0。

有的稳压二极管上仅有 2 道色环，而有的却有 3 道。最靠近负极的为第 1 环，后面依次为第 2 环和第 3 环。

仅有 2 道色环的。标称稳定电压为两位数，即"×× V"（几十几伏）。第 1 环表示电压十位上的数值，第 2 环表示个位上的数值。如：第 1、2 环颜色依次为红、黄，则为 24 V。

有 3 道色环，且第 2、3 两道色环颜色相同的。标称稳定电压为一位整数且带有一位小数，即"×.× V"（几点几伏）。第 1 环表示电压个位上的数值，第 2、3 两道色环（颜色相同）共同表示十分位（小数点后第一位）的数值。如：第 1、2、3 环颜色依次为灰、红、红，则为 8.2 V。

有 3 道色环，且第 2、3 两道色环颜色不同的。标称稳定电压为两位整数并带有一位小数，即"××.× V"（几十几点几伏）。第 1 环表示电压十位上的数值，第 2 环表示个位上的数值，第 3 环表示十分位（小数点后第一位）的数值。不过这种情况较为少见，如：棕、黑、黄（10.4 V）和棕、黑、灰（10.8 V）常用稳压二极管的型号对照表（注：后面的二极管型号是以 1 开头的，如 1N4728，1N4729 等）。

3）与普通整流二极管的区分

首先利用万用表 R×1K 挡，按把被测管的正、负电极判断出来。然后将万用表拨至 R×10K 挡上，黑表笔接被测管的负极，红表笔接被测管的正极，若此时测得的反向电阻值比用 R×1K 挡测量的反向电阻小很多，说明被测管为稳压管；反之，如果测得的反向电阻值仍很大，说明该管为整流二极管或检波二极管。这种识别方法的道理是，万用表 R×1K 挡内部使用的电池电压为 1.5 V，一般不会将被测管反向击穿，使测得的电阻值比较大。而 R×10K 挡测量时，万用表内部电池的电压一般都在 9 V 以上，当被测管为稳压管，切稳压值低于电池电压值时，即被反向击穿，使测得的电阻值大为减小。但如果被测管是一般整流或检波二极管时，则无论用 R×1K 挡测量还是用 R×10K 挡测量，所得阻值将不会相差很悬殊。注意，当被测稳压二极管的稳压值高于万用表 R×10K 挡的电压值时，用这种方法是无法进行区分鉴别的。

4. 稳压二极管的应用

如果是两个稳压二极管反向串联，正、反方向电压到达稳压值时，电压被钳位（即不能再升高）。

（1）经常在功率较大的放大电路，功率管的栅极 G 与源极 S（即发射结）形成一个稳压二极管，这是通过限制电压对 G-S 起保护作用，防止 G-S 之间的绝缘层被过高的电压击穿。

（2）两个二极管反向串联后对与之并联的电路可起过压保护作用，当电路过压时，二极管首先击穿短路。

1.2.3.2 发光二极管

发光二极管简称为 LED，由含镓（Ga）、砷（As）、磷（P）、氮（N）等的化合物制成。

当电子与空穴复合时能辐射出可见光，因而可以用来制成发光二极管，在电路及仪器中作为指示灯，或者组成文字或数字显示。砷化镓二极管发红光，磷化镓二极管发绿光，碳化硅二极管发黄光，氮化镓二极管发蓝光。因化学性质又分有机发光二极管 OLED 和无机发光二极管 LED。发光二极管是一种能将电能转换成光能的半导体器件，当它通过一定的电流时就会发光，常用作显示器件，如指示灯、七段显示器、矩阵显示器等。发光二极管器件的外形图及电路符号如图 1.16 所示。经常使用的是发红光、绿光、黄光的发光二极管，管脚引线较长者为正极，较短者为负极，开启电压范围为 1.5～2.3 V。为使二极管工作稳定，其两端电压一般应在 5 V 以下。

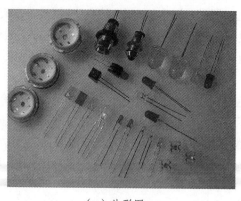
（a）外形图

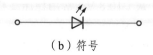
（b）符号

图 1.16　发光二极管的外形图及符号

发光二极管与普通二极管一样是由一个 PN 结组成，也具有单向导电性。当给发光二极管加上正向电压后，从 P 区注入 N 区的空穴和由 N 区注入 P 区的电子在 PN 结附近数微米内分别与 N 区的电子和 P 区的空穴复合，产生自发辐射的荧光。不同的半导体材料中电子和空穴所处的能量状态不同，电子和空穴复合时释放出的能量也不同，释放出的能量越多，则发出的光的波长越短。常用的是发红光、绿光或黄光的二极管。发光二极管的反向击穿电压大于5 V。它的正向伏安特性曲线很陡，使用时必须串联限流电阻以控制通过二极管的电流。

发光二极管的核心部分是由 P 型半导体和 N 型半导体组成的晶片，在 P 型半导体和 N 型半导体之间有一个过渡层，称为 PN 结。在某些半导体材料的 PN 结中，注入的少数载流子与多数载流子复合时会把多余的能量以光的形式释放出来，从而把电能直接转换为光能。PN 结加反向电压，少数载流子难以注入，故不发光。当它处于正向工作状态时（即两端加上正向电压），电流从 LED 阳极流向阴极时，半导体晶体就发出从紫外到红外不同颜色的光线，光的强弱与电流有关，其应用电路如图 1.17 所示。

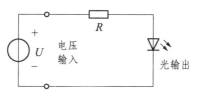

图 1.17　电-光转换电路

1.2.3.3　光电二极管

1. 光电二极管结构及工作原理

光敏二极管也叫光电二极管。光敏二极管与半导体二极管在结构上是类似的，其管芯是一个具有光敏特征的 PN 结，具有单向导电性，因此工作时需加上反向电压。无光照时，有很小的饱和反向漏电流，即暗电流，此时光敏二极管截止。当受到光照时，饱和反向漏电流大大增加，形成光电流，它随入射光强度的变化而变化。当光线照射 PN 结时，可以使 PN 结中产生电子-空穴对，使少数载流子的密度增加。这些载流子在反向电压下漂移，使反向电流增加。因此可以利用光照强弱来改变电路中的电流。常见的有 2CU、2DU 等系列。各种光电二极管器件的外形图及电路符号如图 1.18 所示。

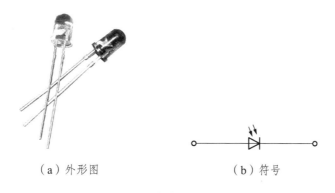

（a）外形图　　　　　　　　　　　（b）符号

图 1.18　光电二极管的外形图及符号

光敏二极管是将光信号变成电信号的半导体器件。它的核心部分也是一个 PN 结，和普通二极管相比，在结构上不同的是，为了便于接受入射光照，PN 结面积尽量做得大一些，电极面积尽量小一些，而且 PN 结的结深很浅，一般小于 1 μm。

光敏二极管是在反向电压作用之下工作的。没有光照时，反向电流很小（一般小于 0.1 μA），称为暗电流。当有光照时，携带能量的光子进入 PN 结后，把能量传给共价键上的束缚电子，使部分电子挣脱共价键，从而产生电子-空穴对，称为光生载流子。

它们在反向电压作用下参加漂移运动，使反向电流明显变大，光的强度越大，反向电流也越大，这种特性称为"光电导"。光敏二极管在一般照度的光线照射下所产生的电流叫光电流。如果在外电路接上负载，负载上就获得了电信号，而且这个电信号随着光的变化而变化。

光敏二极管是电子电路中广泛采用的光敏器件，它和普通二极管一样具有一个 PN 结，不同之处在于光敏二极管的外壳上有一个透明的窗口以接收光线照射，实现光电转换，在电路图中文字符号一般为 VD，其应用电路如图 1.19 所示。

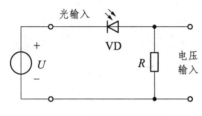

图 1.19   光-电转换电路

2. 光敏二极管的检测

检测光敏二极管，可用万用表 R×1K 电阻挡。当没有光照射在光敏二极管时，它和普通的二极管一样，具有单向导电作用。正向电阻为 8～9 kΩ，反向电阻大于 5 MΩ。如果不知道光敏二极管的正负极，可用测量普通二极管正、负极的方法来确定。

当光敏二极管处在反向连接时，即万用表红表笔接光敏二极管正极，黑表笔接光敏二极管负极，此时电阻应接近无穷大（无光照射时），当用光照射到光敏二极管上时，万用表的表针应大幅度向右偏转，当光很强时，表针会打到 0 刻度右边。

当测量带环极的光敏二极管时，环极和后极（正极）也相当一个光敏二极管，其性能也具有单向导电作用，且见光后反向电阻大大下降。

区分环极和前极的办法是，在反向连接情况下，让不太强的光照在光敏二极管上，阻值略小的是前极，阻值略大的是环极。

3. 光敏二极管的应用

PN 结型光电二极管与其他类型的光探测器一样，在诸如光敏电阻、感光耦合元件以及光电倍增管等设备中有着广泛应用。它们能够根据所受光的照度来输出相应的模拟电信号（如测量仪器）或者在数字电路的不同状态间切换（如控制开关、数字信号处理）。

光电二极管在消费电子产品，如 CD 播放器、烟雾探测器以及控制电视机、空调的红外线遥控设备中也有应用。对于许多应用产品来说，可以使用光电二极管或者其他光导材料。它们都可以用来测量光，常常用于照相机的测光器、路灯亮度自动调节等。

所有类型的光传感器都可以用来检测突发的光照，或者探测同一电路系统内部的发光。光电二极管常常和发光器件（通常是发光二极管）被合并在一起组成一个模块，这个模块常被称为光电耦合元件。这样就能通过分析接收到光照的情况来分析外部机械元件的运动情况（如光斩波器）。光电二极管另外一个作用就是在模拟电路与数字电路之间充当中介，这样两段电路就可以通过光信号耦合起来，提高了电路的安全性。

在科学研究和工业中，光电二极管常常被用来精确测量光强，因为它比其他光导材料具有更良好的线性。

在医疗应用设备中，光电二极管也有着广泛的应用，如 X 射线计算机断层成像以及脉搏探测器。

PN 结型光电二极管一般不用来测量很低的光强。在弱光条件下需要高灵敏度探测器，此时雪崩光电二极管、感光耦合元件或者光电倍增管就能发挥作用，如天文学、光谱学、夜视设备、激光测距仪等应用产品。

1.3 三极管及其应用

1.3.1 半导体三极管

1.3.1.1 三极管的结构与符号

三极管的全称为半导体三极管，也称为双极型晶体管、晶体三极管，是一种控制电流的半导体器件。其作用是把微弱信号放大成幅度值较大的电信号，也用作无触点开关。各种三极管器件的外形及封装形式如图 1.20 所示。

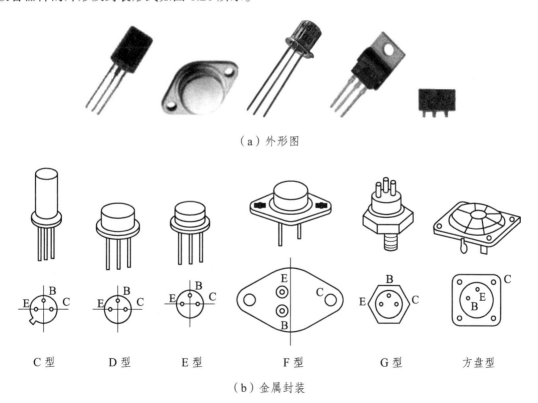

（a）外形图

C 型　　　D 型　　　E 型　　　F 型　　　G 型　　　方盘型

（b）金属封装

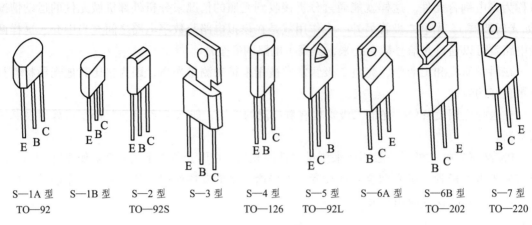

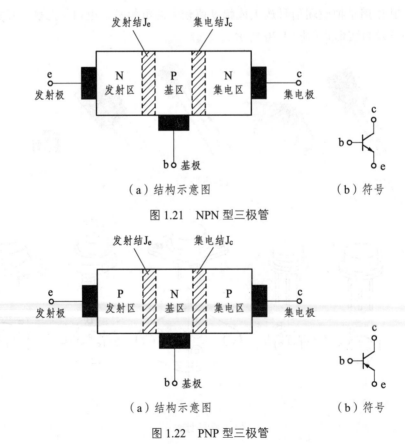

| S—1A 型 | S—1B 型 | S—2 型 | S—3 型 | S—4 型 | S—5 型 | S—6A 型 | S—6B 型 | S—7 型 |
| TO—92 | | TO—92S | | TO—126 | TO—92L | | TO—202 | TO—220 |

（c）塑料封装

图 1.20　三极管的外形图及封装形式

三极管是半导体基本元器件之一，具有电流放大作用，是电子电路的核心元件。三极管是在一块半导体基片上制作两个相距很近的 PN 结，两个 PN 结把整块半导体分成三部分，中间部分是基区，两侧部分是发射区和集电区，排列方式有 PNP 和 NPN 两种，如图 1.21、图 1.22 所示。

（a）结构示意图　　　　　　　　　　　（b）符号

图 1.21　NPN 型三极管

（a）结构示意图　　　　　　　　　　　（b）符号

图 1.22　PNP 型三极管

无论 NPN 型还是 PNP 型三极管都有三个区：发射区、基区和集电区。从这三个区可引出三个电极：发射极 e、基极 b 和集电极 c。发射区与基区之间的 PN 结称为发射结，集电区与基区之间的 PN 结称为集电结。发射极的箭头方向表示发射结正向偏置时的电流方向，根据这个箭头方向可以判断三极管的类型，即箭头向外的为 NPN 型，反之为 PNP 型。三极管发射区的掺杂浓度较高，基区的掺杂浓度较低且很薄，一般只有几微米至几十微米厚，集电区的面积较大，且掺杂浓度较发射区低，因此发射极和集电极不可调换使用。

1.3.1.2 三极管的分类

依据制造材料的不同，三极管可分为硅管和锗管两大类。

依据功率不同，三极管可分为大功率管（耗电功率 >1 W）、中功率管、小功率管（耗电功率<1 W）。

依据工作频率的不同，三极管可分为高频管（f_M>3 MHz）和低频管（f_M<3 MHz）。

依据用途不同，三极管可分为普通放大三极管和开关三极管。

1.3.1.3 三极管的基本连接方式

三极管有三个极，在组成基本放大电路时有一个极作为输入端，一个极作为输出端，还有一个极作为输入、输出的公共端。其中发射极作为公共端的称为共发射极接法，基极作为公共端的称为共基极接法，集电极作为公共端的称为共集电极接法。

1.3.1.4 三极管的电流放大作用

1. 三极管的放大偏置

为了使三极管具有放大作用，在实际使用时，必须使其发射结处于正向偏置、集电结处于反向偏置。符合该要求的三极管直流偏置电路如图 1.23 所示。

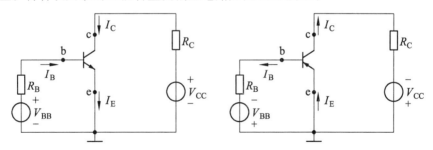

（a）NPN 型三极管的偏置电路　　　　　（b）PNP 型三极管的偏置电路

图 1.23　三极管的直流偏置电路

图 1.23（a）中，外加直流电源 V_{BB} 使 NPN 管的基极电位 U_B 高于发射极电位 U_E，则发射结正偏；V_{CC} 使集电极电位 U_C 高于基极电位 U_B，则集电结反偏。PNP 管偏置电路的电源极性与 NPN 管相反，如图 1.23（b）所示。

2. 三极管的各极电流关系

下面通过电路测试来讨论三极管的电流分配关系。测试电路如图 1.24 所示，三极管采用

3DG6，改变直流电源电压 V_{BB}，则基极电流 I_B、集电极电流 I_C 和发射极电流 I_E 都将发生变化，测量并记录各电流数值，测试结果列于表 1.1 中。其中，I_B，I_C，I_E 为测量数据，I_C/I_E，I_C/I_B 为计算结果。

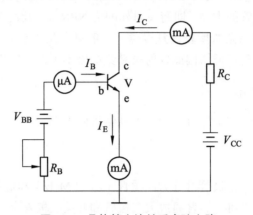

图 1.24　晶体管电流关系实验电路

表 1.1　三极管电流测试数据

I_B/mA	0	0.02	0.04	0.06	0.08	0.10
I_C/mA	<0.001	0.70	1.50	2.30	3.10	3.95
I_E/mA	<0.001	0.72	1.54	2.36	3.18	4.05
I_C/I_E	—	0.97	0.97	0.97	0.97	0.98
I_C/I_B	—	35	37.5	38.3	38.8	39.5

由此测试结果可得出以下结论。

（1）分析测试数据的每一列，可得

$$I_E = I_B + I_C \tag{1.1}$$

此结果也符合 KCL 定律。

（2）分析第 3 列至第 5 列数据可知，I_C 和 I_E 均远大于 I_B，且 I_C/I_E 和 I_C/I_B 基本保持不变，这就显示了三极管的电流放大作用。由此可得

$$\bar{\alpha} \approx \frac{I_C}{I_E} \tag{1.2}$$

式中，$\bar{\alpha}$ 为共基极直流电流放大系数，其值一般在 0.95～0.995。

$$\bar{\beta} \approx \frac{I_C}{I_B} \tag{1.3}$$

式中，$\bar{\beta}$ 为共发射极直流电流放大系数，其值一般在几十至几百之间。因此

$$I_C \approx \bar{\alpha}I_E \approx \bar{\beta}I_B \tag{1.4}$$
$$I_E \approx (1+\bar{\beta})I_B \tag{1.5}$$

显然，由于 $\bar{\alpha} \approx 1$，$\bar{\beta} \gg 1$，因此有 $I_E > I_C \gg I_B$，$I_C \approx I_E$。

同样，三极管的电流放大作用还体现在基极电流变化量 ΔI_B 和集电极电流变化量 ΔI_C 上。比较第 3 列至第 5 列数据，可得

$$\frac{\Delta I_C}{\Delta I_B} = \frac{2.30 - 1.50}{0.06 - 0.04} = \frac{3.10 - 2.30}{0.08 - 0.06} = \frac{0.80}{0.02} = 40$$

可见，微小的ΔI_B可以引起较大的ΔI_C，且其比值与$\overline{\beta}$近似相等。因此可得

$$\beta = \frac{\Delta I_C}{\Delta I_B} \tag{1.6}$$

式中，β为共发射极交流电流放大系数。

虽然β和$\overline{\beta}$是两个不同的概念，但在三极管导通时，在I_C相当大的变化范围内，$\overline{\beta}$基本上不变，$\beta \approx \overline{\beta}$，统称为共发射极电流放大系数，均用$\beta$表示。由于$\beta$值较大，因此三极管具有较强的电流放大作用。

（3）当$I_B = 0$时（基极开路），$I_C = I_E = I_{CEO}$（穿透电流，含义后述），表中$I_{CEO} < 0.001$ mA $= 1$ μA。

图1.25所示为NPN型和PNP型三极管各极电流关系及方向的示意图，其中PNP型管的电流关系与NPN型管完全相同，但各极电流方向与NPN型管正好相反。

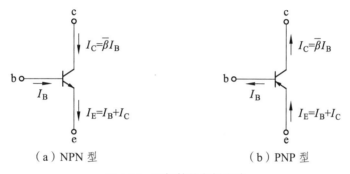

（a）NPN型　　　　　　　　　　　　（b）PNP型

图1.25　三极管的各极电流

晶体管电流之间为什么具有这样的关系呢？可以通过晶体管内部载流子的运动规律来解释（见图1.26）。

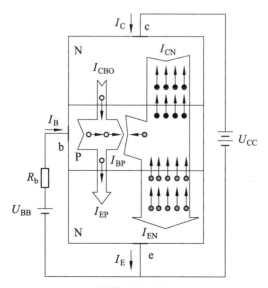

图1.26　晶体管内部载流子运动规律

1）发射区向基区发射电子

由图 1.26 可知，电源 U_{BB} 经过电阻 R_b 加在发射结上，发射结正偏，发射区的多数载流子——自由电子不断地越过发射结而进入基区，形成发射极电流 I_E。同时基区多数载流子也向发射区扩散，但由于基区多数载流子浓度远远低于发射区载流子浓度，可以不考虑这个电流。因此，可以认为晶体管发射结电流主要是电子流。

2）基区中电子的扩散与复合

电子进入基区后，先在靠近发射结的附近密集，渐渐形成电子浓度差，在浓度差的作用下，促使电子流在基区中向集电结扩散，被集电结电场拉入集电区，形成集电极电流 I_C。也有很小一部分电子（因基区很薄）与基区的空穴复合。扩散的电子流与复合电子流之比决定了晶体管的放大能力。

3）集电区收集电子

由于集电结外加反向电压很大，这个反向电压产生的电场力将阻止集电区电子向基区扩散，同时将扩散到集电结附近的电子拉入集电区而形成集电极主电流 I_{CN}。另外，集电区的少数载流子——空穴也会产生漂移运动，流向基区形成反向饱和电流，用 I_{CBO} 来表示，其数值很小，但对温度却非常敏感。

以上分析的是 NPN 型晶体管的电流放大原理，对于 PNP 型晶体管，其工作原理相同。

由上述分析可见，由发射区扩散到基区的电子，少部分与基区的空穴复合而形成基极电流 I_B，绝大部分将越过集电结而形成集电极电流 I_C。因 $I_E = I_B + I_C$，I_B 很小，故 $I_E \approx I_C$。I_C 值为 I_E 值的 90%以上（典型值为 98%），即 $I_C \geqslant I_B$，且二者具有一定的比例关系，晶体管制成以后，这个比例关系便基本确定。如果 I_E 发生变化，I_B 和 I_C 也将随之变化。但因 I_B 和 I_C 具有基本确定的比例关系，故 I_B 的变化量 ΔI_B 也比 I_C 的变化量 ΔI_C 小得多，即微小的 I_B 变化将引起很大的 I_C 变化，这就是晶体管的电流放大作用。

要实现晶体管的电流放大作用，一方面要使发射区的多数载流子浓度远大于基区的多数载流子浓度；另一方面发射结要正向偏置，集电结要反向偏置。

1.3.1.5　三极管的伏安特性曲线

三极管的伏安特性曲线是用来表示管子各极电压和电流之间的相互关系，最常用的是三极管共射特性曲线，其测量电路如图 1.27 所示。

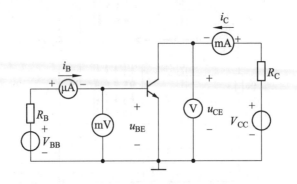

图 1.27　三极管共射特性曲线的测量电路

1. 共射输入特性曲线

输入特性曲线是指当三极管的输出电压 u_{CE} 为常数时，输入电流 i_B 与输入电压 u_{BE} 之间的关系曲线，即 $i_B = f(u_{BE})\big|_{u_{CE}=常数}$，如图 1.28（a）所示。

由图 1.28（a）可见，当 $u_{CE} = 0$ 时，三极管的输入特性曲线与二极管的正向伏安特性相似。当 u_{CE} 增大时，曲线将向右移动。严格地说，u_{CE} 不同，所得到的输入特性曲线也不相同。但实际上，$u_{CE} \geq 1\,V$ 以后的曲线基本上是重合的，因此只用 $u_{CE} = 1\,V$ 时的曲线来表示。

与二极管相似，三极管的输入特性也有一段死区。一般硅管的死区电压约为 $0.5\,V$，锗管约为 $0.1\,V$。此外，三极管正常工作时，发射结电压 u_{BE} 变化不大，一般硅管的 $|U_{BE}| \approx 0.7\,V$，锗管的 $|U_{BE}| \approx 0.2\,V$。

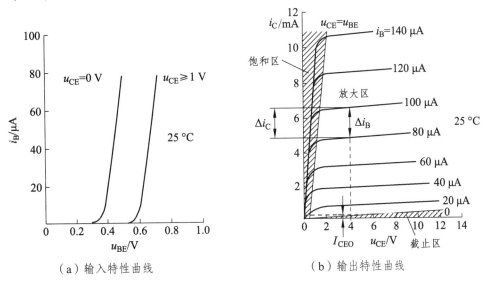

（a）输入特性曲线　　　　　　　　（b）输出特性曲线

图 1.28　共射特性曲线

2. 共射输出特性曲线

输出特性曲线是指当三极管的输入电流 i_B 为常数时，输出电流 i_C 与输出电压 u_{CE} 之间的关系曲线，即 $i_C = f(u_{CE})\big|_{i_B=常数}$，如图 1.28（b）所示。

由图 1.28（b）可见，各条曲线的形状基本相同。曲线的起始部分很陡，u_{CE} 略有增加，i_C 就迅速增加，当 u_{CE} 超过某一数值（约 $1\,V$）后，曲线变得比较平坦，几乎平行于横轴。

三极管的共射输出特性曲线可分为以下三个区域。

1）截止区

$i_B = 0$ 的曲线以下的区域称为截止区，截止区满足发射结和集电结均反偏的条件。此时，三极管失去放大作用，呈高阻状态，各极之间近似为开路。

2）放大区

$i_B > 0$ 的所有曲线的平坦部分称为放大区，放大区满足发射结正偏和集电结反偏的条件。在放大区，$i_C \approx \beta i_B$，i_C 随 i_B 的变化而变化，即 i_C 受控于 i_B。相邻曲线间的间隔大小反映了 β 的大小，即管子的电流放大能力。

3）饱和区

所有曲线的陡峭上升部分称为饱和区，饱和区满足发射结和集电结均正偏的条件。此时，三极管各极之间电压很小，而电流却较大，呈现低阻状态，各极之间可近似看成短路。

在放大电路中，三极管应工作在放大区，而在开关电路中应工作在截止区和饱和区。

【例 1.1】 测得电路中几个三极管各极对地的电压如图 1.29 所示，试判断它们各工作在什么区（放大区、饱和区或截止区）。

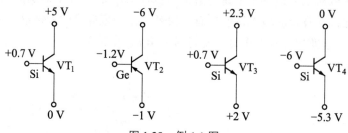

图 1.29 例 1.1 图

解：VT$_1$ 为 NPN 型管，由于 $u_{BE} = 0.7$ V>0，发射结为正偏；而 $u_{BC} = -4.3$ V<0，集电结为反偏，因此 VT$_1$ 工作在放大区。

VT$_2$ 为 PNP 型管，由于 $u_{EB} = 0.2$ V>0，发射结为正偏；而 $u_{CB} = -4.8$ V>0，集电结为反偏，因此 VT$_2$ 工作在放大区。

VT$_3$ 为 NPN 型管，由于 $u_{BE} = 0.7$ V>0，发射结为正偏；而 $u_{BC} = 0.4$ V>0，集电结也为正偏，因此 VT$_3$ 工作在饱和区。

VT$_4$ 为 NPN 型管，由于 $u_{BE} = -0.7$ V<0，发射结为反偏；而 $u_{BC} = -6$ V<0，集电结也为反偏，因此 VT$_4$ 工作在截止区。

1.3.1.6　三极管的主要参数

1. 电流放大系数 β 和 α

如前所述，β 和 α 是表征三极管电流放大能力的参数。

2. 极间反向电流 I_{CBO} 和 I_{CEO}

I_{CBO} 是指发射极开路时集电结的反向饱和电流，I_{CEO} 是指基极开路时集电极与发射极间的穿透电流，且 $I_{CEO} = (1+\overline{\beta})I_{CBO}$。管子的反向电流越小，性能越稳定。

由于 I_{CBO} 的值很小，所以在讨论三极管的各极电流关系时将其忽略。若考虑 I_{CBO}，则

$$I_C = \overline{\beta}I_B + (1+\overline{\beta})I_{CBO} = \overline{\beta}I_B + I_{CEO} \tag{1.7}$$

3. 极限参数

极限参数是指为使三极管安全工作对它的电流、电压和功率损耗的限制，即正常使用时不宜超过的限度。

1）最大集电极电流 I_{CM}

I_C 在相当大的范围内三极管 β 值基本不变，但当 I_C 的数值大到一定程度时 β 值将减小。当 β 值下降到其额定值的 2/3 时的 I_C 即为 I_{CM}。当电流超过 I_{CM} 时，三极管的性能将显著下降，

甚至可能烧坏管子。

2）最大集电极功耗 P_{CM}

P_{CM} 表示集电结上允许的损耗功率的最大值，超过此值将导致管子性能变差或烧坏。

$$P_{CM} = I_C U_{CE} \tag{1.8}$$

3）反向击穿电压 $U_{(BR)CEO}$

三极管有两个 PN 结，如果反向电压超过一定值，也会发生击穿。$U_{(BR)CEO}$ 是指基极开路时集-射极间的反向击穿电压，一般在几十伏以上。

在设计三极管电路时，应根据工作条件选择管子的型号。为防止三极管在使用中损坏，必须使它工作在图 1.30 所示的安全工作区内。

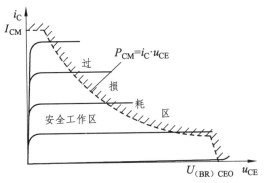

图 1.30　三极管安全工作区

1.3.1.7　三极管好坏及极性的判断

用指针式万用表检测三极管的基极和管型，先将万用表置于 R×1K 欧姆挡，将红表棒接假定的基极 B，黑表棒分别与另两个极相接触，观测到指针不动（或近满偏）时，则假定的基极是正确的；且晶体管类型为 NPN 型（PNP 型），如图 1.31（a）所示。

如果把红黑两表棒对调后，指针仍不动（或仍偏转），则说明管子已经老化（或已被击穿）损坏。

用万用表 R×1K 欧姆挡判别发射极 E 和集电极 C，若被测管为 NPN 三极管，让黑表棒接假定的集电极 C，红表棒接假定的发射极 E。两手分别捏住 B、C 两极充当基极电阻 R_B（两手不能相接触）。注意观察电表指针偏转的大小。之后，再将两检测极反过来假定，仍然注意观察电表指针偏转的大小，如图 1.31（b）所示。

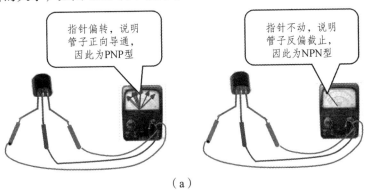

（a）

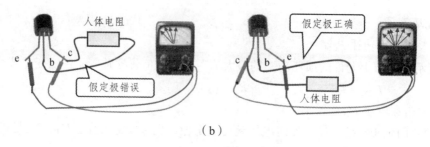

（b）

图 1.31　万用表测试三极管

偏转较大的假定极是正确的，偏转小的反映其放大能力下降，即集电极和发射极接反了。如果两次检测时电阻相差不大，则说明管子的性能较差。

1.3.2　三极管的应用

1. 放大应用

三极管用在放大电路，作电压或电流放大。

2. 开关应用

三极管用在开关电路中，作闸流、限流或开关管。

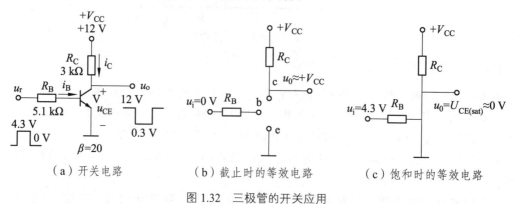

（a）开关电路　　　　　（b）截止时的等效电路　　　　　（c）饱和时的等效电路

图 1.32　三极管的开关应用

1.4　绝缘栅型场效应管

绝缘栅场效应管的种类较多，有 PMOS、NMOS 和 VMOS 功率管等，但应用最多的是 MOS 管。MOS 管即金属-氧化物半导体场效应管，简称 MOS 管。它具有比结型场效应管更高的输入阻抗（可达 1012 Ω 以上），并且制造工艺比较简单，使用灵活方便，非常有利于高度集成化。其特点：输入电阻高、噪声低、热稳定性好、抗辐射能力强、耗电低，制作工艺简单、便于集成。双极型三极管是利用基极小电流去控制集电极较大电流的电流控制型器件，因工作时两种载流子同时参与导电而称之为双极型。单极型三极管因工作时只有多数载流子一种载流子参与导电，因此称为单极型三极管。单极型三极管是利用输入电压产生的电场效应控制输出电流的电压控制型器件。常见场效应管的外形如图 1.33 所示。

图 1.33　常见场效应管的外形图

场效应管按结构可分为结型场效应管（JFET）和绝缘栅型场效应管（MOSFET）。其中，绝缘栅型场效应管的输入电阻极高（$10^9 \sim 10^{14}\ \Omega$），便于集成化，因此广泛应用于集成电路中。绝缘栅型场效应管有 N 沟道和 P 沟道两类，每一类又分为增强型和耗尽型两种。

1.4.1　增强型绝缘栅型场效应管

1. 结构与符号

N 沟道增强型 MOS 管的结构如图 1.34（a）所示。它是在一块 P 型硅衬底上制作两个高掺杂的 N 区，并引出 2 个电极，分别称为源极 S 和漏极 D；在 P 型硅表面生成一层 SiO_2 绝缘层，在绝缘层上覆盖一层铝并引出电极，称为栅极 G。显然，栅极与源极、漏极以及衬底之间均绝缘，因此称为绝缘栅型场效应管。图 1.34（b）、（c）分别为 N 沟道和 P 沟道增强型 MOS 管的电路符号，图 1.35 是不同类型 MOS 管的电路图符号。

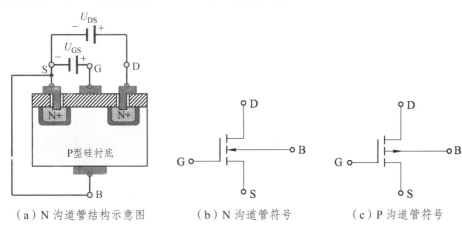

（a）N 沟道管结构示意图　　　（b）N 沟道管符号　　　（c）P 沟道管符号

图 1.34　增强型 MOS 管的结构及符号

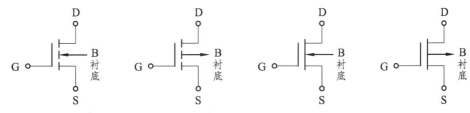

N 沟道增强型图符号　　P 沟道增强型图符号　　N 沟道耗尽型图符号　　P 沟道耗尽型图符号

图 1.35　不同类型 MOS 管的电路图符号

其中虚线表示增强型，实线表示耗尽型，由图 1.35 可看出，衬底的箭头方向表明了场效应管是 N 沟道还是 P 沟道，箭头向里是 N 沟道，箭头向外是 P 沟道。

2. 工作原理

以增强型 NMOS 管为例说明其工作原理。N 沟道增强型 MOS 管不存在原始导电沟道。如图 1.36 所示。

当栅源极间电压 $U_{GS} = 0$ 时，增强型 MOS 管的漏极和源极之间相当于存在两个背靠背的 PN 结。此时无论 U_{DS} 是否为 0，也无论其极性如何，总有一个 PN 结处于反偏状态，因此 MOS 管不导通，$I_D = 0$，MOS 管处于截止区。

在栅极和衬底间加 U_{GS} 且与源极连在一起，由于二氧化硅绝缘层的存在，电流不能通过栅极。但金属栅极被充电，因此聚集大量正电荷。

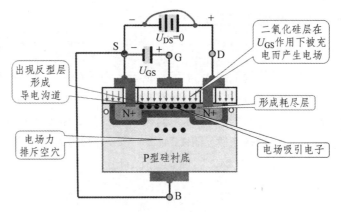

图 1.36　导电沟道的形成

导电沟道形成时，对应的栅源间电压 $U_{GS} = U_T$ 称为开启电压。

$U_{GS} > U_T$、$U_{DS} \neq 0$ 且较小时，当 U_{GS} 继续增大，U_{DS} 仍然很小且不变时，I_D 随着 U_{GS} 的增大而增大。此时增大 U_{DS}，导电沟道出现梯度，I_D 又将随着 U_{DS} 的增大而增大。直到 $U_{GD} = U_{GS} - U_{DS} = U_T$ 时，相当于 U_{DS} 增大使漏极沟道缩减到导电沟道刚刚开启的情况，称为预夹断，I_D 基本饱和。沟道出现预夹断时工作在放大状态，放大区 I_D 几乎与 U_{DS} 的变化无关，只受 U_{GS} 的控制。即 MOS 管是利用栅源电压 U_{GS} 来控制漏极电流 I_D 大小的一种电压控制器件。如果继续增大 U_{DS}，使 $U_{GD} < U_T$ 时，沟道夹断区延长，I_D 达到最大且恒定，管子将从放大区跳出而进入饱和区。

3. 特性曲线

1）输出特性曲线

场效应管的输出特性是指当栅源电压 u_{GS} 为某一定值时，漏极电流 i_D 与漏源电压 u_{DS} 之间的关系，即 $i_D = f(u_{DS})\big|_{u_{GS}=常数}$，图 1.37（a）所示为某 N 沟道增强型 MOS 管的输出特性曲线。它可分为 3 个区域，即可变电阻区、恒流区和夹断区，分别类似于三极管的饱和区、放大区和截止区。

2）转移特性曲线

场效应管的转移特性是指当漏源电压 u_{DS} 为某一定值时，漏极电流 i_D 与栅源电压 u_{GS} 的关

系，即 $i_D = f(u_{GS})\big|_{u_{DS}=常数}$。图 1.37（b）所示为某 N 沟道增强型 MOS 管的转移特性曲线。由于 $u_{GS} \geqslant U_{GS(off)}$ 时沟道才形成，即有 i_D 产生，因此转移特性曲线从 $U_{GS(off)}$ 开始，而当 $u_{GS} < U_{GS(off)}$ 时 $i_D = 0$。

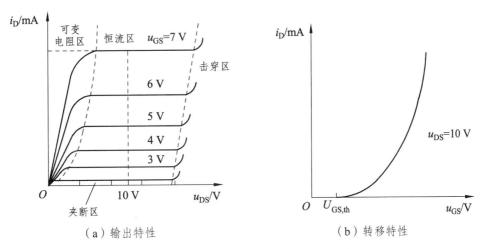

（a）输出特性 　　　　　　　　　　（b）转移特性

图 1.37　N 沟道增强型 MOS 管的特性曲线

1.4.2 耗尽型绝缘栅型场效应管

1. 结构与符号

N 沟道耗尽型 MOS 管的结构如图 1.38（a）所示。它与 N 沟道增强型 MOS 管的结构基本相同，不过在制造时，在 SiO_2 绝缘层中掺入大量的正离子，则可在 P 型衬底表面感应出一个 N 型层，形成 N 沟道。图 1.38（b）、（c）分别为 N 沟道和 P 沟道耗尽型 MOS 管的符号。

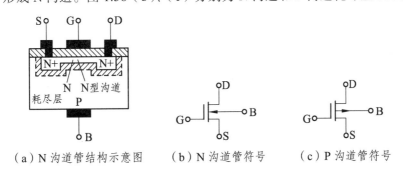

（a）N 沟道管结构示意图　（b）N 沟道管符号　　（c）P 沟道管符号

图 1.38　耗尽型 MOS 管的结构与符号

2. 工作原理

N 沟道耗尽型 MOS 管正常工作时，漏源极之间应加正电压，即 $u_{DS} > 0$，而栅源极之间的偏置电压 u_{GS} 可正可负。

由于 N 沟道耗尽型 MOS 管存在原始导电沟道，若在漏源极之间加正电压 u_{DS}，即使 $u_{GS} = 0$，也有 i_D 产生。如果 $u_{GS} > 0$，则 P 型衬底表面层的电子增多，沟道变宽，i_D 增大；反之，如果 $u_{GS} < 0$，则表面层的电子减少，沟道变窄，i_D 减小。当 u_{GS} 减小到某一临界值时，导电沟道消失，$i_D = 0$，这时的栅源电压 u_{GS} 称为夹断电压 $U_{GS(off)}$。

3. 特性曲线

N 沟道耗尽型 MOS 管的特性曲线如图 1.39 所示，其输出特性曲线也可分为可变电阻区、恒流区和夹断区。由其转移特性曲线可知，$u_{GS} = 0$ 时，$i_D = I_{DSS}$；随着 u_{GS} 的减小，i_D 也减小，当 $u_{GS} = U_{GS(off)}$时，$i_D \approx 0$；当 $u_{GS} > 0$ 时，$i_D > I_{DSS}$。

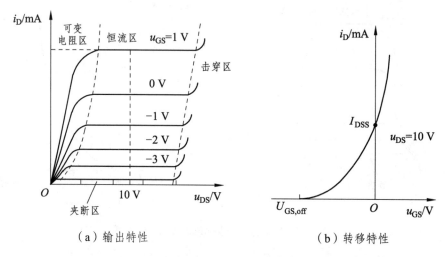

（a）输出特性   （b）转移特性

图 1.39 N 沟道耗尽型 MOS 管的特性曲线

综上所述，三极管和场效应管都是具有放大作用的器件，但工作机理不同。三极管是电流控制型器件，而场效应管是电压控制型器件。在电路参数相同的情况下，三极管放大器的放大能力远大于场效应管，而场效应管放大器的输入电阻远高于三极管。

1.4.3 场效应管使用注意事项

由于场效应管的输入电阻很高（尤其是 MOS 管），当栅极悬空时，栅极上感应出的电荷很难泄放。而且，栅源间和栅漏间的电容很小，约为几皮法，少量的电荷就可以产生较高的电压，很容易击穿绝缘层而损坏管子。因此，场效应管在实际使用时应注意下列几点：

（1）场效应管的栅极不能悬空。通常可以在栅源之间接一个电阻或稳压管，以保持栅源极间有通路，降低栅极电压，防止击穿。

（2）在存放时，应将绝缘栅型场效应管的 3 个电极相互短接，以免受外电场作用而损坏管子，而结型场效应管可以在开路状态下保存。

（3）在焊接时，应先将场效应管的 3 个电极短路，按照源极→漏极→栅极的先后顺序焊接，且烙铁必须良好接地。焊接绝缘栅型场效应管时，最好在烙铁加热后切断电源，利用余热进行焊接，以确保安全。

（4）结型场效应管可以用万用表定性检查管子的质量，但绝缘栅型场效应管不行。用测试仪检查绝缘栅型场效应管时，必须在它接入测试仪后才能去掉各电极的短路保护；测试完成后，也应先短路后取下。

（5）安装调试时务必使用接地良好的电源和测试仪表。

1.4.4　场效应管与双极型三极管比较

（1）晶体三极管 BJT 是电流控制器件，场效应管 FET 是电压控制器件，场效应管的跨导 g_m 比较小，其放大作用远低于晶体三极管。

（2）在仅允许取少量信号源电流的情况下，应选用场效应管构成放大电路；在允许取一定输入电流的情况下，可以选用三极管构成放大电路。

（3）三极管是双极型器件，场效应管是利用多子导电的单极型器件，所以场效应管的温度稳定性好，在温度变化较大的场合，宜选用场效应管。

（4）场效应管的制造工艺简单，便于集成，特别适用于制造集成电路。

（5）对于结型 FET 和衬底不与源极相连的 MOS 管来说，漏极和源极是对称的，可以互换使用。对于耗尽型 MOS 管来说，栅极偏置电压可正、可负、可零，设计电路时更加方便。

（6）在小电流、低电压时，场效应管可以作为受栅源电压控制的可变电阻来使用。

1.4.5　场效晶体管的电压控制作用

（1）MOS 管的栅极是绝缘的，因此管子的输入电阻可达 1010 Ω 以上，故 $i_G≈0$。所以和三极管不同的是：场效应管不是用栅极电流来控制漏极输出电流的，而是利用输入栅源电压 U_{GS} 来控制漏极输出电流 I_D，是电压控制器件。

（2）MOS 管和三极管类似的参数是低频跨导。

（3）在场效应管的放大作用中，少子并不参与控制作用，是单极型器件。

习 题

一、填空题

1. 晶体管的输出特性有三个区域：_____、_____和_____。晶体管工作在_____时，相当于闭合的开关；工作在_____时，相当于断开的开关。

2. 已知一放大电路中某晶体管的三个管脚电位分别为① 3.5 V、② 2.8 V、③ 5 V，试判断：

a. ① 脚是_____，② 脚是_____，③ 脚是_____（e，b，c）；

b. 管型是_____（NPN 型，PNP 型）；

c. 材料是_____（硅，锗）。

3. 将一块本征半导体置于一定的环境温度和光线中，当环境温度逐渐变低时，电阻率变_____；当环境中光线强度逐渐变强时，电阻率变_____；当在这块半导体中掺入少量五价 P（磷）原子时，电阻率变_____；此时这块半导体已经由原来的本征半导体变为_____型半导体了。

4. 锗二极管的正向电压降为_____V；硅二极管的正向电压降为_____V；硅二极管的反向漏电流比锗二极管的反向漏电流_____。

5. 除了用于作普通整流的二极管以外，请再列举出三种用于其他功能的二极管：_____、_____、_____。

6. 要想让晶体管工作在放大状态，在制造时就必须保证发射区的载流子浓度要_____，基区的宽度要尽量_____，集电区的面积要尽量_____，还要保证集电结_____，发射结_____，晶体管的输出特性曲线大约可分为三个区域，在_____区工作的管子其 c、e 间的电压很小，就像开关的两个触点接通一样，在_____区工作的管子其 c、e 端不导通，就像开关的两个触点断开一样；只有在放大区，管子才具有放大作用。

7. PN 结形成后，若无外加电压，通过 PN 结的少数载流子的_____电流始终等于多数载流子的_____电流，而且方向_____，因此，流过 PN 结的总电流为_____。

二、选择题

1. PN 结加正向电压时，空间电荷区将（　　　）。

    A. 变窄　　　　　　B. 基本不变　　　　　　C. 变宽

2. 在本征半导体中加入（　　　）元素可形成 P 型半导体。

    A. 五价　　　　　　B. 四价　　　　　　C. 三价

3. 稳压管的稳压区是其工作在（　　　）。

    A.正向导通　　　B. 反向截止　　　C. 反向击穿　　　D. 正向击穿

4. 当晶体管工作在放大区时，发射结电压和集电结电压应为（　　　）。

    A.发射结反偏，集电结反偏

    B.发射结正偏，集电结反偏

    C.发射结正偏，集电结正偏

5. 工作在放大区的晶体三极管，如果当 I_B 从 10 μA 增加到 20 μA，I_C 从 1.1 mA 变为 2.1 mA，那么它的 β 约为（　　　）。

    A. 80　　　　　　B. 90　　　　　　C. 95　　　　　　D. 100

三、分析题

1. 二极管主要有哪些性能参数？

2. 如何用万用表来判断二极管的好坏和极性？

3. 双极型三极管和单极型三极管的导电机理有什么不同？为什么称晶体管为电流控件而称 MOS 管为电压控件？

4. 已知稳压管稳压电路的输入电压 $U_1 = 15$ V，稳压管的稳定电压 $U_Z = 6$ V，稳定电流的最小值 $I_{Zmin} = 5$ mA，最大功耗 $P_{ZM} = 150$ mW。试求图 1.40 所示电路中电阻 R 的取值范围。

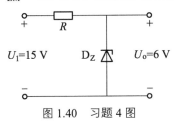

图 1.40　习题 4 图

5. 测得电路中几个三极管的各极对地电压如图 1.41 所示，试判别各三极管的工作状态。

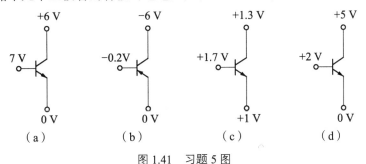

图 1.41　习题 5 图

6. 为什么 MOSFET 的输入电阻比 BJT 高得多？

7. 二极管电路如图 1.42 所示，试判断图中的二极管是导通还是截止，并求出 AO 两端的电压 U_{AO}（设二极管是理想的）。

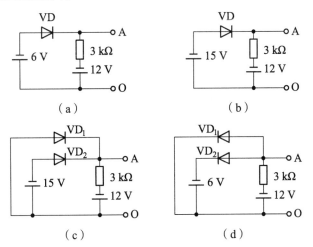

图 1.42　习题 7 图

8. 在图 1.43 所示电路中,设二极管为理想的,且 $u_I = 5\sin\omega t$（V）,试画出 u_O 的波形。

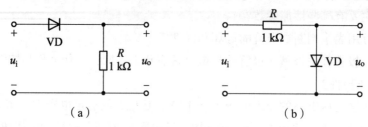

（a）　　　　　　　　　　（b）

图 1.43　习题 8 图

9. 测得某放大电路中 BJT 的三个电极 A,B,C 的对地电位分别为 $V_A = -9$ V,$V_B = -6$ V,$V_C = -6.2$ V,试分析 A,B,C 对应的管脚,并说明此 BJT 是 NPN 管还是 PNP 管。

10. 当 U_{GS} 为何值时,增强型 N 沟道 MOS 管导通?

11. 在使用 MOS 管时,为什么栅极不能悬空?

12. 晶体管和 MOS 管的输入电阻有何不同?

人们在生产和科研中，需要把微弱的电信号（电流、电压）放大成为所需的较强的电信号，去控制较大功率的负载，以便有效地观察、测量和应用。例如，电视机天线接收到的信号只有微伏数量级，经过放大后才能推动扬声器和显像管工作；智能控制设备把反映压力、温度或转速等非电量通过传感器变成微弱的电信号加以放大后，推动各种继电器达到自动调节的目的。晶体管放大电路广泛地应用在航空、通信、工业自动控制、测量等领域。

基本放大电路是构成多种多级放大器的单元电路。放大器的作用就是把微弱的电信号不失真地加以放大。所谓失真就是输入信号经放大器输出后，发生了波形变化。

本章重点介绍基本放大电路的工作原理和分析方法、典型放大电路的组成以及分析。以共射极放大电路为例，说明了放大电路的组成及基本分析方法，并以此为基础讨论了放大电路静态工作点的稳定性，射极跟随器以及多级放大电路的组成、耦合方式和分析方法。在差分放大电路的介绍中，建立了"差模信号"和"共模信号"等重要概念，为下一章集成运算放大器的讨论做好了准备。最后对功率放大电路做了简要介绍。

2.1 基本放大电路的组成

2.1.1 基本放大电路的组成

为了达到一定的输出功率，放大器往往由多级放大电路组成。基本放大电路通常由两部分组成，如图2.1所示。第一部分为电压放大电路，它的任务是将微弱的电信号加以放大去推动功率放大电路，一般它的输出电流较小，电压放大电路是整个放大电路的前置级；第二部分为功率放大电路，是放大电路的输出级，它的任务是输出足够大的功率去推动执行元件（如继电器、电动机、扬声器、指示仪表等）工作，功率放大器的输出电压和电流都比较大。

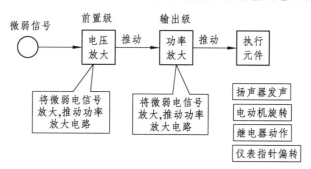

图 2.1 基本放大电路的组成框图

用三极管组成放大电路的基本原则是：

（1）三极管应工作在放大状态。发射结正向偏置，集电结反向偏置。

（2）信号电路应畅通。输入信号能从放大电路的输入端加到三极管的输入级上；信号放大后能顺利地从输出端输出。

（3）希望放大电路工作点稳定，失真（即放大后的输出信号波形与输入信号波形不一致的程度）不超过允许范围。

图 2.2 所示为根据上述要求由 NPN 型三极管组成的电压放大电路。它由直流电源、三极管、电阻和电容组成，是最基本的放大单元电路。许多放大电路就是以此为基础而构成的，因此，掌握它的工作原理及分析方法是分析其他放大电路的基础。

图 2.2 所示的单管放大电路中有两个电流回路：一个是由发射极 E 经信号源、电容 C_1、基极 B 回到发射极 E，称之为放大电路的输入回路；另一个是从发射极 E 经电源 E_C、集电极电阻 R_C、集电极 C 回到发射极 E 的回路，称之为放大电路的输出回路。因输入回路和输出回路是以发射极为公共端的，故称为共发射极放大电路。下面具体分析各元件的作用。

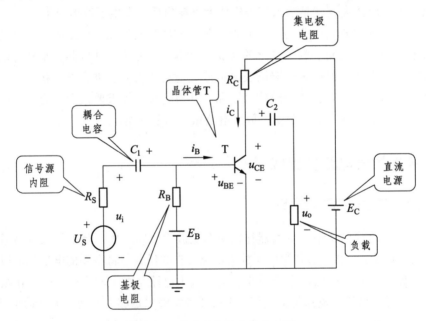

图 2.2 共发射极基本放大电路

2.1.2 各元件的作用

（1）三极管 T：图 2.2 中的 T 是一个 NPN 型硅管，是电路的放大元件。从能量观点来说，能量是守恒的，不能放大。输出的较大能量来自直流电源 E_C。由于输出端得到的能量较大的信号是通过三极管，受输入电流 i_B 控制的，因此也可说三极管是一个控制元件。

（2）集电极直流电源 E_C：一方面保证集电结处于反向偏置，以使三极管起放大作用；另一方面又是放大电路的能源。E_C 一般为几伏到几十伏。

（3）基极电源 E_B 和基极电阻 R_B：作用是使发射结处于正向偏置，串联 R_B 是为了控制基极电流 i_B 的大小，使放大电路获得比较合适的工作状态。从后面分析会看到 i_B 的大小对于放大器质量的好坏有着密切关系。R_B 的阻值较大，一般约为几十千欧至几百千欧。

（4）电容 C_1、C_2：分别为输入、输出隔直电容，又称为耦合电容。具有两个作用：一是起隔直作用，C_1 隔断信号源于放大电路的直流通路，C_2 隔断放大电路与负载之间的直流通路，使三者之间（信号源、放大电路、负载）无直接联系，互不影响；二是起交流耦合作用，使交流信号畅通无阻。当输入端加上信号电压 u_i 时，可以通过 C_1 送到三极管的基极与发射极之间，而放大了的信号电压 u_o 则从负载 R_L 两端取出。C_1、C_2 容量较大，一般取值 5~50 μF。容量大对通过交流是有利的，当信号频率足够高时，在分析放大电路的交流通路时，C_1、C_2 对交流信号可视为短路。C_1、C_2 一般采用有极性电容（如电解电容），因此连接时一定要注意其极性。

（5）集电极负载电阻 R_C：将集电极电流 i_C 的变化转换成集-射极间电压 u_{CE} 的变化，以实现电压的放大作用。R_C 取值一般为几千欧至几十千欧。

图 2.2 的电路用 E_B 和 E_C 两个电源供电，为减少电源的数目、使用方便，考虑到 E_B 和 E_C 的负极是接在一起的，可用 E_C 来代替 E_B。一般 E_C 大于 E_B，这样只要适当增大 R_B，即可产生合适的基极电流 i_B。

在放大电路中，通常假设公共端电位为"零"，作为电路中其他各点电位的参考点，在电路图上用接"地"符号表示。在实际装置中，公共端一般接在金属底板或金属外壳上。同时为了简化电路的画法，习惯上不画出电源 E_C，而只在连接其正极的一端标出它对"地"的电压 U_{CC} 和极性（"+"或"-"），这样图 2.2 所示的共发射极基本放大电路可绘成图 2.3 所示的简化形式。

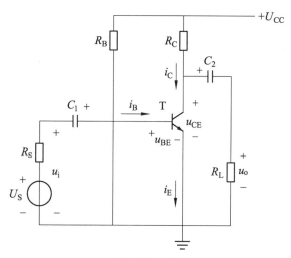

图 2.3　共发射极基本放大电路

2.2　放大电路的分析

对于放大电路，可从两种工作状态来分析，即静态和动态。当放大电路没有输入信号，即 $u_i=0$ 时的工作状态称为静态；当放大电路有输入信号，即 $u_i \neq 0$ 时的工作状态称为动态。

静态分析的主要任务是确定放大电路的静态值（直流值）I_B、I_C、U_{BE} 和 U_{CE}。放大电路的质量与静态值关系极大。动态分析的任务是确定放大电路的电压放大倍数 A_u、输入电阻 r_i 和输出电阻 r_o 等。

为了便于分析，我们对放大电路中的各个电压和电流的符号做了统一的规定，如表 2.1 所示。

表 2.1　三极管放大电路中电压、电流符号

名称	静态值	交流分量		总电压或总电流		直流电源
		瞬时值	有效值	瞬时值	有效值	
基极电流	I_B	i_b	I_b	i_B	$I_{B(AV)}$	
集电极电流	I_C	i_c	I_c	i_C	$I_{C(AV)}$	
发射极电流	I_E	i_e	I_e	i_E	$I_{E(AV)}$	
集－射极电压	U_{CE}	u_{ce}	U_{ce}	u_{CE}	$U_{CE(AV)}$	
基－射极电压	U_{BE}	u_{be}	U_{be}	u_{BE}	$U_{BE(AV)}$	
集电极电源						U_{CC}
基极电源						U_{BB}
发射极电源						U_{EE}

2.2.1　静态工作分析

放大电路输入端无输入信号，即 $u_i = 0$ 时，电路中只有直流电压和直流电流，为了确定静态值，通常可以采用估算法和图解法求得。

估算法采用放大电路的直流通路来确定静态值。所谓直流通路，是指输入信号 $u_i = 0$ 时，电路在直流电源 U_{CC} 的作用下直流电流所流过的路径。在画直流通路时，将电路中的电容开路，电感短路。图 2.3 所对应的直流通路如图 2.4 所示。

所谓静态，是指输入信号 $u_i = 0$ 时放大电路的工作状态，电路中只有直流分量。在直流电源的作用下，三极管的基极回路和集电极回路均存在着直流电压和直流电流，即 I_{BQ}、I_{CQ}、U_{BEQ} 和 U_{CEQ}。这四个数值分别对应于三极管输入、输出特性曲线上的一个点 "Q"，即输入特性曲线上的点 $Q(I_{BQ}、U_{BEQ})$，

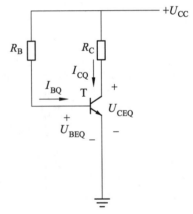

图 2.4　共发射极放大电路的直流通路

输出特性曲线上 $Q(I_{CQ}、U_{CEQ})$，如图 2.5 所示，习惯上称这个 "Q" 点为放大电路的静态工作点。为了使放大电路正常工作，三极管必须处于放大状态。因此，要求三极管必须具有合适的静态工作点 "Q"。当电路中的 U_{CC}、R_C、R_B 确定以后，I_{BQ}、I_{CQ}、U_{BEQ} 和 U_{CEQ} 也随之确定了。为了表明对应于 "Q" 点的各参数 I_B、I_C、U_{BE} 和 U_{CE} 是静态参数，习惯上将其分别记作 I_{BQ}、I_{CQ}、U_{BEQ} 和 U_{CEQ}。

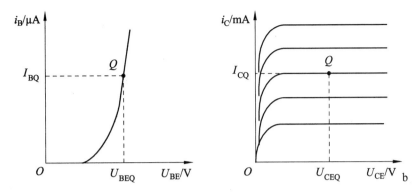

图 2.5　共发射极放大电路的静态工作点 Q

根据直流通路，利用基尔霍夫电压定律有

$$I_B R_B + U_{BE} = U_{CC} \tag{2.1}$$

$$I_B = \frac{U_{CC} - U_{BE}}{R_B} \tag{2.2}$$

式中，U_{BE} 为三极管发射结的正向压降。当发射结处于正向导通状态时，它类似于一个二极管，其导通压降为 0.7 V（锗管约为 0.3 V），当 $U_{CC} \gg U_{BE}$ 时

$$I_B \approx \frac{U_{CC}}{R_B} \tag{2.3}$$

$$I_C = \beta I_B \tag{2.4}$$

同理

$$I_C R_C + U_{CE} = U_{CC} \tag{2.5}$$

$$U_{CE} = U_{CC} - I_C R_C \tag{2.6}$$

【例 2.1】　求图 2.3 所示放大电路的静态工作点。已知 $U_{CC} = 12$ V，$R_C = 2$ kΩ，$R_B = 300$ kΩ，$\beta = 80$。

　解　　　　$I_{BQ} = \dfrac{U_{CC} - U_{BEQ}}{R_B} \approx \dfrac{U_{CC}}{R_B} = \dfrac{12}{300 \times 10^3} = 0.04\ \text{mA}$

$$I_{CQ} = \beta I_{BQ} = 80 \times 0.04 = 3.2\ \text{mA}$$

$$U_{CEQ} = U_{CC} - I_{CQ} R_C = 12 - 3.2 \times 2 = 5.6\ \text{V}$$

【例 2.2】　如图 2.3 所示，已知 $U_{CC} = 24$ V，$\beta = 80$，已选定 $I_C = 2$ mA，$U_{CE} = 8$ V，试估算 R_B 和 R_C 的值。

　解　　　　$I_B = \dfrac{I_C}{\beta} = \dfrac{2 \times 10^{-3}}{80} = 25\ \mu\text{A}$

$$R_{\mathrm{B}} \approx \frac{U_{\mathrm{CC}}}{I_{\mathrm{B}}} = \frac{24}{25 \times 10^{-6}} = 960 \text{ k}\Omega$$

$$R_{\mathrm{C}} = \frac{U_{\mathrm{CC}} - U_{\mathrm{CE}}}{I_{\mathrm{C}}} = \frac{24 - 8}{2 \times 10^{-3}} = 8 \text{ k}\Omega$$

2.2.2　动态工作分析

在上述静态工作状态的基础上，放大电路接入交流输入信号，如图 2.6（a）所示，这时放大电路的工作状态称为动态。动态分析就是分析信号在电路中的传输情况，即分析各个电压、电流随输入信号变化的情况。交流信号在放大电路中的传输通道称为交流通路。画交流通路的原则是：在信号频率范围内，电路中耦合电容 C_1、C_2 的容抗 X_C 很小，可视为短路；直流电源的内阻一般很小，也可以忽略，视为短路。按此原则画出图 2.6（a）电路的交流通路如图 2.6（b）所示。

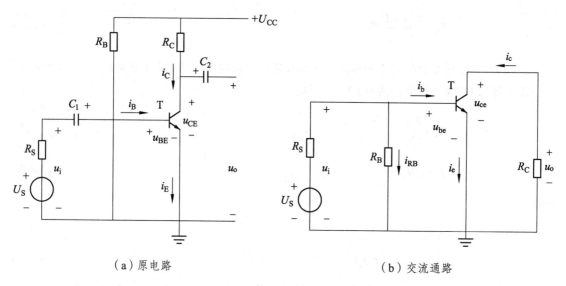

（a）原电路　　　　　　　　　　　　　　（b）交流通路

图 2.6　共发射极放大电路的交流通路

动态工作时，三极管的各个电流和电压都含有直流分量和交流分量，即交直流共存。电路中的电流（电压）是交流分量和直流分量的叠加。设输入信号电压 $u_{\mathrm{i}} = U_{\mathrm{im}} \sin \omega t$ 是正弦交流电压，如图 2.7（a）所示。这时用示波器可观察到放大电路各极电压、电流波形，如图 2.7 所示。

图（b）：$u_{\mathrm{BE}} = U_{\mathrm{BE}} + u_{\mathrm{be}} = U_{\mathrm{BE}} + U_{\mathrm{im}} \sin \omega t$

图（c）：$i_{\mathrm{B}} = I_{\mathrm{B}} + i_{\mathrm{b}} = I_{\mathrm{B}} + I_{\mathrm{bm}} \sin \omega t$

图（d）：$i_{\mathrm{C}} = I_{\mathrm{C}} + i_{\mathrm{c}} = I_{\mathrm{C}} + I_{\mathrm{cm}} \sin \omega t$

图（e）：$u_{\mathrm{CE}} = U_{\mathrm{CE}} + u_{\mathrm{ce}} = U_{\mathrm{CE}} + U_{\mathrm{cm}} \sin(\omega t + \pi)$

由于耦合电容 C_2 的隔直通交作用，输出电压为 $u_{\mathrm{o}} = u_{\mathrm{ce}} = U_{\mathrm{cem}} \sin(\omega t + \pi)$，如图 2.7（f）所示。

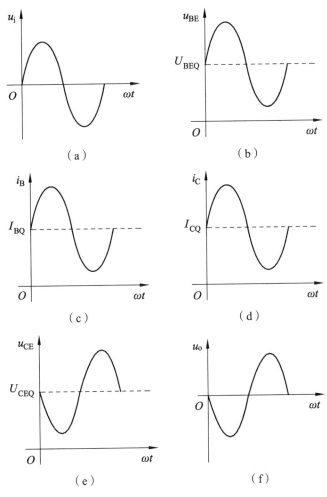

图 2.7　放大电路的动态分析

由图 2.7（a）（e）（f）可见，输出信号 u_o（u_{ce}）与输入信号 u_i 相位相反。这是因为，在共发射极放大电路中，u_o 和 u_i 的参考方向（即正、负极性）都是以"地"为参考点，由图 2.6（a）所示电路可见，当 u_i 增大时，i_b 也增大，$i_c = \beta i_b$ 随之增大，但 $u_{ce} = U_{CC} - i_c R_C$ 却减小，可见 u_o（u_{ce}）与 u_i 是反相的。

综上可知：

（1）放大电路在动态时的电压、电流是由直流和交流两种分量叠加而成的单方向脉动量，大小随 u_i 变化。

（2）电路中的 u_{be}、i_b、i_c 与 u_i 同相位，而 u_{ce} 的波形与 u_i 反相。输出电压 u_o 与输入电压 u_i 相位相反，这是单管共发射极放大电路的重要特点。

综上所述，改变 R_B、R_C、U_{CC} 均能改变放大电路的静态工作点，但由于采用改变 R_B 的办法最方便，因此，调节静态工作点时，通常总是首先调节 R_B。

固定偏置放大电路的优点是：电路简单，容易调整。但它也有不足之处，当受到外部因素（如温度变化、电源电压的波动、三极管老化等）影响时，会引起静态工作点的变化，严重时可能导致放大电路无法正常工作。

2.2.3 分压式偏置放大电路

图 2.8 所示为应用比较广泛的分压式偏置单管放大电路，它能够提供合适的偏流 I_B，又能自动稳定静态工作点。由图 2.8 得到的直流通路如图 2.9 所示。

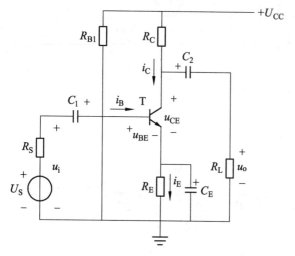

图 2.8 分压式偏置放大电路

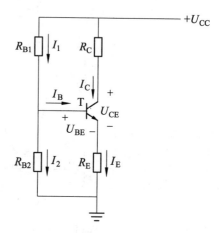

图 2.9 分压式偏置放大电路的直流通路

1. 电路基本特点

（1）利用 R_{B1}、R_{B2} 分压来固定基极电位 U_B。由电路可见

$$I_1 = I_2 + I_B \tag{2.7}$$

若使

$$I_2 \gg I_B \tag{2.8}$$

则

$$I_1 \approx I_2 \approx \frac{U_{CC}}{R_{B1} + R_{B2}} \tag{2.9}$$

$$U_B = I_1 R_{B2} = \frac{R_{B2}}{R_{B1} + R_{B2}} U_{CC} \tag{2.10}$$

由此可认为 U_B 与三极管参数（I_{CEO}、β、U_{BE} 等）无关，即与温度无关，而仅由分压电路 R_{B1}、R_{B2} 的阻值决定。

（2）利用发射极电阻 R_E 即可求出反映 I_C 变化的电位 U_E。U_E 作用于输入偏置电路，能自动调整工作点，使 I_C 基本不变。

因

$$U_{BE} = U_B - U_E = U_B - I_E R_E \tag{2.11}$$

若使

$$U_B \gg U_{BE} \tag{2.12}$$

则

$$I_C \approx I_E \approx \frac{U_B - U_{BE}}{R_E} \approx \frac{U_B}{R_E} \tag{2.13}$$

当 R_E 固定不变时，I_C、I_E 也稳定不变。

由上可知，只要满足式（2.8）、式（2.12）两个条件，则 U_B、I_C、I_E 均与三极管参数无

关，不受温度变化的影响，静态工作点得以保持不变。在估算时，一般可选取

$$I_2 = (5 \sim 10) \, I_B$$

$$U_B = (5 \sim 10) \, U_{BE}$$

分压式偏置电路能稳定静态工作点的物理过程可表示如下：

温度上升 $\to I_C \uparrow \to I_E \uparrow \to I_E R_E \to U_{BE} \downarrow \to I_B \downarrow \to I_C \downarrow$

从上面的分析可见，R_E 越大，静态工作点的稳定性越好。但是，R_E 太大，必然使 U_E 增大，当 U_{CC} 为某一定值时，将使静态管压降 U_{CE} 相对减小，从而减小了三极管的动态工作范围。因此 R_E 不宜太大，小电流情况下一般为几百欧到几千欧，大电流情况下为几欧到几十欧。实际使用时，常在 R_E 上并联一个大容量的极性电容 C_E，它具有旁路交流的功能，称为发射极交流旁路电容，它的存在对放大电路直流分量并无影响，但对交流信号相当于把 R_E 短接，避免了在发射极电阻 R_E 上产生交流压降，否则这种交流压降被送回到输入回路，将减弱加到基-射极间的输入信号，导致电压放大倍数下降。C_E 一般取几十微法到几百微法。

2. 静态工作点的估算

分压式偏置放大电路的静态工作点采用估算法，即

$$U_B = \frac{R_{B2}}{R_{B1} + R_{B2}} U_{CC} \tag{2.14}$$

$$I_{CQ} \approx I_E = \frac{U_B - U_{BEQ}}{R_E} \approx \frac{U_B}{R_E} \tag{2.15}$$

$$U_{CEQ} = U_{CC} - I_{CQ}(R_C + R_B) \tag{2.16}$$

$$I_{BQ} = I_{CQ} / \beta \tag{2.17}$$

【例 2.3】 在分压式偏置放大电路中（见图 2.8），$U_{CC} = 12$ V，$R_C = 2$ kΩ，$R_E = 2$ kΩ，$R_{B1} = 20$ kΩ，$R_{B2} = 10$ kΩ，三极管的 $\beta = 37.5$，试求静态工作点。

解
$$U_B = \frac{R_{B2}}{R_{B1} + R_{B2}} U_{CC} = \frac{10}{20 + 10} \times 12 \text{ V} = 4 \text{ V}$$

$$I_{CQ} \approx I_E = \frac{U_B - U_{BEQ}}{R_E} = \frac{4 - 0.7}{2 \times 10^3} \text{ A} = 1.65 \text{ mA}$$

$$U_{CEQ} = U_{CC} - I_{CQ}(R_C + R_B) = 12 - 1.65 \times (2 + 2) \text{ V} = 5.4 \text{ V}$$

$$I_{BQ} = I_{CQ} / \beta = 1.65 / 37.5 \text{ mA} = 44 \text{ μA}$$

2.3 放大电路的微变等效电路分析法

在放大电路分析方法上用图解法分析放大电路比较直观，但不易进行定量分析，在计算交流参数时比较困难，因此用微变等效电路法分析比较容易。微变等效电路是在交流通路基础上建立的，只对交流等效，只能用来分析交流动态，计算交流分量，而不能用来分析直流分量。

2.3.1 微变等效电路法

微变等效电路法的基本思路:把非线性元件晶体管所组成的放大电路等效成一个线性电路;然后用线性电路的分析方法来分析。等效的条件是晶体管在小信号(微变量)情况下工作,这样就能在静态工作点附近的小范围内,用直流段近似地代替晶体管的特性曲线。

如图 2.10 所示,输入特性曲线在 Q 点附近的工作可认为是线性的。当 u_{BE} 有比较微小的变化 ΔU_{BE} 时,基极电流变化 ΔI_B,两者的比值称为三极管的动态输入电阻,用 r_{be} 表示,即

$$r_{be} = \frac{\Delta U_{BE}}{\Delta I_B} = \frac{u_{be}}{i_b} = 300\ \Omega + (1+\beta)\frac{26\ \text{mV}}{I_{EQ}\ \text{mA}} \tag{2.18}$$

式中, I_{EQ} 为发射极电流静态值; r_{be} 的取值在几百欧到几千欧之间。

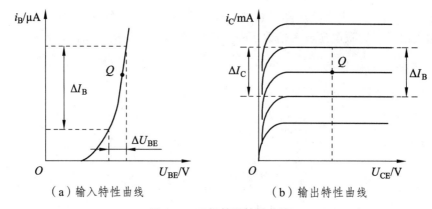

(a)输入特性曲线 (b)输出特性曲线

图 2.10 三极管的特性曲线

集电极和发射极之间的电流、电压关系由三极管的输出特性曲线决定。输出特性曲线在放大区域内可认为呈水平线,集电极电流的微小变化 ΔI_C 仅于基极电流 ΔI_B 的微小变化有关,而与电压 u_{CE} 无关,故集电极和发射极之间可等效为一个受 i_b 控制的电流源,即

$$i_c = \beta i_b \tag{2.19}$$

据此可画出晶体管的微变等效电路,如图 2.11 所示。

对于小信号输入放大电路进行动态分析时,首先应画出放大电路的交流电路,然后根据交流电路画出微变等效电路。共发射极放大电路微变等效电路的简化过程如图 2.12 所示。

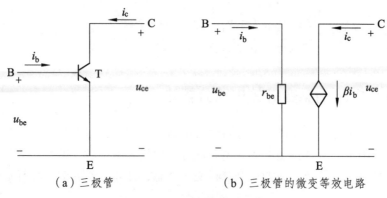

(a)三极管 (b)三极管的微变等效电路

图 2.11 三极管的微变等效电路

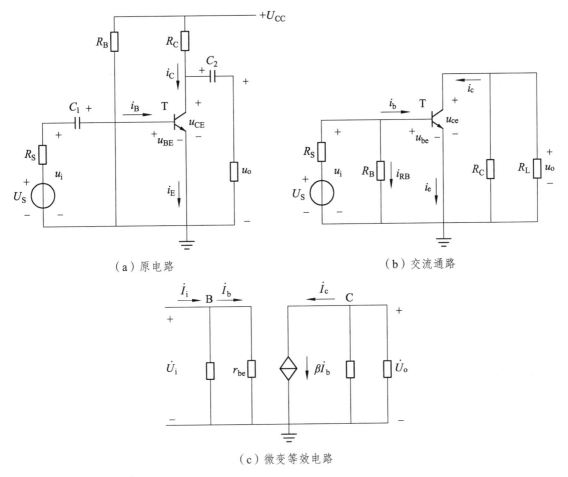

（a）原电路　　　　　　　　　　　　（b）交流通路

（c）微变等效电路

图 2.12　共发射极放大电路的微变等效电路

2.3.2　动态参数的计算

1. 电压放大倍数 $\dot{A}_u$

放大电路的输出电压 $\dot{U}_o$ 与输入电压 $\dot{U}_i$ 的比值称为放大电路的电压放大倍数，又称为电压增益，用 $\dot{A}_u$ 表示，即

$$\dot{A}_u = \frac{\dot{U}_o}{\dot{U}_i} \tag{2.20}$$

由图 2.12（c）可得共发射极基本放大电路的电压放大倍数为

$$\dot{A}_u = \frac{\dot{U}_o}{\dot{U}_i} = \frac{-R'_L \dot{I}_c}{r_{be} \dot{I}_b} = \frac{-R'_L \beta \dot{I}_b}{r_{be} \dot{I}_b} = \frac{-\beta R'_L}{r_{be}} \tag{2.21}$$

式中，$R'_L = R_C // R_L$ 称为放大电路的交流负载电阻，负号表示输出电压 $\dot{U}_o$ 与输入电压 $\dot{U}_i$ 反相。

若放大电路的输出端开路（未接负载电阻 R_L），则电压放大倍数为

$$\dot{A}_u = \frac{-\beta R_C}{r_{be}} \qquad (2.22)$$

由于 $R'_L < R_C$，所以接入负载电阻 R_L 后电压放大倍数下降了，可见放大电路的负载电阻 R_L 越小，电压放大倍数就越低。

2. 输入电阻 r_i

放大电路对信号源而言，相当于一个电阻，称为输入电阻，用 r_i 表示。r_i 等于放大输入电压 $\dot{U}_i$ 与输入电流 $\dot{I}_i$ 之比，即

$$r_i = \frac{\dot{U}_i}{\dot{I}_i} \qquad (2.23)$$

由图 2.12（c）可得共发射极基本放大电路的输入电阻为

$$r_i = \frac{\dot{U}_i}{\dot{I}_i} = R_B // r_{be} \qquad (2.24)$$

输入电阻 r_i 的大小决定了放大电路从信号源吸取电流（输入电流）的大小。为了减轻信号源的负担，总希望 r_i 越大越好。另外，较大的输入电阻，也可以降低信号源内阻 R_S 的影响，使放大电路获得较高的输入电压。在式（2.24）中，由于 R_B 比 r_{be} 大得多，r_i 近似等于 r_{be}，为几百欧到几千欧，一般认为这个值比较低，并不理想。

3. 输出电阻 r_o

输出电阻的计算方法是：信号源 $\dot{U}_s$ 短路，断开负载 R_L，在输出端加电压 $\dot{U}_o$，求出由 $\dot{U}$ 产生的电流 $\dot{I}_o$，则输出电阻 r_o 为

$$r_o = \frac{\dot{U}_o}{\dot{I}_o} \qquad (2.25)$$

对图 2.12（c）所示电路，由于，$\dot{U}_s = 0$，则 $\dot{I}_b = 0$，$\beta \dot{I}_b = 0$，得输出电阻为

$$r_o = \frac{\dot{U}_o}{\dot{I}_o} = R_C \qquad (2.26)$$

对于负载而言，放大电路的输出电阻 r_o 越小，负载电阻 R_L 的变化对输出电压的影响就越小，表明放大电路带负载能力越强，因此总希望 r_o 越小越好。式（2.26）中，r_o 为几千欧到几十千欧，一般认为这个值比较大，也不理想。

【例 2.4】在共发射极放大电路中（见图 2.13），$U_{CC} = 12$ V，$R_C = 3$ kΩ，$R_B = 300$ kΩ，$R_L = 3$ kΩ，$R_S = 3$ kΩ，$\beta = 50$。试求：

（1）负载 R_L 接入和不接入时的电压放大倍数 $\dot{A}_u$。

（2）输入电阻 r_i 和输出电阻 r_o。

（3）输出端开路（ R_L 不接入）时源电压的电压放大倍数 $\dot{A}_{us}$。

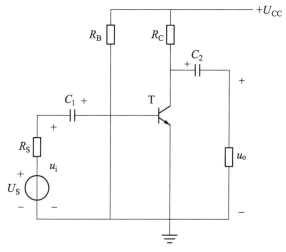

图 2.13　例 2.4 图

解　静态工作点为

$$I_{BQ} = \frac{U_{CC} - U_{BEQ}}{R_B} \approx \frac{U_{CC}}{R_B} = \frac{12}{300 \times 10^3} = 0.04 \text{ mA}$$

$$I_{CQ} = \beta I_{BQ} = 50 \times 0.04 = 2 \text{ mA}$$

$$U_{CEQ} = U_{CC} - I_{CQ}R_C = 12 - 2 \times 3 = 6 \text{ V}$$

三极管的动态输入电阻 r_{be}

$$r_{be} = 300 \ \Omega + (1+\beta)\frac{26 \text{ mV}}{I_{EQ} \text{ mA}}$$

$$= \left[300 + (1+5) \times \frac{26}{2}\right] = 963 \ \Omega = 0.963 \text{ k}\Omega$$

（1）负载 R_L 接入的电压放大倍数 $\dot{A}_u$ 为

$$\dot{A}_u = \frac{-\beta R_L'}{r_{be}} = -\frac{50 \times \frac{3 \times 3}{3+3}}{0.963} \approx -78$$

负载 R_L 不接入时的电压放大倍数 $\dot{A}_u$ 为

$$\dot{A}_u = \frac{-\beta R_C}{r_{be}} = -\frac{50 \times 3}{0.963} \approx -156$$

（2）输入电阻 r_i 为

$$r_i = R_B // r_{be} = 300 // 0.963 \approx 0.963 \text{ k}\Omega$$

输出电阻 r_o 为

$$r_o = R_C = 3 \text{ k}\Omega$$

（3）输出端开路（R_L 不接入）时源电压的电压放大倍数 $\dot{A}_{us}$ 为

$$\dot{A}_{us} = \frac{\dot{U}_o}{\dot{U}_S} = \frac{\dot{U}_i}{\dot{U}_S} \times \frac{\dot{U}_o}{\dot{U}_i} = \frac{r_i}{R_s + r_i} \dot{A}_u = \frac{1}{3+1} \times (-156) = -39$$

【例 2.5】 在分压式偏置放大电路中（见图 2.14），$U_{CC} = 12$ V，$R_C = 2$ kΩ，$R_E = 2$ kΩ，$R_{B1} = 20$ kΩ，$R_{B2} = 10$ kΩ，$R_L = 6$ kΩ，$R_S = 1$ kΩ，三极管的 $\beta = 40$。试求：

（1）负载 R_L 接入和不接入时的电压放大倍数 $\dot{A}_u$。

（2）输入电阻 r_i 和输出电阻 r_o。

（3）输出端开路（R_L 不接入）时源电压的电压放大倍数 $\dot{A}_{us}$。

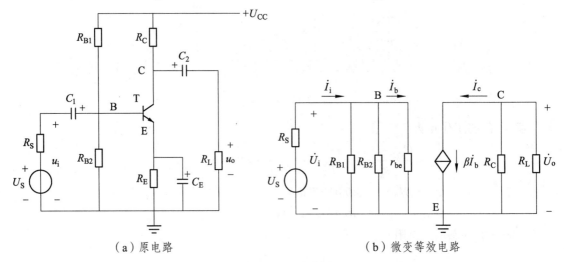

（a）原电路   （b）微变等效电路

图 2.14   例 2.5 图

解   静态工作点 I_{EQ} 为

$$U_B = \frac{R_{B2}}{R_{B1} + R_{B2}} U_{CC} = \frac{10}{20 + 10} \times 12 \text{ V} = 4 \text{ V}$$

$$I_{CQ} \approx I_{EQ} = \frac{U_B - U_{BEQ}}{R_E} = \frac{4 - 0.7}{2 \times 10^3} \text{ A} = 1.65 \text{ mA}$$

画出微变等效电路如图 2.14（b）所示，则有

$$r_{be} = 300 \ \Omega + (1+\beta)\frac{26 \text{ mV}}{I_{EQ} \text{ mA}} = \left[300 + (1+40) \times \frac{26}{2}\right] = 946 \ \Omega \approx 1 \text{ kΩ}$$

（1）负载 R_L 接入的电压放大倍数 $\dot{A}_u$ 为

$$\dot{A}_u = \frac{-\beta R'_L}{r_{be}} = -\frac{40 \times \dfrac{2 \times 6}{2+6}}{1} \approx -60$$

负载 R_L 不接入时的电压放大倍数 $\dot{A}_u$ 为

$$\dot{A}_u = \frac{-\beta R_C}{r_{be}} = -\frac{40 \times 2}{1} \approx -80$$

（2）输入电阻 r_i 为

$$r_i = R_{B1} // R_{B2} // r_{be} \approx r_{be} = 1\,\text{k}\Omega$$

输出电阻 r_o 为

$$r_o = R_C = 2\,\text{k}\Omega$$

（3）输出端开路（R_L 不接入）时源电压的电压放大倍数 $\dot{A}_{us}$ 为

$$\dot{A}_{us} = \frac{\dot{U}_o}{\dot{U}_s} = \frac{\dot{U}_i}{\dot{U}_s} \times \frac{\dot{U}_o}{\dot{U}_i} = \frac{r_i}{R_s + r_i} \dot{A}_u = \frac{1}{1+1} \times (-60) = -30$$

2.4 常见的放大电路

2.4.1 共集电极放大电路的组成

2.4.1.1 电路组成

共集电极放大电路是从发射极输出的，所以简称射极输出器，如图 2.15（a）所示，其微变等效电路如图 2.15（b）所示。

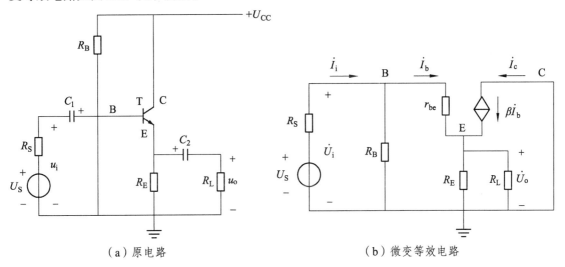

（a）原电路 （b）微变等效电路

图 2.15 共集电极放大电路

这种电路的特点是三极管的集电极作为输入与输出的公共端，输入与电压从基极对地（集电极）之间输入，输出电压从发射极对地（集电极）之间取出，集电极是输入与输出的公共端，故这种电路称为共集电极放大电路。

2.4.1.2 工作原理

1. 静态分析

由图 2.15（a）可得

$$U_{\mathrm{CC}} = I_{\mathrm{BQ}}R_{\mathrm{B}} + U_{\mathrm{BEQ}} + I_{\mathrm{EQ}}R_{\mathrm{E}} = I_{\mathrm{BQ}}R_{\mathrm{B}} + U_{\mathrm{BEQ}} + (1+\beta)I_{\mathrm{BQ}}R_{\mathrm{E}} \tag{2.27}$$

所以

$$I_{\mathrm{BQ}} = \frac{U_{\mathrm{CC}} - U_{\mathrm{BEQ}}}{R_{\mathrm{B}} + (1+\beta)R_{\mathrm{E}}} \approx \frac{U_{\mathrm{CC}}}{R_{\mathrm{B}} + (1+\beta)R_{\mathrm{E}}} \tag{2.28}$$

$$I_{\mathrm{CQ}} = \beta I_{\mathrm{BQ}} \approx I_{\mathrm{EQ}} \tag{2.29}$$

$$U_{\mathrm{CEQ}} = U_{\mathrm{CC}} - I_{\mathrm{EQ}}R_{\mathrm{E}} \approx U_{\mathrm{CC}} - I_{\mathrm{CQ}}R_{\mathrm{E}} \tag{2.30}$$

2. 动态分析

1）电压放大倍数

由图 2.17（b）可得

$$\dot{U}_{\mathrm{i}} = \dot{I}_{\mathrm{b}} r_{\mathrm{be}} + \dot{I}_{\mathrm{e}} R_{\mathrm{L}} = \dot{I}_{\mathrm{b}} r_{\mathrm{be}} + (1+\beta)\dot{I}_{\mathrm{b}} R_{\mathrm{L}}' = \dot{I}_{\mathrm{b}}[r_{\mathrm{be}} + (1+\beta)]R_{\mathrm{L}}' \tag{2.31}$$

$$R_{\mathrm{L}}' = R_{\mathrm{E}} // R_{\mathrm{L}} \tag{2.32}$$

$$\dot{U}_{\mathrm{o}} = \dot{I}_{\mathrm{e}} R_{\mathrm{L}}' = (1+\beta)\dot{I}_{\mathrm{b}} R_{\mathrm{L}}' \tag{2.33}$$

$$\dot{A}_u = \frac{\dot{U}_{\mathrm{o}}}{\dot{U}_{\mathrm{i}}} = \frac{(1+\beta)\ R_{\mathrm{L}}'}{r_{\mathrm{be}} + (1+\beta)\ R_{\mathrm{L}}'} \approx \frac{\beta R_{\mathrm{L}}'}{r_{\mathrm{be}} + \beta R_{\mathrm{L}}'} < 1 \tag{2.34}$$

式中，$\beta R_{\mathrm{L}}' << r_{\mathrm{be}}$，因此，$\dot{A}_u$ 小于 1 但近似等于 1，即 $|\dot{U}_{\mathrm{o}}|$ 略小于 $|\dot{U}_{\mathrm{i}}|$，电路没有电压放大作用。又 $i_{\mathrm{e}} = (1+\beta)i_{\mathrm{b}}$，电路有电流放大和功率放大作用。此外，$\dot{U}_{\mathrm{o}}$ 跟随 $\dot{U}_{\mathrm{i}}$ 变化，故这个电路又称为射极跟随器。

2）输入电阻 r_{i}

由图 2.15（b）可得

$$r_{\mathrm{i}} = R_{\mathrm{B}} // r_{\mathrm{i}}' \tag{2.35}$$

$$r_{\mathrm{i}}' = \frac{\dot{U}_{\mathrm{i}}}{\dot{I}_{\mathrm{b}}} = r_{\mathrm{be}} + (1+\beta)R_{\mathrm{L}}' \tag{2.36}$$

故

$$r_{\mathrm{i}} = R_{\mathrm{b}} // [r_{\mathrm{be}} + (1+\beta)R_{\mathrm{L}}'] \tag{2.37}$$

由式（2.37）可见，射极输出器得输入电阻要比共射极放大电路的输入电阻大得多，可达到几十千欧甚至几百千欧。

3）输出电阻 r_{o}

计算输出电阻 r_{o} 的等效电路如图 2.16 所示，将电压源信号短路，保留内阻 R_{S}，然后在输出端出去 R_{L}，并外加一个电压 $\dot{U}$，并产生电流 $\dot{I}$，即

$$\dot{I} = \dot{I}_{\mathrm{b}} + \beta \dot{I}_{\mathrm{b}} + \dot{I}_{\mathrm{e}} = \frac{\dot{U}}{R_{\mathrm{S}}' + r_{\mathrm{be}}} + \beta \frac{\dot{U}}{R_{S}' + r_{\mathrm{be}}} + \frac{\dot{U}}{R_{\mathrm{e}}} \tag{2.38}$$

其中

$$R_{\mathrm{S}}' = R_{\mathrm{B}} // R_{\mathrm{S}} \tag{2.39}$$

输出电导

$$g_o = \frac{\dot{I}}{\dot{U}} = (1+\beta)\frac{1}{R_S' + r_{be}} + \frac{1}{R_E} \qquad (2.40)$$

$$r_o = \frac{1}{g_o} = R_E // \frac{R_S' + r_{be}}{1+\beta} \qquad (2.41)$$

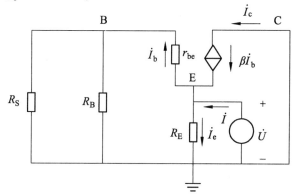

图 2.16 输出电阻的等效电路

式（2.41）说明，射极输出器的输出电阻由射极电阻 R_E 与电阻 $(R_S' + r_{be})/(1+\beta)$ 两部分并联组成，后一部分是基极回路的电阻 $(R_S' + r_{be})$ 折合到射极回路时的等效电阻。

又

$$R_E \gg \frac{R_S' + r_{be}}{1+\beta} \qquad (2.42)$$

所以

$$r_o \approx \frac{R_S' + r_{be}}{1+\beta} \qquad (2.43)$$

由式（2.43）可见，输出电阻很低，一般在几十欧到几百欧，为了降低 r_o，应选择 β 较大的晶体管。

【例 2.6】在射极输出器电路中，如图 2.15（a）所示，$U_{CC} = 15\ V$，$R_E = 2\ k\Omega$，$R_B = 150\ k\Omega$，$R_L = 1.6\ k\Omega$，$R_S = 500\ \Omega$，三极管的 $\beta = 80$。试求：

（1）静态工作点。

（2）电压放大倍数 $\dot{A}_u$。

（3）输入电阻 r_i 和输出电阻 r_o。

解　（1）静态工作点：

$$I_{BQ} = \frac{U_{CC} - U_{BEQ}}{R_B + (1+\beta)R_E} \approx \frac{U_{CC}}{R_B + (1+\beta)R_E} = \frac{15}{150 + (1+80)\times 2}\ mA = 0.048\ mA$$

$$I_{CQ} = \beta I_{BQ} = 80 \times 0.048\ mA = 3.84\ mA$$

$$I_{EQ} = (1+\beta)I_{BQ} = (1+80)\times 0.048\ mA = 3.89\ mA$$

$$U_{CEQ} = U_{CC} - I_{EQ}R_E = (15 - 5.89 \times 2)\ V = 7.22\ V$$

（2）电压放大倍数 $\dot{A}_u$：

$$r_{be} = 300\ \Omega + (1+\beta)\frac{26\ \mathrm{mV}}{I_{EQ}\ \mathrm{mA}} = \left[300 + (1+80)\times\frac{26}{3.89}\right] = 841\ \Omega = 0.841\ \mathrm{k\Omega}$$

$$R'_L = R_E\ //\ R_L = \frac{R_E \cdot R_L}{R_E + R_L} = \frac{2\times1.6}{2+1.6}\ \mathrm{k\Omega} = 0.889\ \mathrm{k\Omega}$$

$$\dot{A}_u \approx \frac{\beta R'_L}{r'_{be} + \beta R'_L} = \frac{80\times0.889}{0.841 + 80\times0.889} = 0.988$$

（3）输入电阻 r_i 和输出电阻 r_o：

$$r'_i = r_{be} + (1+\beta)R'_L = [0.841 + (1+80)\times0.889]\ \mathrm{k\Omega} = 72.85\ \mathrm{k\Omega}$$

$$r_i = R_B\ //\ r'_i = \frac{150\times72.85}{150+72.85}\ \mathrm{k\Omega} = 49.04\ \mathrm{k\Omega}$$

$$R'_S = R_B\ //\ R_S \approx R_S = 0.5\ \mathrm{k\Omega}$$

$$r_o \approx \frac{R'_S + r_{be}}{1+\beta} = \frac{841 + 500}{1+80}\ \Omega = 16.6\ \Omega$$

综上所述，射极输出器具有电压放大倍数小于 1 但近似等于 1、输出电压与输入电压同相位、输入电阻高、输出电阻低等特点，因而得到了广泛应用。

2.4.2 共基极放大电路的组成

2.4.2.1 电路组成

共基极放大电路是从发射极输入信号，从集电极输出信号。共基极放大电路和微变等效电路如图 2.17 所示，注意共基极的理解，是交流信号共基极。

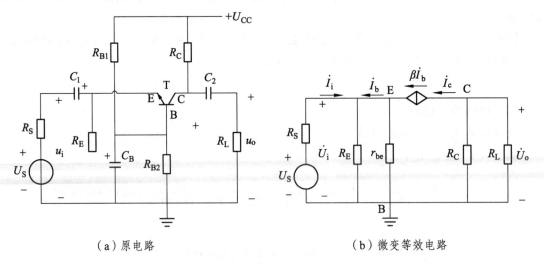

（a）原电路   （b）微变等效电路

图 2.17 共基极放大电路

2.4.2.2 工作原理

1. 静态分析

图 2.17（a）所示电路的直流通路如图 2.18 所示，由图可知

$$U_{\mathrm{B}} = \frac{R_{\mathrm{B2}}}{R_{\mathrm{B1}} + R_{\mathrm{B2}}} U_{\mathrm{CC}} \qquad (2.44)$$

$$I_{\mathrm{CQ}} \approx I_{\mathrm{E}} = \frac{U_{\mathrm{B}} - U_{\mathrm{BEQ}}}{R_{\mathrm{E}}} \approx \frac{U_{\mathrm{B}}}{R_{\mathrm{E}}} \qquad (2.45)$$

$$U_{\mathrm{CEQ}} = U_{\mathrm{CC}} - I_{\mathrm{CQ}}(R_{\mathrm{C}} + R_{\mathrm{B}}) \qquad (2.46)$$

$$I_{\mathrm{BQ}} = I_{\mathrm{CQ}} / \beta \qquad (2.47)$$

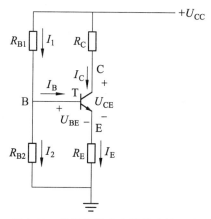

图 2.18 共基极放大电路的直流通路

2. 动态分析

1）电压放大倍数

由图 2.17（b）可得

$$\dot{U}_{\mathrm{o}} = \dot{I}_{\mathrm{c}} R'_{\mathrm{L}} (R'_{\mathrm{L}} = R_{\mathrm{C}} / / R_{\mathrm{L}}) \qquad (2.48)$$

$$\dot{A}_{u} = \frac{\dot{U}_{\mathrm{o}}}{\dot{U}_{\mathrm{i}}} = \frac{-\dot{I}_{\mathrm{c}} R'_{\mathrm{L}}}{-\dot{I}_{\mathrm{b}} r_{\mathrm{be}}} \approx \frac{\beta R'_{\mathrm{L}}}{r_{\mathrm{be}}} \qquad (2.49)$$

由式（2.49）可见，共基极放大电路和共集电极放大电路的电压放大倍数在数值上相同，只差一个符号，说明共基极放大电路的输入和输出同相。

2）输入电阻 r_{i}

由图 2.17（b）可得

$$r_{\mathrm{i}} = R_{\mathrm{B}} / / r'_{\mathrm{i}} \qquad (2.50)$$

$$r_i' = \frac{\dot{U}_i}{-\dot{I}_e} = \frac{-\dot{I}_b r_{be}}{-(1+\beta)\dot{I}_b} = \frac{r_{be}}{1+\beta} \qquad (2.51)$$

故

$$r_i = R_E // r_i' \approx \frac{r_{be}}{1+\beta} \qquad (2.52)$$

由式（2.52）可见，输入电阻减小为共发射极电路的 $1/(1+\beta)$，一般很低，为几欧到几十欧。

3）输出电阻 r_o

图 2.17（b）可得

$$r_o = r_{ce} // R_C \approx R_C \qquad (2.53)$$

共基极放大电路和共发射极放大电路的输出电阻相同。

2.5 多级放大电路

前面分析的放大电路都是由一个三极管组成的单级放大电路，它们的放大倍数是极有限的。对于实际应用来说，很多系统（如通信系统、检测装置等）的输入信号都是极微弱的，需要将微弱的输入信号放大到几千倍乃至几万倍才能驱动执行机构，如扬声器、伺服电机、测量仪器等进行工作。将多个单级放大电路以一定的方式连接起来，构成多级放大电路。第一级称为输入级，它的任务是将小信号进行放大；最后一级称为输出级，它们担负着电路功率放大的任务；其余各级称为中间级，它们的作用是电压放大。

2.5.1 多级放大电路的耦合方式

在多级放大电路中，一级与另外一级之间的连接称为耦合。通常采用的级间耦合方式有直接耦合、阻容耦合和变压器耦合三种方式。耦合方式虽有不同，但必须满足下述要求：

（1）级与级连接之后，要保证各级放大电路有合理的静态工作点。

（2）要求前级的输入信号能顺利地传递到后级，而且在传递过程中要尽可能保证信号不失真。

1. 直接耦合

不经过电抗元件，把前一级的输出端和后一级的输入端直接连接起来，这种耦合方式称为直接耦合，如图 2.19 所示。由于直接连接，使各级的直流通路相互沟通，因而各级静态工作点相互关联，相互牵制，使静态工作点调整发生困难。但直接耦合放大电路不仅能放大交流信号，也能放大直流或缓慢变化的信号，所以获得广泛应用。在集成电路中因无法制作大容量的电容而必须采用直接耦合电路。

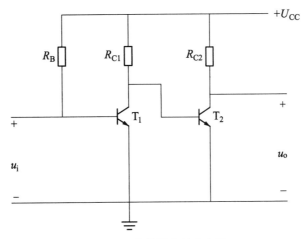

图 2.19　直接耦合放大电路

2. 阻容耦合

将放大电路前一级的输出端和后一级的输入端通过电容连接起来，这种耦合方式称为阻容耦合，如图 2.20 所示。

阻容耦合方式的优点：由于前后级之间通过耦合电容 C_2 相连，所以各级直流通路是独立的，同时每一级的静态工作点也是独立的，这就保证了前后级的静态工作点互不影响。另外，只要耦合电容选得足够大（通常选取几微法到几十微法），就可以做到前一级的输出信号几乎不衰减地加到下一级的输入端，使信号得以充分利用。因此，阻容耦合方式在多级放大电路中获得广泛应用。如前所述，在单级放大电路中，输入信号电压与输出信号电压相位相反。在两级放大电路中，由于两次反相，因此输入电压 $\dot{U}_i$ 和输出电压 $\dot{U}_o$ 的相位相同。

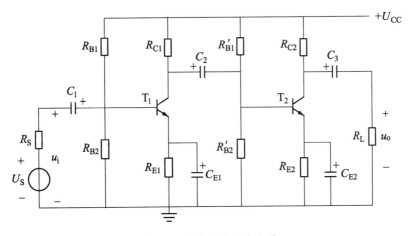

图 2.20　阻容耦合放大电路

3. 变压器耦合

将放大电路前一级的输出端和后一级的输入端通过变压器连接起来，这种耦合方式称为变压器耦合，如图 2.21 所示。变压器 T_{r_1} 将第一级的输出电压变换成第二级的输入电压，变压

器 T_{r_2} 将第二级的输出电压变换成负载 R_L 所要求的电压，同时进行阻抗变换，使负载获得足够的输出功率。变压器可以隔断直流量，传输交流信号。但变压器比较笨重，体积大，成本高，又无法集成化，所以一般都不采用变压器耦合。只有特殊需要时，例如利用变压器进行阻抗变换时才采用。

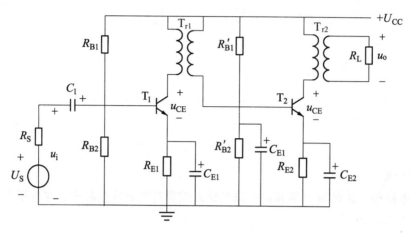

图 2.21　变压器耦合放大电路

2.5.2　多级放大电路电压放大倍数

在放大电路中，存在着隔直（耦合）电容、旁路电容，以及三极管的极间电容、连接导线之间的分布电容等，它们的容抗将随信号频率的改变而改变，因而当输入信号频率不同时，放大电路的电压放大倍数将会发生变化。但从一般工业应用来说，信号频率的范围大致与音频范围相当，与无线电频率（射频、视频等）比较，属于低频范围。在低频范围内，有相当宽的一个频段，所有外接电容（耦合电容、旁路电容）都因容抗很小而可视为短路，而极间电容、分布电容等则因容抗很大而可视为开路。这个频段就称为中频段（低频范围内的中频段不是无线电频谱中的中频段）。放大倍数通常是指中频段内的电压增益，这时放大电路可认为是一种纯电阻电路，因而放大倍数等参数就和频率无关了。

因为多级放大电路是多级串联逐级连续放大的，所以总的电压放大倍数是各级放大倍数的乘积，即

$$\dot{A}_u = \dot{A}_{u1} \cdot \dot{A}_{u2} \cdots \dot{A}_{un} \tag{2.54}$$

因此，求多级放大器的电压放大倍数，只需要求出各级放大电路的电压放大倍数。至于多级放大电路的输入电阻和输出电阻，可以把多级放大器等效为一个放大器，从输入端看放大器得到的电阻为输入电阻，从输出端看放大器得到的电阻为输出电阻。

【例 2.7】　如图 2.22 所示的两级放大电路中，已知两个晶体管 $\beta_1 = 100$，$\beta_2 = 60$，$U_{CC} = 24\,V$，$r_{be1} = 0.96\,k\Omega$，$r_{be2} = 0.8\,k\Omega$，$R_{B1} = 10\,k\Omega$，$R_{B2} = 24\,k\Omega$，$R'_{B1} = 33\,k\Omega$，$R'_{B2} = 36\,k\Omega$，$R_{C1} = 2\,k\Omega$，$R_{C2} = 3.3\,k\Omega$，$R_{E1} = 2.2\,k\Omega$，$R_{E2} = 1.5\,k\Omega$，$R_L = 5.1\,k\Omega$，$R_S = 360\,\Omega$，三极管的 $C_1 = C_2 = C_3 = 50\,\mu F$，$C_{E1} = C_{E2} = 100\,\mu F$。试求：

（1）各级输入电阻 r_i 和输出电阻 r_o。

（2）放大器对信号的电压放大倍数 $\dot{A}_{us}$。

（3）放大器的输入电阻 r_i 和输出电阻 r_o。

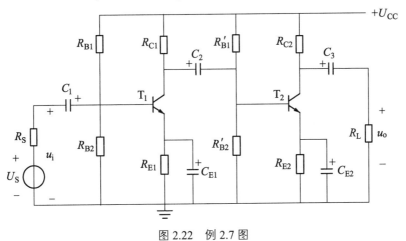

图 2.22　例 2.7 图

解　画出微变等效电路，如图 2.23 所示。

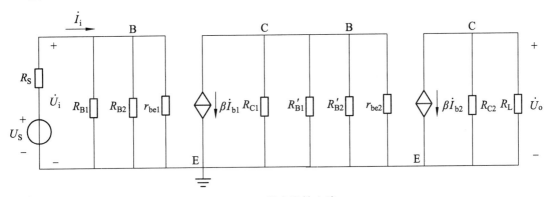

图 2.23　微变等效电路

（1）各级输入电阻 r_i 和输出电阻 r_o：

第一级为　　　$r_{i1} = R_{B1} // r_{be1} // R_{B2} \approx r_{be1} = 0.96\,\text{k}\Omega$

　　　　　　　$r_{o1} = R_{C1} = 2\,\text{k}\Omega$

第二级为　　　$r_{i2} = R'_{B1} // r_{be2} // R'_{B2} \approx r_{be2} = 0.8\,\text{k}\Omega$

　　　　　　　$r_{o2} = R_{C2} = 3.3\,\text{k}\Omega$

（2）放大器对信号的电压放大倍数 $\dot{A}_{us}$：

各级的等效负载电阻为

$$R'_{L1} = r_{o1} // r_{i2} = \frac{r_{o1} \cdot r_{i2}}{r_{o1} + r_{i2}} = \frac{2 \times 0.8}{2 + 0.8} = 0.57\,\text{k}\Omega$$

$$R'_{L2} = r_{o2} / / R_L = \frac{r_{o2} \cdot R_L}{r_{o2} + R_L} = \frac{3.3 \times 5.1}{3.3 + 5.1} = 2 \text{ k}\Omega$$

第一级放大倍数

$$\dot{A}_{us1} = \frac{r_{i1}}{r_{i1} + r_s} \times \dot{A}_{u1} = \frac{r_{i1}}{r_{i1} + r_s}\left(-\beta_1 \frac{R'_{L1}}{r_{be1}}\right) = \frac{0.96}{0.96 + 0.36} \times \left(-100 \times \frac{0.57}{0.96}\right) = -43$$

第二级放大倍数

$$\dot{A}_{us2} = -\beta_2 \frac{R'_{L2}}{r_{be2}} = -60 \times \frac{2}{0.8} = -150$$

总的放大倍数

$$\dot{A}_{us} = \dot{A}_{us1} \cdot \dot{A}_{us2} = -43 \times (-150) = 6\,450$$

$\dot{A}_{us} > 0$，说明输出电压与输入电压同相。

（3）放大器的输入电阻 r_i 和输出电阻 r_o：
$$r_i = r_{i1} = 0.96 \text{ k}\Omega, \quad r_o = r_{o2} = 3.3 \text{ k}\Omega$$

2.6 差分放大电路

2.6.1 差模信号和共模信号

差分放大电路是一个双口网络，每个端口有两个端子，可以输入两个信号，输出两个信号。其端口结构示意图如图 2.24 所示。值得注意的是，基本放大电路也可以看成是一个双口网络，但每个端口都有一个端子接地。因此，只能输入一个信号，输出一个信号。

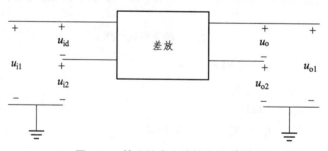

图 2.24　差分放大电路结构示意图

当差分放大电路的两个输入端子接入的输入信号分别为 u_{i1} 和 u_{i2} 时，两信号的差值称为差模输入信号，而两信号的算术平均值称为共模输入信号。即差模输入信号为

$$u_{id} = u_{i1} - u_{i2} \tag{2.55}$$

共模输入信号为

$$u_{ic} = \frac{1}{2}(u_{i1} + u_{i2}) \qquad\qquad (2.56)$$

根据以上两式可以得到

$$u_{i1} = u_{ic} + \frac{u_{id}}{2} \qquad\qquad (2.57)$$

$$u_{i2} = u_{ic} - \frac{u_{id}}{2} \qquad\qquad (2.58)$$

可以看出，两个输入端的信号均可分解为差模输入信号和共模输入信号两部分。

两种信号的特点：差模分量的大小相等，相位相反；共模分量的大小相等，相位相同。

差模电压增为

$$A_{VD} = \frac{u_o'}{u_{id}} \qquad\qquad (2.59)$$

共模电压增益为

$$A_{VC} = \frac{u_o''}{u_{ic}} \qquad\qquad (2.60)$$

总输出电压为

$$u_o = u_o' + u_o'' = A_{VD}u_{id} + A_{VC}u_{ic} \qquad\qquad (2.61)$$

其中，u_o' 表示由差模输入信号产生的输出，u_o'' 表示由共模输入信号产生的输出。

共模抑制比是衡量放大电路抑制零点漂移能力的重要指标。其表达式为

$$K_{CMR} = \left| \frac{A_{VD}}{A_{VC}} \right| \qquad\qquad (2.62)$$

2.6.2 基本差分放大电路

2.6.2.1 电路组成

基本差分放大电路由两个共射级电路组成，如图 2.25 所示。它的主要特点是电路对称，射级电阻共用，或射级直接接电流源（大的电阻和电流源的作用是一样的），有两个输入端，有两个输出端。图 2.25 中 T_1、T_2 为一对特性及参数均相同的三极管（工程上称为差动对管），R_C 为集电极负载电阻，R_E 为发射极公共电阻，$+U_{CC}$ 和 $-U_{EE}$ 分别是正、负电源的（对"地"）电压，它有两个输入端（T_1、T_2 的基极）和两个输出端（T_1、T_2 的集电极）。当无输入信号（$u_i = 0$）时，由于电路完全对称，故输出信号 $u_o = 0$。

差分放大电路的输入信号一般采用差模方式输入，如图 2.25 所示。若信号 $u_{i1} > 0$，则必有 $u_{i2} < 0$。在它们的作用下，集电极电流 i_{c1} 将增大，i_{c2} 将减小，于是两管的集电极电位将向不同的方向变化，即 T_1 管的集电极电位下降，T_2 管的集电极电位升高，输出端便有输出信号 u_o。可以证明，差分放大电路对差模输入信号的电压放大倍数等于单管放大电路的电压放大倍数，即

$$A_{\mathrm{d}} = \frac{u_{\mathrm{o}}}{u_{\mathrm{i}}} = \frac{-\beta R_{\mathrm{C}}}{r_{\mathrm{be}}}$$

（2.63）

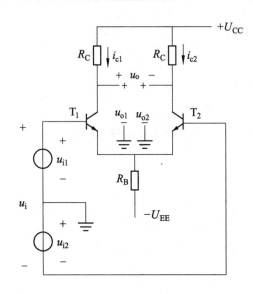

图 2.25　基本差分放大电路

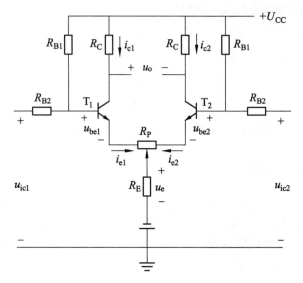

图 2.26　差分放大电路对零漂的抑制

　　如果将直接耦合放大电路的输入端短路，其输出端应有一固定的直流电压，即静态输出电压。但实际上输出电压将随着时间的推移，偏离初始值而缓慢地随机波动，这种现象称为零点漂移，简称零漂。零漂实际上就是静态工作点的漂移。

　　差分放大电路对零漂的抑制，一是利用电路对称性，二是利用发射极电阻 R_{E} 的深度负反馈。当外加信号 $u_{\mathrm{i}} = 0$ 时，若温度变化，或电源电压波动，将引起两管集电极电流 i_{c1}、i_{c2} 同时增大或减小，这就是零部现象，相当于在两管的输入端同时加进一对大小相等、极性（相位）相同的共模输入信号 u_{ic1}、u_{ic2}，如图 2.26 所示。分析差分放大电路对共模输入信号的抑制情况，即可衡量它对零漂或其他外部干扰信号的抑制能力。

　　由于电路的结构和参数完全对称，对于共模输入信号，两集电极电位总是相等的。若采用双输出方式，输出电压为零，或者说，差分放大电路的共模电压放大倍数 $A_{\mathrm{VC}} = 0$，即差分放大电路可以有效地抑制零漂。

　　但要使电路完全对称是很困难的，即使用同样工艺做在同一片上的两个三极管，其特性和参数也很难完全相同。为提高电路的对称性，常在发射极（有时在集电极）电路中接入一个调零电位器 R_{P}，如图 2.26 所示。当 $u_{\mathrm{i}} = 0$ 时，调节 R_{P}，使 $u_{\mathrm{o}} = 0$。发射极电阻具有电流负反作用，故 R_{P} 将降低差模电压放大倍数 A_{d}，因面 R_{P} 的阻值不能太大，一般在几十欧到几百欧之间。

　　R_{P} 对电路对称程度的补偿是很有限的，特别是在单端输出（输出信号为一管集电极对"地"电压）时，无法利用电路的对称性来加抑制零漂。

　　从根本上说，要有效地抑制零漂，实质上是要稳定三极管的集电极电流，使它不受外部因素（温度、电源电压等）变化的影响。为此，可在发射极电路中接入电阻 R_{E}（见图 2.26）。

当加入共模输入信号时，R_E 中流过的电流 i_e 是两管发射极电流 i_{e1}、i_{e2} 之和，R_E 将对共模信号产生强烈的电流负反馈作用，抑制了两管因共模倍号习起的电流变化，其过程如图 2.27 所示。

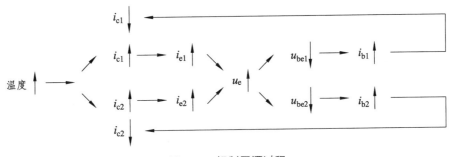

图 2.27　抑制零漂过程

显然，R_E 越大，负反馈作用越强，抑制零漂的效果愈好，而且对于双端和单端输出同样有效，R_E 一般称为共模反馈电阻。

对于差模输入信号而言，由于两管的集电极信号电流和发射极信号电流极性（或相位）相反，故两管流过 R_E 的信号电流互相抵消，R_E 上的差模信号压降为零，可视为短路，故不会对差模放大倍数产生影响。

在电源电压 U_{CC} 一定时，R_E 过大将使集电极静态电流过小，三极管的静态工作点过低，不利于有效信号的放大。为此在发射极电路中接入负电源 U_{EE}，以补偿 R_E 两端的直流压降。

2.6.2.2　输入、输出方式

差分放大电路有两个输入端和两个输出端。输入方式由信号源决定，既可双端输入，又可单端输入；输出方式取决于负载，既可双端输出，又可单端输出。因此，按照输入、输出方式，差分放大器有四种接法。

1. 双端输入-双端输出

这种接法的输入信号接在两管的基极之间，输出信号从两管集电极取出，如图 2.26 所示。这种接法零漂很小，故应用广泛，但信号源和负载都不能有接"地"端。

2. 双端输入-单端输出

这种接法的输出信号是从一管的集电极和"地"之间取出，常用于将差模信号转换为单端输出的信号，以便与负载或后级放大器有公共接"地"端，如图 2.28 所示。由于是单端输出，因而无法利用电路的对称性抑制零漂，静态时输出端直流电位也不为零。

3. 单端输入-双端输出

输入信号接在一管的输入端（基极与"地"之间），经发射极电阻 R_E 耦合到另一管的输入端，如图 2.29 所示。这种接法的信号源可以有一端接"地"，并将单端输入信号转换为双端输出信号，作为下一级差分放大电路的差模输入信号。

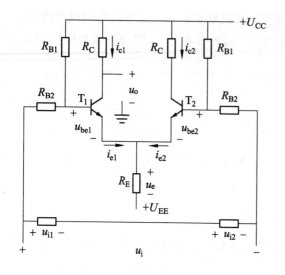

图 2.28　双端输入-单端输出方式

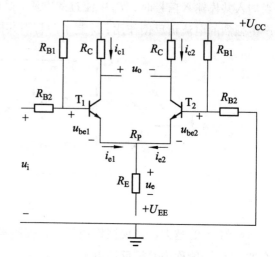

图 2.29　单端输入-双端输出方式

4. 单端输入-单端输出

输入、输出信号都可以有一端接"地"。这种接法的差分放大电路与单管放大电路相比，具有较强的抑制零漂的能力。

2.7 功率放大电路

2.7.1 概　述

在实际工程中，往往要利用放大后的信号去控制某种执行机构，例如使扬声器发声，使电动机转动，使仪表指针偏转，使继电器闭合或断开等。为了控制这些负载，要求放大电路既要有较大的电压输出，同时又要有较大的电流输出，即要求有较大的功率输出。因此，多级放大电路的末级通常为功率放大器。

从本质上来说，功率放大电路和电压放大电路没有什么区别，都在进行能量的交换，即输入信号通过晶体管的控制作用，把直流电源的电压、电流和功率转换成随输入信号做相应变化的交流电压、电流和功率。但也有不同之处，电压放大电路要求有较高的输出电压，工作于小信号状态下；而功率放大电路要求获得较高的输出功率，工作在大信号状态下，这就构成了它的特殊性。

对功率放大电路的基本要求：

1. 输出功率尽可能大

为了获得大的输出功率，充分利用晶体管的放大性能，要求输出的电压、电流都有较大的幅度。因此，晶体管常工作在极限状态附近。晶体管的极限状态由极限参数 P_{CM}、I_{CM}、$U_{(BR)CEO}$ 所限定。选择功放管时应保留一定的余量，不得超越极限参数进入非安全工作区，以保证功放管安全可靠地工作。通常还要给功放管加装散热片，防止管子因过热而烧坏。

2. 效率要高

由于输出功率大，因此直流电源消耗的功率也大，这就存在一个效率问题。所谓效率，就是输出最大交流功率 P_o 与电源供给的直流功率 P_E 的比值，即

$$\eta = \frac{P_o}{P_E} \tag{2.64}$$

比值越大，效率越高。

式（2.64）中，输出功率 P_o 为输出电压与缩出电流的有效值之积，即

$$P_o = U_o I_o \tag{2.65}$$

电源供给的直流功率 P_E 为电源电压与流过电源的平均电流之积，即

$$P_E = U_{CC} I_o \tag{2.66}$$

对于功率放大电路，其功常放大能力用功率增益 A 来表示，即

$$A_p(\text{dB}) = 10 \lg \frac{P_o}{P_i}(\text{dB}) \tag{2.67}$$

式中，P_i 为输入信号功率；P_o 为输出信号功率。

3. 非线性失真要小

功率放大电路是在大信号下工作，所以不可避免要产生非线性失真，而且同一功放管输出功率越大，非线性失真越严重，这就使得输出功率和非线性失真成为一对主要矛盾。

4. 要考虑晶体管的散热问题

在放大电路中，由直流电源输入的功率 P_E，一部分转换为交流信号输出功率，另一部分则由晶体管以发热的形式损耗掉了。发热的积累将导致晶体管性能老化，甚至烧坏。为了减少损耗，使管子输出足够大的功率，必须考虑晶体管的散热问题，通常要加装散热片。

功率放大电路按工作方式来分，有甲类放大、乙类放大和甲乙类放大。在输入信号的整个周期内都有集电极电流通过晶体管，这种工作方式称为甲类放大，如前面介绍的电压放大电路就是甲类放大。而仅在输入信号的半个周期内有集电极电流通过晶体管，这种工作方式称为乙类放大。甲类放大由于管子始终通电，静态工作点比较适中，因此失真很小，但随之带来的是耗电多、效率低，理想情况下效率仅为 50%。乙类放大由于管子只在半个周期内导通，而在另半个周期内 $i_c = 0$，因此耗电少、效率高，理想情况下效率可达 78.5%。

功率放大电路按电路形式来分，主要有单管功率放大电路、变压器耦合功率放大电路和互补对称功率放大电路。变压器耦合功率放大电路利用输出变压器实现阻抗匹配，以获得最大的输出功率，这类功率放大器因体积大、质量大、成本高、不能集成化等原因现已很少使用。互补对称功率放大电路是由射极输出器发展而来的，它不需要输出变压器，因体积小、重量轻、成本低、便于集成化等优点而被广泛使用。

2.7.2 互补对称功率放大电路

2.7.2.1 乙类互补对称功率放大电路

1. 工作原理

图 2.30 所示为由两个射极输出器组成的互补对称功率放大电路。

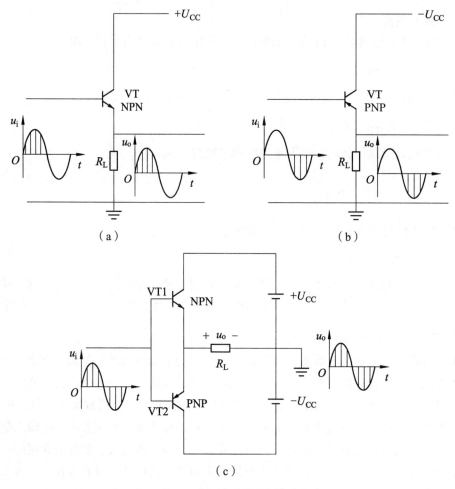

图 2.30 乙类互补对称功率放大电路

　　由前面的分析可知，射极输出器无电压放大作用，但有功率放大作用。图 2.30（a）所示为由 NPN 型晶体管组成的射极输出器，工作于乙类放大状态，在输入信号 u_i 的正半周导通。图 2.30（b）所示为 PNP 型晶体管组成的射极输出器，也工作于乙类放大状态，但在输入信号 u_i 的负半周才导通。将两者共同组成一个输出级，如图 2.30（c）所示。当输入信号 $u_i = 0$ 时，两管均处于截止状态，当 $u_i \neq 0$ 时，在输入信号 u_i 的正半周，NPN 型晶体管导通，而 PNP 型晶体管截止；在 u_i 的负半周，PNP 型晶体管通，而 NPN 型晶体管截止。因此，当有正弦信号电压 u_i 输入时，两管轮流导通，推挽工作，在负载中就能获得基本接近于信号变化的电流（或电压），如图 2.31 所示。

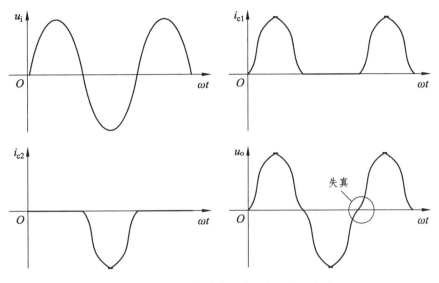

图 2.31 乙类互补对称电路电流、电压波形

这种电路要求两个管子性能一致，以使输出电压 u_o 的波形正负半周对称。在互补对称放大电路工作在乙类状态、输入信号足够大和忽略管子饱和压降的情况下，其理论效率可达到78.5%，实际效率一般不超过 60%。

2. 交越失真问题

必须指出，如果将静态工作点 Q 选择在晶体管特性曲线的截止处，即 $I_c \approx 0$，尽管两管可以选择得完全对称，但是由于晶体管的输入特性曲线是非线性的，在 u_{BE} 小于死区电压时，i_B 基本为零，这样使得基极电流波形与输入信号电压波形不相似而产生失真。由于失真发生在两个半波的交接处，故称为交越失真。显然，在输入信号电压正半周，只有当输入信号电压上升到超过死区电压时，VT_1 才导通；当输入信号电压下降尚未到零时，VT_1 已截止。在截止时间内，VT_2 也不导通。同理，在输入信号电压的负半周也存在类似情况。这样使得输出电压波形产生了如图 2.32 所示的失真。

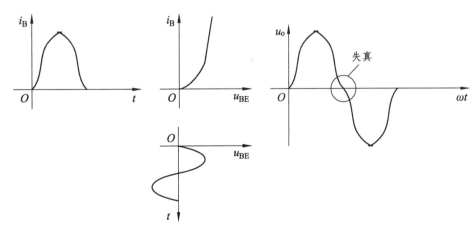

图 2.32 交越失真

为了消除交越失真，在具体应用时，静态工作点 Q 不应设置在 $I_c \approx 0$ 处，而应选在 I_B 略大于零处，使两管微导通，让功放管工作于甲乙类放大状态，摆脱"死区"电压的影响。由于两管在静态时已有较小的基极电流 I_B，只要有输入信号，则总有一个管子导通，以致它们在轮流导通时，在交接点附近输出波形比较平滑，失真减小。

图 2.33 所示为甲乙类互补对称功率放大电路。利用二极管 VD_1、VD_2 上的正向压降给 VT_1、VT_2 的发射结提供一个正向偏置电压，使电路工作在甲乙类状态，从而消除了交题失真。由于 VD_1、VD_2 的动态电阻很小。其信号压降也很小，故 VT_1、VT_2 基极的交流信号大小仍近似相等，极性相同，可保证两管交替对称导通。

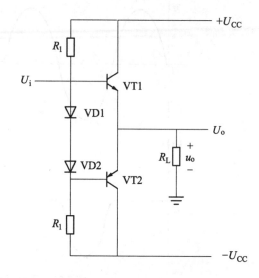

图 2.33　甲乙类互补对称功率放大电路

2.7.2.2　采用一个电源的互补对称电路

上述互补对称电器均由正负对称的两个电源供电。静态时，输出端电位为零，可以直接接上对地的负载电阻 R_L，无须输出电容耦合，将这种电路称为无输出电容的互补对称放大电路，又称 OCL（Output Capacitorless）电路。

图 2.34 所示为单电源的互补对称电路，称为无输出变压器的互补对称放大电路，又称 OTL（Output Transformerless）电路。

VT_1、VT_2 是一对输出特性相近、导电特性相反的功放管，利用电阻 R_1、R_2 及二极管 VD_1、VD_2 为 VT_1 和 VT_2 建立很小的偏流，使其工作在输入特性的近似直线部分。适当选择 R_1 和 R_2，使 E 点的电位为 $\frac{1}{2}U_{CC}$。因为二极管 VD_1 的压降和 VT_1 的基-射级电压相等，所以 A 点的电位地为 $\frac{1}{2}U_{CC}$。

在静态（即 $u_i = 0$）时，输入耦合电容 C_1 和输出耦合电容 C_0 被充电到 $\frac{1}{2}U_{CC}$，以代替 0CL 电路中的电源 $-U_{CC}$。当有 u_i 输入时，在 u_i 的正半周，VT_1 导通，VT_2 截止，电源 $+U_{CC}$ 经 VT_1、C_0、R_L 到地进一步给 C_0 充电，VT_1 管以射极输出的形式将正方向的信号变化传给负载 R_L；在 u_i 的负半周，基极电位（即 A 点的电位）低于 $\frac{1}{2}U_{CC}$，VT_1 处于反向偏置而截止，VT_2 导通，此时，电容 C_0 作为电源，通过 VT_2 对负载电阻 R_L 放电，放电电流经 R_L 形成 u_o 的负半波。这样即可在 R_L 上得到一个完整的正弦波形。

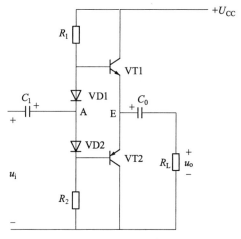

图 2.34　单电源 OTL 功率放大电路

2.7.3　集成功率放大器

随着电子技术的发展，集成电路的应用日趋广泛。D2002 就是集成功率放大器。集成功率放大器只需外接少量元件，就可组成适用的功率放大电路。该电路失真小、噪声低、静态工作点无需调整，电源电压可在 8 ~ 18 V 选择，使用灵活。

图 2.35 所示为 D2002 集成功率放大器的外形，它有 5 个引脚，使用时紧围在散热片上。

图 2.36 所示是用 D2002 组成的低频功率放大电路。输入信号 u_i 经耦合电容 C_1 送放大器的输端 1。放大后的信号由输出端 4 经耦合电容 C_2 送到负载。5

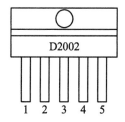

图 2.35　D2002 集成功率放大器外形

为电源端，接 $+U_{CC}$，3 为接地端。R_1、R_2、C_3 组成负反馈电路以提高放大电路的工作稳定性，改善放大电路的性能。C_4、R_3 组成高通滤波电路，用来改善放大电路的频率特性，防止可能产生的高频自激振荡。负载为 4 Ω 的扬声器。该电路的不失真输出功率可达 5 W。

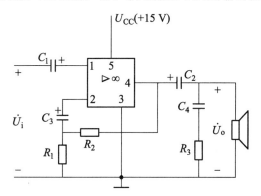

图 2.36　D2002 组成的低频功率放大电路

习　题

一、填空题

1. 根据三极管放大电路的输入回路与输出回路公共端的不同，可将三极管放大电路分为_____、_____、_____三种。

2. 三极管的特性曲线主要有_____曲线和_____曲线两种。

3. 基本放大电路的三种阻态是_____、_____、_____三种。

4. 放大电路的基本分析方法主要有两种：_____、_____。对放大电路的分析包括两部分：_____、_____。

5. 基本放大电路的静态工作点通常是指_____、_____、_____。

6. 用来衡量放大电路性能的主要指标有_____、_____、_____。

7. 在共发射极放大电路中，输入电压 U_i 和输出电流 I_o 相位_____，与输出电压 U_o 相位_____。

8. 分压式偏置放大电路的特点是可以有效地稳定放大电路的_____。

9. 基本放大电路中的三极管作用是进行电流放大，三极管工作在_____区是放大电路能放大信号的必要条件，为此，外电路必须使三极管发射结_____，集电极结_____，且要有一个合适的_____。

10. 已知某小功率管的发射极电流 $I_E = 1.3\,\text{mA}$，电流放大系数 $\beta = 49$，则其动态输入电阻 $r_{be} = $_____。

11. 在分压式偏置放大电路中，若下偏流电阻 R_{B2} 增大，而晶体管始终处于放大状态，则基极偏流 I_B_____，集电极电流 I_C_____，管压降 U_{CE}_____。

12. 在分压式偏置放大电路中，若下偏流电阻 R_{B2} 减小，而晶体管始终处于放大状态，则基极偏流 I_B_____，集电极电流 I_C_____，管压降 U_{CE}_____。

13. 设共发射极放大电路的电源电压是 U_{CC}，如果静态时，理想晶体管处于静止状态，则基极偏流 I_B_____，集电极电流 I_C_____，管压降 U_{CE}_____。

14. 已知某小功率管的发射极电流 $I_E = 1.3\,\text{mA}$，电流放大系数 $\beta = 49$，则其输入电阻 $r_{be} = $_____。

15. 某放大电路的输出电阻是 $1.5\,\text{k}\Omega$，空载时输出电压是 $3\,\text{V}$，则当接上 $4.5\,\text{k}\Omega$ 的负载后，输出电压是_____V。

16. 假定某放大电路空载时输出电压为 $4\,\text{V}$，当接上 $2.4\,\text{k}\Omega$ 的负载后，输出电压下降至 $3\,\text{V}$，则该放大电路的输出电阻为_____。

二、计算题

1. 在图 2.37 所示电路中，$U_{CC} = 24\,\text{V}$，$U_{BB} = 5.5\,\text{V}$，$R_C = 5\,\text{k}\Omega$，$R_B = 100\,\text{k}\Omega$，$U_{BE} = 0.7\,\text{V}$，三极管的 $\beta = 60$。试求：

（1）静态工作点。

（2）若电源电压 U_{CC} 改为 $12\,\text{V}$，其他参数不变，试求这时的静态工作点。

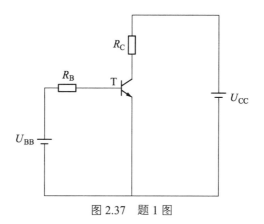

图 2.37 题 1 图

2. 在图 2.37 所示放大电路中，已知 U_{CC} =12 V，R_C =2.7 kΩ，R_B =500 kΩ，三极管的 β = 50，试求放大电路的静态工作点。

3. 在放大电路中（见图 2.37），U_{CC} =12 V，R_C =2.7 kΩ，三极管的 β = 50。要使 U_{CC} =2.6 V，电阻 R_B 应选多大？此时，I_C 为多大？

4. 在图 2.38 所示放大电路中，已知 U_{CC} =12 V，R_C =5 kΩ，R_B =300 kΩ，R_L =2 kΩ，三极管的 β = 40。试求：

（1）画出放大电路的微变等效电路。

（2）负载 R_L 接入和不接入时的电压放大倍数 $\dot{A}_u$。

（3）输入电阻 r_i 和输出电阻 r_o。

（4）输出端开路（R_L 不接入）时源电压的电压放大倍数 $\dot{A}_{us}$。

5. 图 2.39 所示为分压式偏置放大电路，U_{CC} =15 V，R_C =3 kΩ，R_E =3 kΩ，R_{B1} =27 kΩ，R_{B2} =12 kΩ，R_L =3 kΩ，R_S =1 kΩ，三极管的 β = 50。试求静态工作点。

6. 图 2.39 所示的分压式偏置放大电路中，U_{CC} =15 V，R_C =3 kΩ，R_E =1.5 kΩ，R_{B1} =47 kΩ，R_{B2} =15 kΩ，R_L =2 kΩ，R_S =1 kΩ，r_{be} =1.2 kΩ，三极管的 β = 50。试求：

（1）画出放大电路的微变等效电路。

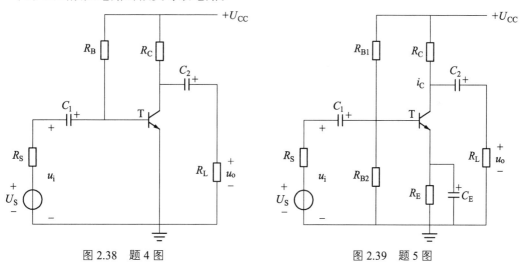

图 2.38 题 4 图　　　　　　图 2.39 题 5 图

（2）负载 R_L 接入和不接入时的电压放大倍数 $\dot{A}_u$。

（3）输入电阻 r_i 和输出电阻 r_o。

（4）输出端开路（ R_L 不接入）时源电压的电压放大倍数 $\dot{A}_{us}$。

7. 图 2.40 所示为分压式偏置放大电路，$U_{CC}=12\text{ V}$，$R_C=2\text{ k}\Omega$，$R'_E=1.8\text{ k}\Omega$，$R''_E=0.2\text{ k}\Omega$，$R_{B1}=20\text{ k}\Omega$，$R_{B2}=10\text{ k}\Omega$，$R_L=6\text{ k}\Omega$，$R_S=1\text{ k}\Omega$，三极管的 $\beta=40$。试求：

（1）画出放大电路的微变等效电路。

（2）电压放大倍数 $\dot{A}_u$。

（3）输入电阻 r_i 和输出电阻 r_o。

8. 在射极输出器电路中（见图 2.41），$U_{CC}=20\text{ V}$，$R_E=800\text{ k}\Omega$，$R_B=80\text{ k}\Omega$，$R_L=1.2\text{ k}\Omega$，$R_S=500\ \Omega$，三极管的 $\beta=50$。试求：

（1）静态工作点。

（2）电压放大倍数 $\dot{A}_u$。

（3）输入电阻 r_i 和输出电阻 r_o。

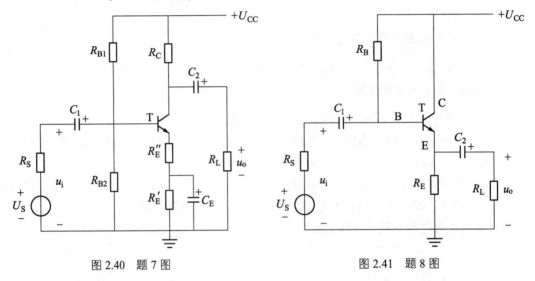

图 2.40　题 7 图　　　　　图 2.41　题 8 图

9. 如图 2.42 所示的两级放大电路中，已知两个晶体管 $\beta_1=100$，$\beta_2=80$，$U_{CC}=20\text{ V}$，$r_{be1}=1.2\text{ k}\Omega$，$r_{be2}=1.2\text{ k}\Omega$，$R_{B1}=100\text{ k}\Omega$，$R_{B2}=24\text{ k}\Omega$，$R'_{B1}=33\text{ k}\Omega$，$R'_{B2}=2.8\text{ k}\Omega$，$R_{C1}=15\text{ k}\Omega$，$R_{C2}=7.5\text{ k}\Omega$，$R_{E1}=5.1\text{ k}\Omega$，$R_{E2}=2\text{ k}\Omega$，$R_L=5\text{ k}\Omega$，$R_S=600\ \Omega$，三极管的 $C_1=C_2=C_3=50\ \mu\text{F}$，$C_{E1}=C_{E2}=100\ \mu\text{F}$。试求：

（1）各级输入电阻 r_i 和输出电阻 r_o。

（2）放大器对信号的电压放大倍数 $\dot{A}_{us}$。

（3）放大器的输入电阻 r_i 和输出电阻 r_o。

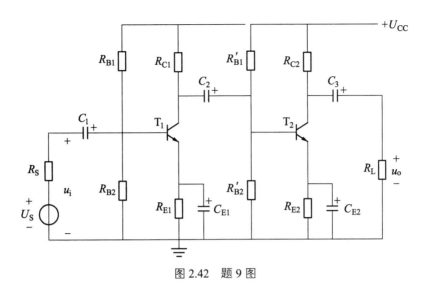

图 2.42 题 9 图

集成电路是 20 世纪 60 年代初期发展起来的一种半导体元器件。它利用半导体工艺把整个分立元器件以及相互之间的连线同时制作在一块半导体芯片上。集成电路具有体积小、重量轻、性能好，价格便宜等特点，因而在计算机、测量、自控控制和信号变换等方面获得了广泛应用。

集成电路按功能分为数字集成电路和模拟集成电路两类，而后者又分为集成运算放大器、集成功率放大器、集成数/模或模/数转换器、集成稳压器、集成比较器、集成乘法器等。集成运算放大器（简称为集成运放或运放），因早期用于某些数学运算，故以此命名。

本章重点介绍放大电路的负反馈，集成运放的组成、性能指标、电压传输特性，由集成运放组成的基本运算电路及其应用举例。

3.1 放大电路的负反馈

3.1.1 反馈的基本概念

将放大电路输出回路的电压信号或电流信号的一部分或全部，通过某种电路（称为反馈网络）引回到输入回路中，从而影响到净输入信号的过程称为反馈。从输出回路中引回到输入回路的信号称为反馈信号。

含有反馈网络的放大电路称为反馈放大电路，其方框图如图 3.1 所示。图中 $\dot{A}$ 表示没有反馈的放大电路称为基本放大电路。$\dot{F}$ 表示反馈网络，把输出回路和输入回路连接起来，一般由电阻和电容组成。符号 $\otimes$ 表示比较环节。$\dot{X}_i$、$\dot{X}_o$、$\dot{X}_f$ 分别为集成运算放大电路的输入信号、输出信号和反馈信号，$\dot{X}_d$ 表示 $\dot{X}_i$ 和 $\dot{X}_f$ 叠加之后的净输入信号，它们可以是电压，也可以是电流。

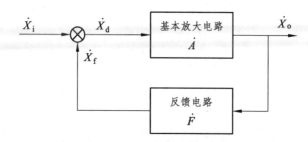

图 3.1　反馈放大电路的方框图

3.1.2 反馈的分类

1. 直流反馈和交流反馈

按反馈信号来分，有直流反馈和交流反馈。在放大电路中含有直流分量，又含有交流分量，因而，必然有直流反馈与交流反馈之分。反馈信号中只含有直流分量的称为直流反馈。或者说存在于放大电路的直流通路中的反馈网络引入直流反馈，直流反馈影响电路的直流性能，如静态工作点。反馈信号中只含有交流分量的称为交流反馈，或者说存在于交流通路中的反馈网络引入交流反馈。交流反馈影响电路的交流性能。

交流反馈与直流反馈分别反映了交流量与直流量的变化。因此，可以通过观察放大器中反馈元件出现在哪种电流通路中来判断。若出现在交流通路中，则该元件起交流反馈作用。若出现在直流通路中，则起直流反馈作用。在图 3.2（a）中的反馈信号通道（R_F、C_F 支路）仅通交流，不通直流，故为交流反馈。而图 3.2（b）中反信号的交流成分被 C_E 旁路掉，在 R_E 上产生的反馈信号只有直流成分，因此是直流反馈。

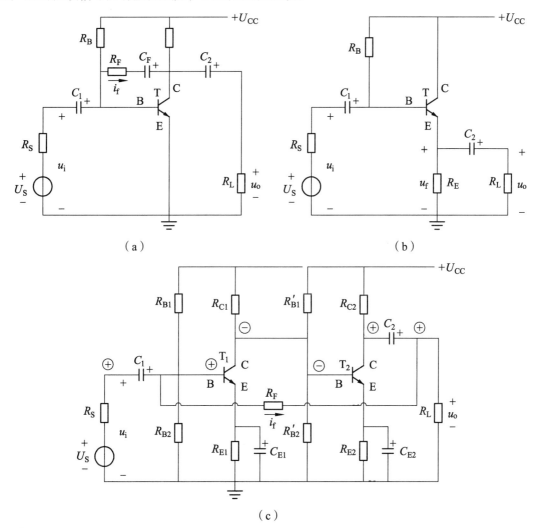

（a）   （b）

（c）

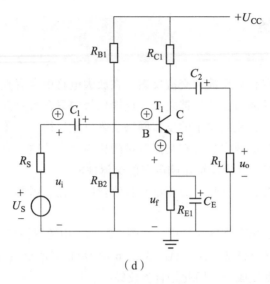

（d）

图 3.2　反馈类型的判别

2. 正反馈与负反馈

按反馈的作用效果来分，有正反馈与负反馈。反馈信号送回到输入回路使净输入信号增加，这种反馈称为正反馈，反之，反馈信号送回到输入回路使净输入信号减小，这种反馈称为负反馈。在放大电路中，一般引入负反馈。

在分析实际反馈电路时，必须首先判别其属于哪种反馈，应当说明，在判别反馈的类型之前，首先应看放大器的输出回路与输入回路之间有无电路连接，以便由此确定有无反馈。正反馈、负反馈的判别通常采用瞬时极性判别法来判别实际电路的反馈极性的正、负。这种方法是首先定输入信号在某一瞬时相对地而言极性为正，然后由各级输入、输出之间的相位关系，分别推出其他有关各点的瞬时极性（用"+"表示升高，用"–"表示降低），最后判别反映到电路输入回路的作用是加强了输入信号还是削弱了输入信号。加强了为正反馈，削弱了则为负反馈。

下面，用瞬时极性法判断图 3.2 中各反馈的极性。在图 3.2（c）中，反馈元件是 R_F，设输入信号瞬时极性为"+"，由共射极电路集基反相，可知 T_1 集电极（也是 T_2 的基极）电位为"–"，而 T_2 集电极电位为"+"，电路经 C_2 的输出端电位为"+"，经 R_F 反馈到输入端后使原输入信号得到加强（输入信号与反馈信号同相），因而由 R_F 构成的反馈是正反馈。在图 3.2（d）中，反馈元件是 R_E，当输入信号瞬时极性为"+"时，基极电流与集电极电流时增加，使发射极电位瞬时为"+"，结果使净输入信号被削弱，因而是负反馈。同样，亦可用的极性法判断出，图 3.2（a）（b）中的反馈也为负反馈。

3. 电压反馈与电流反馈

按反馈的信号取样的方式来分，有电压反馈与电流反馈。在反馈放大电路中，反馈网络把输出电压的一部分或全部取出来送回到输入回路中，这种反馈称为电压反馈，反馈信号与输出电压成正比，如图 3.3（a）所示。反馈网络把输出电流的一部分或全部取出来送回到输入回路中，这种反馈称为电流反馈，反馈信号与输出电流成正比，如图 3.3（b）所示。

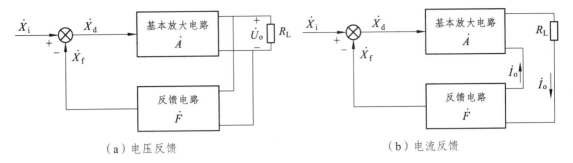

（a）电压反馈 　　　　　　　　　　　（b）电流反馈

图 3.3　电压反馈和电流反馈

电压反馈和电流反馈的判别是根据反馈信号与输出信号之间的关系来确定的，也就是要判断出取样内容是电压还是电流。换句话说，当负载变化时，反馈信号与什么输出量成正比，就是什么反馈。可见，作为取样对象的输出量一旦消失，那么反馈信号也必随之消失。由此，常采取负载电阻 R_L 短路法来进行判断。假设将负载 R_L 短路使输出电压为零，即 $u_o = 0$，而 $i_o \neq 0$。此时若反馈信号也随之为零，则说明反馈是与输出电压成正比，为电压反馈；若反馈依然存在，则说明反馈量不与输出电压成正比，应为电流反馈。在图 3.2（c）中，令 $u_o = 0$，反馈信号 i_f 随之消失，故为电压反馈。而在图 3.2（d）中，令 $u_o = 0$，反馈信号 $u_f = i_e R_E$ 依然存在，故为电流反馈。

4. 串联反馈和并联反馈

按反馈的信号与输入信号的连接方式来分，有串联反馈和并联反馈。反馈信号在反馈放大电路的输入回路以电压形式出现，与输入回路相串联，这种反馈称为串联反馈，如图 3.4（a）所示。反馈信号在反馈放大电路的输入回路以电流形式出现，与输入回路相并联，这种反馈称为并联反馈，如图 3.4（b）所示。

串联反馈和并联反馈的判别可以根据反馈信号与输入信号在基本放大器端的连接方式来判断。如果反馈信号与输入信号是串接在基本放大器输入回路，则为串联反馈；如果反馈信号与输入信号是并接在基本放大器输入回路，则为并联反馈。

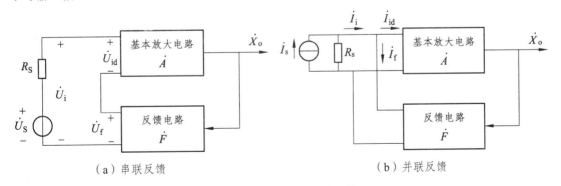

（a）串联反馈 　　　　　　　　　　　（b）并联反馈

图 3.4　串联反馈和并联反馈

在图 3.2（a）中，设将输入回路的反馈节点（反馈元件 R_F 与输入回路的交点，即三极管的 B 极）对地短路，显然，因晶体管 B、E 极短路，输入信号无法进入放大器，故为并联反馈。而在图 3.2（b）中，若将输入回路的反馈节点（反馈元件 R_E 在输入回路中的非"地"点，即三极管的 E 极）对地短路，输入信号 u_i 仍可加在三极管的 B、E 之间，因而仍能进入放故为串联反馈。同理，3.2（c）为并联反馈，图 3.2（d）为串联反馈。

综上所述，反馈网络在放大电路输出回路有电压和电流两种取样方式，在放大电路输入回路有串联和并联两种反馈方式，因此可以构成以下四种阻态的负反馈方法电路。

（1）电压串联负反馈。

（2）电压并联负反馈。

（3）电流串联负反馈。

（4）电流并联负反馈。

3.1.3　负反馈对放大器性能的影响

3.1.3.1　负反馈放大器的放大倍数

为了研究负反馈放大器的一般规律，分析负反馈对放大器性能的影响，我们先推导出负反馈放大器的放大倍数的一般表达式。

在图 3.1 所示的反馈放大电路方框图中，放大器的开环放大倍数为

$$\dot{A} = \frac{\dot{X}_o}{\dot{X}_d} \tag{3.1}$$

反馈系数为

$$\dot{F} = \frac{\dot{X}_f}{\dot{X}_o} \tag{3.2}$$

闭环放大倍数为

$$\dot{A}_f = \frac{\dot{X}_o}{\dot{X}_i} \tag{3.3}$$

放大器的净输入信号为

$$\dot{X}_o = \dot{X}_i - \dot{X}_f \tag{3.4}$$

由上述 4 个式子，可得

$$\dot{A}_f = \frac{\dot{X}_o}{\dot{X}_i} = \frac{\dot{X}_o}{\dot{X}_d + \dot{X}_f} = \frac{\dfrac{\dot{X}_o}{\dot{X}_d}}{1 + \dfrac{\dot{X}_f}{\dot{X}_o} \dfrac{\dot{X}_o}{\dot{X}_d}} = \frac{\dot{A}}{1 + \dot{A}\dot{F}} \tag{3.5}$$

式（3.5）即负反馈放大器放大倍数的一般表达式，又称为基本关系式。它反映了闭环放大倍数与开环放大倍数即反馈系数之间的关系。式中，$1 + \dot{A}\dot{F}$ 称为反馈深度，$1 + \dot{A}\dot{F}$ 的值越大，则负反馈越深，放大倍数 $\dot{A}_f$ 下降得越大。式（3.5）中的参数均为实数，即

$$A_f = \frac{A}{1 + AF} \tag{3.6}$$

3.1.3.2　负反馈对放大器性能的影响

1. 提高放大倍数的稳定性

由于负载和环境温度的变化、电源电压的波动以及元器件老化等原因，放大电路的放大倍数也将随之变化。通常用放大倍数相对变化量的大小来表示放大倍数稳定性的优劣，相对变化量越小，则稳定性越好。将表达式（3.6）对 A 求导，可得

$$\frac{\mathrm{d}A_\mathrm{f}}{\mathrm{d}A} = \frac{1 + AF - AF}{(1 + AF)^2} = \frac{1}{(1 + AF)^2} = \frac{1}{1 + AF}\frac{A_\mathrm{f}}{A} \tag{3.7}$$

$$\frac{\mathrm{d}A_\mathrm{f}}{A_\mathrm{f}} = \frac{1}{1 + AF}\frac{\mathrm{d}A}{A} \tag{3.8}$$

可见，引入负反馈后放大倍数的相对变化量 $\mathrm{d}A_\mathrm{f}/A_\mathrm{f}$ 为未引入负反馈时的相对变化量 $\mathrm{d}A/A$ 的 $1/(1+AF)$ 倍，即放大倍数的稳定性提高到未加负反馈时的 $(1+AF)$ 倍。因为在负反馈时，$1+AF$ 是大于 1 的，所以加入负反馈时稳定性提高了。

引入深度负反馈后，由式（3.6）可见，电路的闭环增益仅取决于反馈系数 F，因为反馈网络大多由线性元件构成，稳定性比较高，因此放大倍数比较稳定。

2. 减小非线性失真

由于三极管、场效应管等元件的非线性，会造成输出信号的非线性失真，引入负反馈后可以减小这种失真。其原理如图 3.5 所示。

设输入信号为正弦波，无反馈时，放大电路的输出信号产生了正半周幅度比负半周幅度大的波形失真，引入负反馈后，反馈信号也为正半周幅度略大于负半周幅度的失真波形。由于 $u_\mathrm{id} = u_\mathrm{i} - u_\mathrm{f}$，因此 u_id 波形变为正半周幅度略小于负半周幅度的波形。即通过负反馈使净输入信号产生预失真，这种预失真正好补偿放大电路的非线性失真，使输出波形得到改善。

必须指出，负反馈只能放大电路内部引起的非线性失真，对于信号本身固有的失真则无能为力。此外，负反馈只能减小而不能消除非线性失真。

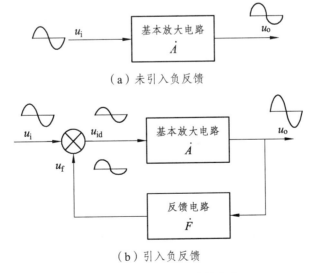

图 3.5　负反馈减小非线性失真

3. 改善频率响应

由于电路中电抗元件的存在，如耦合电容、旁路电容及三极管本身的结电容等，放大器的放大倍数会随频率而变化。实验证明，放大电路在高频区和低频区的电压放大倍数比中频区低。当输入等幅不同频的信号时，高、低频段的输出信号比中频段的小。因此，反馈信号也小，所以高、低频段的放大倍数减小程度比中频段的小，类似于频率补偿作用。

4. 改变输入电阻和输出电阻

根据不同的反馈类型，负反馈对放大器的输入电阻、输出电阻有不同的影响。

负反馈对输入电阻的影响取决于反馈信号在输入端的连接形式。在串联负反馈电路中，反馈信号与输入信号串联，以电压形式存在，相当于两电压源串联，因而可使输入电阻变大。而在并联负反馈电路中，反馈信号以电流形式存在，与输入信号并联，相当于两电流源并联，从而使输入电阻减小。

负反馈对输出电阻的影响取决于反馈信号在输出端的取样方式。因电压负反馈可稳定输出电压，具有恒压特性，电压负反馈使输出电阻减小。因电流负反馈可稳定输出电流，具有恒流特性，由恒流源特性可知，电流负反馈使输出电阻变大。

3.2 集成运算放大器

3.2.1 集成运算放大器的组成

集成运算放大器是一种集成电路。集成电路是采用半导体制造工艺，将三极管、二极管、电阻等元件集中制造在一小块基片上构成的一个完整电路。与分立元件电路比较，集成电路体积小、重量轻、耗能低、成本低、可靠性高。

如图 3.6 所示，集成运算放大器主要由输入级、电压放大级、输出级、偏置电路等组成。从结构上看，集成运算放大器是一个高增益的、各级间直接耦合的，具有深度负反馈的多级放大器。

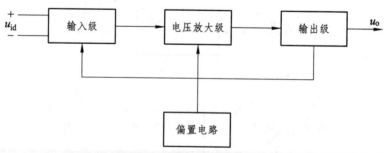

图 3.6 集成运算放大器框图

由于基片很小，集成运算放大器内电阻的阻值不超过 20 kΩ，电容不宜超过 10 pF。因为不能装较大电容，所以级间只能直接耦合。集成运算放大器所用的三极管多是 NPN 型硅管。三极管除用作放大元件外，还用作恒流源以代替高值电阻。

集成运算放大器的输入级通常是晶体管恒流源双端输入差动放大电路。这样可有效抑制零点漂移，提高共模抑制比，并可获得较好的输入特性和输出特性。差动放大电路有两个输入端，即集成运算放大器的反相输入端和同相输入端。反相输入端输入时，输出信号与输入信号反相。同相输入端输入时，输出信号与输入信号同相。

集成运算放大器的中间级的主要作用是电压放大，一般采用多级直接耦合的共射放大电路。

集成运算放大器的输出级的作用是给负载提供足够的功率，一般采用射极跟随器或互补对称功率放大电路，以降低输出电阻，提高带负载能力。输出级装有过载保护。

集成运算放大器的偏置电路的主要作用是向各级放大电路提供偏置电流，以保证各级放大电路有适当的静态工作点。

除上述几部分外，集成运算放大器还可以装有外接调零电路和相位补偿电路。集成运算放大器的外形如图 3.7 所示。

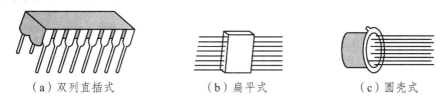

（a）双列直插式　　　　（b）扁平式　　　　（c）圆壳式

图 3.7　集成运算放大器的外形

图 3.8 所示是集成运算放大器的电路符号和简化符号。集成运放共有 3 类引出端。

（1）输入端：即信号输入端，有两个，通常用 "+" 表示同相端，用 "−" 表示反向端。

（2）输出端：即放大信号的输出端，只有一个，通常为对地输出电压。

（3）电源端：集成运放为有源器件，工作时必须外接电源。一般有两个电源端，对双电源的运放，其中一个为正电源端，另一个为负电源端；对单电源的运放，一端接正电源，另一端接地。

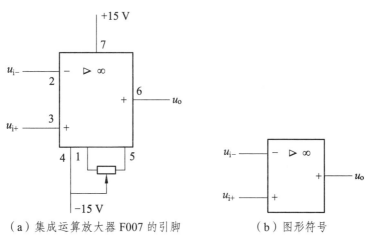

（a）集成运算放大器 F007 的引脚　　　　（b）图形符号

图 3.8　集成运算放大器的各引脚及图形符号

3.2.2　集成运算放大器的技术指标

1. 开环差模电压放大倍数 A_{od}

集成运算放大器（集成运放）在输出端与输入端之间不接入任何元件、输出端不接负载状态下的直流差模放大倍数，即

$$A_{od} = \frac{\Delta U_o}{\Delta U_+ - \Delta U_-} = \frac{\Delta U_o}{\Delta U_{id}} \qquad (3.9)$$

常用分贝（dB）表示，开环差模电压放大倍数为 $20\lg A_{od}$。集成运放的开环差模电压放大倍数多为 $1 \times 10^4 \sim 1 \times 10^7$，即 $80 \sim 140$ dB。因为集成运放在线性段不用于开环状态，所以开环差模电压放大倍数只表示集成运放的精度。CF741 的 A_{od} 约为 100 dB。

2. 最大输出电压 U_{opp}

最大输出电压是指在不失真的条件下的最大输出电压的峰峰值。CF741 的 U_{opp} 为±13 ~ ±14 V。

3. 输入失调电压 U_{io}

输入失调电压又称为输入补偿电压。由于元件不完全对称，使得 $u_i = 0$ 时，$U_o \neq 0$。输入失调电压为保持 $U_o = 0$，需要在输入端施加补偿电压。U_{io} 越小越好，一般为几毫伏。

4. 输入失调电流 I_{io}

由于元件不完全对称，当 $u_i = 0$ 时，$I_{B1} \neq I_{B2}$。输入失调电压是 $u_i = 0$ 时静态基极电流的差值，即 $I_{io} = |I_{B1} - I_{B2}|$。$I_{io}$ 越小越好，一般为 $1 \sim 100$ nA。

5. 最大差模输入电压 U_{idm}

最大差模输入电压是指不致使输入级晶体管遭到破坏的输入电压。CF741 的 U_{idm} 为±30 V。

6. 最大共模输入电压 U_{icm}

最大共模输入电压是指在正常工作状态所能够抑制的最大共模电压。CF741 的 U_{icm} 为±13 V。

7. 共模抑制比 K_{CMR}

共模抑制比一般指差模电压放大倍数 A_{od} 与共模电压放大倍数 A_{cd} 之比。高精度集成运放的 K_{CMR} 达 120 dB，CF741 的 K_{CMR} 为 90 dB。

8. 输出电阻 r_o

输出电阻是指在开环状态下的动态输出电阻。r_o 表示集成运放的带负载能力，r_o 为数十欧至数百欧，CF741 的 r_o 为 75 Ω。

9. 差模输入电阻 r_{id}

差模输入电阻是指开环状态下两输入端之间的动态输入电阻。r_{id} 表示集成运放对信号源的要求，r_{id} 为数百千欧至数兆欧，高 r_{id} 集成运放的达 1×10^{12} Ω。

3.3 集成运算放大器的应用

3.3.1 理想集成运算放大器

在分析集成运放的各种应用电路时，常常把将实际的集成运放看作是理想运算放大器来处理。理想集成运放的满足以下条件：

（1）开环差模电压放大倍数 $A_{od} = \infty$。

（2）输入电阻 $r_i = \infty$。

（3）输出电阻 $r_o = 0$。

（4）共模抑制比 $K_{CMR} = \infty$。

（5）失调及温漂为 0。

（6）带宽 $f_{bw} = 0$。

由于生产材料、条件等原因，真正的理想运放大器并不存在，但是实际集成运放的各项技术指标与理想运放的指标非常接近，特别是随着集成电路制造水平的提高，两者之间的差距越来越小。因此，在实际操作中，一般将集成运放理想化，按理想运放进行分析计算。

根据集成运放电路的工作原理，集成运放可以工作在线性区和非线性区。

1. 线性区

通常集成运放电路引入深入负反馈，那么集成运放工作在线性区，其输出信号与输入信号之间满足如下线性关系：

$$u_o = A_{od}(u_+ - u_-) \tag{3.10}$$

式（3.10）中，由于理想集成运放的开环差模电压放大倍数 $A_{od} = \infty$，则

$$u_+ = u_- \tag{3.11}$$

同相输入端电位等于反相输入端电位，近似相等，并非真正的短路，称之为"虚短"。

式（3.10）中，由于理想集成运放的输入电阻 $r_i = \infty$，则

$$i_+ = i_- = 0 \tag{3.12}$$

同相输入端电流等于反相输入端电流，近似趋近于 0，并非真正的断路，称之为"虚断"。

2. 非线性区

通常集成运放电路工作在开环状态或引入正反馈时，只有差模信号输入，哪怕是微小的电压信号，集成运放都将进入非线性区，得到以下两个结论：

（1）输入电压 u_+ 与 u_- 可以不相等，输出电压 u_o 非正饱和即负饱和。也就是

$$u_+ > u_- \text{时，} u_o = U_{om} \tag{3.13}$$

$$u_+ < u_- \text{时，} u_o = -U_{om} \tag{3.14}$$

而 $u_+ = u_-$ 时是两种状态的转折点。

（2）输入电流等于零，即

$$i_+ = i_- = 0 \tag{3.15}$$

3.3.2 集成运算放大器的线性应用

集成运算放大器加入反馈网络，引入负反馈，工作在线性区，可以实现比例、加法、减法、积分、微分、对数、指数等运算。这里主要介绍比例、加法、减法运算。

1. 反相比例运算电路

反相比例运算电路如图 3.9 所示，它实际上是一个深度的电压并联负反馈放大电路。它的

输入信号电压 u_i 经过电阻 R_1 加到集成运放的反相输入端，由电阻 R_F 构成反馈网络，将输出电压 u_o 反馈到反相输入端，同相输入端与接地之间接入一个平衡电阻 R_2，为了使运算放大两个输入端电路电阻对称，满足

$$R_2 = R_1 // R_F \qquad (3.16)$$

根据集成运放工作在线性区的"虚短"和"虚断"，由图 3.9 分析依据可知

$$u_+ = u_- = 0 ， i_i = i_f \qquad (3.17)$$

$$i_1 = \frac{u_i - u_-}{R_1} = \frac{u_i}{R_1} \qquad (3.18)$$

$$i_f = \frac{u_- - u_o}{R_F} = -\frac{u_o}{R_F} \qquad (3.19)$$

由此可得

$$u_o = -\frac{R_F}{R_1} u_i \qquad (3.20)$$

式（3.20）中的负号表示输出电压和输入电压的相位相反。

闭环电压放大倍数为

$$A_{uf} = \frac{u_o}{u_i} = -\frac{R_F}{R_1} \qquad (3.21)$$

当 $R_1 = R_F$，$A_{uf} = -1$，即输出电压与输入电压大小相同、相位相反，称为反相器。

2. 同相比例运算电路

同相比例运算电路如图 3.10 所示，它实际上是一个深度的电压串联负反馈放大电路。它的输入信号电压 u_i 经过电阻 R_2 R_1 加到集成运放的同相输入端，由电阻 R_F 构成反馈网络，将输出电压 u_o 反馈到反相输入端。输出电压通过反馈电阻 R_F 和 R_1 组成分压电路的反馈电压加到反相输入端，R_2 为平衡电阻，满足 $R_2 = R_1 // R_F$。

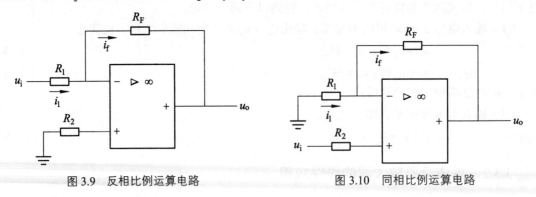

图 3.9 反相比例运算电路　　　　图 3.10　同相比例运算电路

根据集成运放工作在线性区的"虚短"和"虚断"，由图 3.10 分析依据可知

$$u_+ = u_- = u_i ， i_i = i_f \qquad (3.22)$$

$$i_1 = \frac{0 - u_-}{R_1} = -\frac{u_-}{R_1} \qquad (3.23)$$

$$i_{f} = \frac{u_{-} - u_{o}}{R_{F}} = \frac{u_{i} - u_{o}}{R_{F}} \qquad (3.24)$$

由此可得

$$u_{o} = \left(1 + \frac{R_{F}}{R_{1}}\right) u_{i} \qquad (3.25)$$

闭环电压放大倍数为

$$A_{uf} = \frac{u_{o}}{u_{i}} = 1 + \frac{R_{F}}{R_{1}} \qquad (3.26)$$

当 $R_{1} = \infty$ 或 $R_{F} = 0$ 时，$A_{uf} = 1$，即输出电压与输入电压大小相同、相位相同，称为电压跟随器。

【例 3.1】在如图 3.10 所示的集成运算放大电路中，已知 $u_{i} = 1$ V，$R_{1} = 100$ kΩ，$R_{F} = 300$ kΩ，求输出电压 u_{o}。

解 $\qquad u_{o} = \left(1 + \frac{R_{F}}{R_{1}}\right) u_{i} = \left(1 + \frac{300}{100}\right) \times 1 \text{ V} = 4 \text{ V}$

3. 反相加法运算电路

在反相比例运算电路的基础上，增加一个输入支路，就构成了反相加法运算电路，如图 3.11 所示，此时两个输入信号电压产生的电流流向反馈电阻 R_{F}，可得

$$u_{o} = -\left(\frac{R_{F}}{R_{1}} u_{i1} + \frac{R_{F}}{R_{2}} u_{i2}\right) \qquad (3.27)$$

若 $R_{1} = R_{2} = R_{F}$，则

$$u_{o} = -(u_{i1} + u_{i2}) \qquad (3.28)$$

4. 减法运算电路

减法运算电路如图 3.12 所示，它是反相输入端和同相输入端都有信号输入的放大器，也称为差分输入放大器。

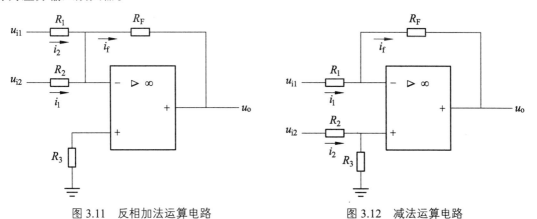

图 3.11　反相加法运算电路　　　　　图 3.12　减法运算电路

根据集成运放工作在线性区的"虚短"和"虚断"，由图 3.12 分析依据可知

$$u_+ = u_- , \quad i_i = i_f \tag{3.29}$$

$$u_+ = u_{i1} - i_1 R_1 = u_{i1} - \frac{(u_{i1} - u_o)R_1}{R_1 + R_F} \tag{3.30}$$

$$u_- = \frac{R_3}{R_2 + R_3} u_{i2} \tag{3.31}$$

由此可得

$$u_o = \left(1 + \frac{R_F}{R_1}\right) \frac{R_3}{R_2 + R_3} u_{i2} - \frac{R_F}{R_1} u_{i1} \tag{3.32}$$

当 $R_1 = R_2$，$R_3 = R_F$，得

$$u_o = \frac{R_F}{R_1}(u_{i2} - u_{i1}) \tag{3.33}$$

当 $R_1 = R_F$，得

$$u_o = u_{i2} - u_{i1} \tag{3.34}$$

由此可见，输出电压与两个输入电压之差成正比，实现了减法运算。

【例 3.2】 如图 3.12 所示的集成运算放大电路中，已知 $u_{i1} = 1$ V，$u_{i2} = 2$ V，$R_1 = R_2 = 4$ kΩ，$R_3 = R_F = 20$ kΩ，求输出电压 u_o。

解 $\quad u_o = \frac{R_F}{R_1}(u_{i2} - u_{i1}) = \frac{20}{4}(1-2) \text{ V} = -5 \text{ V}$

5. 积分运算电路

积分运算电路如图 3.13 所示，它是在反相输入比例运算电路中，将反馈电阻 R_F 用电容 C 代替，就成了积分运算电路。

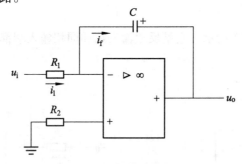

图 3.13　积分运算电路

根据集成运放工作在线性区的"虚短"和"虚断"，由图 3.13 分析依据可知

$$u_+ \approx u_- = 0 , \quad i_- \approx 0 \tag{3.35}$$

因此

$$i_i = i_f \tag{3.36}$$

- 084 -

$$i_1 = i_f = \frac{u_i}{R_1} \tag{3.37}$$

$$u_o = -u_C = -\frac{1}{C}\int i_f\,\mathrm{d}t \tag{3.38}$$

故

$$u_o = -\frac{1}{R_1 C}\int u_i\,\mathrm{d}t \tag{3.39}$$

由式（3.39）可知，u_o 正比于 u_i 的积分，式中负号表示输出电压与输入电压的相位相反，$R_1 C$ 称为时间常数。

平衡电阻

$$R_1 = R_2 \tag{3.40}$$

当 u_i 为阶跃电压 U_i 时，如图 3.14 所示，则

$$u_o = -\frac{U_i}{R_1 C}t \tag{3.41}$$

即 u_o 随时间线性增加直到负饱和值（$-U_{0(\mathrm{sat})}$）。

$$u_+ \approx u_- = 0 \tag{3.42}$$

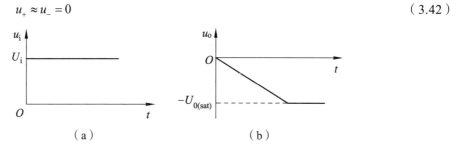

图 3.14　积分运算电路

【例 3.3】如图 3.13 所示的集成运算放大电路中，已知 $C = 100\,\mu\mathrm{F}$，$R_1 = R_2 = 100\,\mathrm{k}\Omega$，集成运放的最大输出值电压 $U_{0(\mathrm{sat})} = \pm 12\,\mathrm{V}$，$u_i = -6\,\mathrm{V}$，求时间 t 分别为 1 s、2 s、3 s 时的输出电压 u_o。

解
$$u_o = -\frac{u_i}{R_1 C}t = -\frac{-6}{100\times 10^3 \times 10\times 10^{-6}}\cdot t = 6t$$

则
$$t = 1\,\mathrm{s}\ \text{时，}\ u_o = 6\,\mathrm{V}$$
$$t = 2\,\mathrm{s}\ \text{时，}\ u_o = 12\,\mathrm{V}$$

当 $t = 2\,\mathrm{s}$ 时，u_o 已达到最大值，超过 2 s 后，输出电压 u_o 不再变化，故
$$t = 3\,\mathrm{s}\ \text{时，}\ u_o = 12\,\mathrm{V}$$

6. 微分运算电路

微分运算电路如图 3.15 所示，它是在积分运算电路中，将反馈电阻 R_F 和电容 C 交换位置得到的微分运算电路。

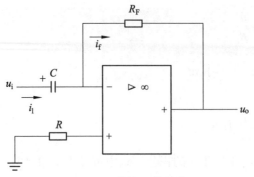

图 3.15 微分运算电路

根据集成运放工作在线性区的"虚短"和"虚断"，由图 3.15 分析依据可知

$$u_+ \approx u_- = 0 , \quad i_- \approx 0 \tag{3.43}$$

因此

$$i_i = i_f \tag{3.44}$$

$$u_o = -R_F i_f \tag{3.45}$$

$$u_C = u_i \tag{3.46}$$

$$i_i = i_f = C\frac{\mathrm{d}u_c}{\mathrm{d}t} = C\frac{\mathrm{d}u_i}{\mathrm{d}t} \tag{3.47}$$

故

$$u_o = -R_F C \int \frac{\mathrm{d}u_i}{\mathrm{d}t} \tag{3.48}$$

由式（3.48）可见，u_o 正比于 u_i 的微分，式中负号表示输出电压与输入电压的相位相反。
平衡电阻

$$R = R_F \tag{3.49}$$

当 u_i 为阶跃电压 $-U_i$ 时，如图 3.16 所示，u_o 为尖脉冲电压。

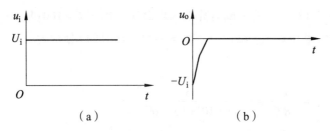

（a）　　　　　　　　　　　（b）

图 3.16　微分运算电路

3.3.3　集成运算放大器的非线性应用

当运算放大器开环或加有正反馈时，由于运算放大器开环放大倍数 A 非常大，即使输入信号很小，也足以使运算放大器饱和，使输出电压 u_o 近似等于集成运放组件的正电源电压值或负电源电压值。这时，运算放大器的输入量和输出量之间不再具有线性关系，而是处于非线性工作状态。

与线性工作状态相比，运算放大器在非线性状态下仍有 $i_i \approx 0$ 的特点。由理想运算放大器的电压传输特性可知，当它的输入电压 $u_i = u_+ - u_-$ 大于零或小于零时，其输出电压都是稳定的，分别接近于正或负电源电压，而 u_i 过零时就会产生跳变，即由正电压跃变为负电压或相反，因而不再存在 $u_+ = u_-$ 这一关系。这是运放非线性工作状态不同于线性工作状态的主要特点。

运算放大器的非线性应用领域很广，包括测量技术、数字技术、自动控制、无线电通信等方面。但就其功能而言，目前的应用主要是信号的比较和鉴别，以及各种波形发生电路。这里简单介绍几种非线性应用电路。

1. 比较器

比较器是运算放大器非线性应用的最基本电路，用于对输入信号电压 u_i 与参考电压 U_R 进行比较和鉴别。

图 3.17 所示为最简单的电压比较器电路。电路中无反馈环节，运算放大器在开环状态下工作。参考电压 U_R 为基准电压，它可以为正值或负值，也可以为零值，接在同相输入端。信号电压 u_i 加在反相输入端，以与 U_R 进行比较。也可以将 U_R 和 u_i 所连接的输入端互换。由于运算放大器开环，按照 $u_o = A_o u_{21} = A_o(u_+ - u_-)$ 的关系，当 u_i 略大于 U_R 时，净输入电压 $(u_+ - u_-) < 0$，输出电压 u_o 为负饱和值 $(-U_{os})$；当 u_i 略小于 U_R 时，净输入电压

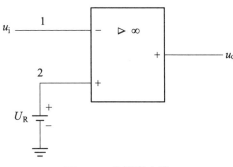

图 3.17　比较器电路

$(u_+ - u_-) > 0$，输出电压 u_o 为正饱和值 $(+U_{os})$。可见，当 $u_i = U_R$ 时，输出电压将发生跳变，故 U_R 一般称为阈值电压。$U_R > 0$ 时，输入电压 u_i 与阈值电压 U_R 的关系如图 3.18 所示，称为比较器的传输特性。

如果参考电压 $U_R = 0$，当输入信号电压 u_i 每次过零时，输出电压都会发生突然变化，其传输特性通过坐标原点，如图 3.18（b）所示。这种比较器称为过零比较器。利用过零比较器可以实现信号的波形变换。例如，若 u_i 为正弦波，如图 3.19（a）所示。按上述关系，u_i 每过零一次，比较器的输出电压就产生一次跳变，正、负输出电压的幅度取决于运算放大器的最大输出电压，则比较器的输出电压 u_o 是与 u_i 同频率的方波，如图 3.19（b）所示。

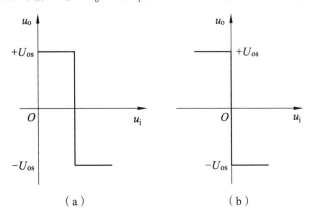

图 3.18　比较器的传输特性

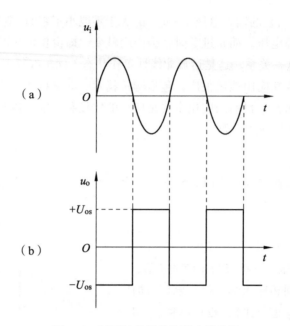

图 3.19 过零比较器的波形变换作用

上述比较器在 u_i 单向连续变化的过程中，u_o 只产生一次跳变，故称为单限比较器，它的优点是电路简单，缺点是抗干扰能力差。如果值恰好在阈值电压附近，而电路又存在干扰和零漂，u_o 就会不断地发生跳变，从而失去稳定性，因而不能用于干扰严重的场合。

为了克服单限比较器抗干扰能力差的缺点，可在电路中引入正反馈，构成滞回比较器（又称为迟滞比较器），如图 3.20（a）所示。

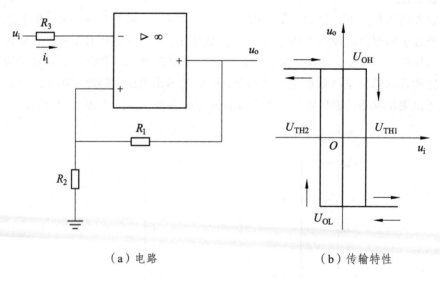

（a）电路　　　　　　　　　　　（b）传输特性

图 3.20　反相滞回比较器

由于电路中引入了正反馈，运放工作于非线性状态，稳态时 u_o 可以是高电平 U_{OH}（与正电源电压值相近）或低电平 U_{OL}（与负电源电压值相近），故 u_+ 有相应的两个值：

$$u_{+1} = \frac{R_2}{R_1 + R_2} U_{OH} = U_{TH1} \qquad (3.50)$$

$$u_{+2} = \frac{R_2}{R_1 + R_2} U_{OL} = U_{TH2} \qquad (3.51)$$

设输出电平为正值，即为 U_{OH} 时，对应的阈值电压为 U_{TH1}。当 u_i 由负值连续向正值增大到等于 U_{TH1} 时，u_o 必将向下跳变到 U_{OL}，这时阈值电压立即变为 U_{TH2}。由于 $U_{TH2} < U_{TH1}$，因此当 u_i 再继续增加时，u_o 也不会发生跳变。但当 u_i 由正值向负的方向减小 U_{TH2} 时，u_o 将从 U_{OL} 向上跳变到 U_{OH}，阈值电压随之变为 U_{TH1}。由于 $U_{TH2} < U_{TH1}$，故当 u_i 再减小时，u_o 也不会再发生跳变。由此可得出它的传输特性如图 3.20（b）所示。由于 $U_{TH1} \neq U_{TH2}$，其传输特性具有滞回的特点，称为滞回比较器，是一种双限比较器。

滞回比较器的主要优点是抗干扰能力强，缺点是灵敏度较低，因当 u_i 处于两个阈值之间时，u_o 不会产生跳变，电路不会做出响应。

滞回比较器也可以接入参考电压 U_R，即将图 3.20（a）中的 R_2 接至 U_R（而非接"地"），此时的阈值电压为

$$U_{TH1} = \frac{R_2}{R_1 + R_2} U_{OH} + \frac{R_1}{R_1 + R_2} U_R \qquad (3.52)$$

$$U_{TH2} = \frac{R_2}{R_1 + R_2} U_{OL} + \frac{R_1}{R_1 + R_2} U_R \qquad (3.53)$$

除了由集成运放组成的比较器外，目前还生产了许多集成电压比较器，其特点是所需外接元件极少，使用十分方便，且输出电平容易与数字集成元件所需的输入电平相配合，常用作模拟与数字电路之间的接口电路。除了直接用于电压的比较和鉴别之外，集成电压比较器还可用于波形发生电路、数字逻辑门电路等场合。集成电压比较器可分为通用型（如 F311）、高速型（如 CJ0710）、精密型（如 J0734 和 ZJ03）等几大类。在同一块集成芯片上，可以是单个比较器（如 F311），也可以是互相独立的两个（如 CJ0393）或四个（如 CJ0339）比较器。

2. 方波发生器

最基本的方波发生电路如图 3.21 所示，它由一个滞回比较器和 $R_F C$ 负反馈网络组成，输出端接有由稳压管 VD_Z 组成的双向限幅器，将输出电压的最大幅度限定为 $+U_Z$ 或 $-U_Z$，故比较器的两个阈值电压为

$$U_{B1} = U_{TH1} = \frac{R_2}{R_1 + R_2} U_Z \qquad (3.54)$$

$$U_{B2} = U_{TH2} = -\frac{R_2}{R_1 + R_2} U_Z \qquad (3.55)$$

$R_F C$ 组成一个负反馈网络，u_o 通过 R_F 对电容 C 充电，或电容通过 R_F 放电，于是电容 C 上的电压 u_C 的波形便按照指数规律变化。运算叔大器作为比级器，u_C 与 u_B 进行比较，根据比较结果决定输出状态：当 $u_C > u_B$ 时 $u_o = -U_Z$ 为负值；当 $u_C < u_B$ 时，$u_o = +U_Z$ 为正值。

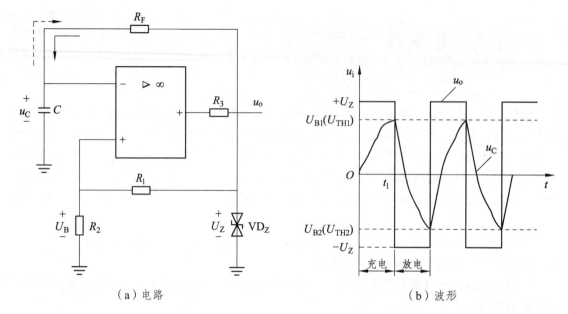

（a）电路　　　　　　　　　　　　　（b）波形

图 3.21　方波发生电路

接通电源瞬间，u_o 为正或为负，纯属偶然。假设开始时电容未充电，即 $u_C = 0$，且输出电压为正（$u_o = U_Z$），于是阈值电压为 U_{TH1}。输出电压 u_o 经电阻 R_F 向电容 C 充电，充电电流方向如图 3.21（a）中实线箭头所示，u_C 按指数规律增长。当 $u_C = U_{TH1}$ 时，输出电压便由 $+U_Z$ 向 $-U_Z$ 跳变，u_o 跃变为 $-U_Z$，阈值电压则变为 U_{TH2}。此时电容 C 经 R_F 放电，放电电流方向如图 3.21（a）中虚线箭头所示，u_C 按指数规律下降。当 $u_C = U_{TH2}$ 时，输出电压 u_o 由 $-U_Z$ 翻转到 $+U_Z$，电容 C 又开始充电，u_C 由 U_{TH2} 按指数规律向上升。如此周而复始，便在输出端获得方波电压 u_o，如图 3.21（b）所示。

方波的频率为

$$f = \frac{1}{T} = \frac{1}{2R_F C \ln\left(1 + \dfrac{2R_2}{R_1}\right)} \tag{3.56}$$

式（3.56）表明，方波的频率仅与 R_F、C 和 R_2 / R_1 有关，而与输出电压幅度 U_Z 无关，因此在实际应用中，通常通过改变 R_F 阻值的大小来调节频率 f 的大小。

前面讲过，若在积分器的输入端接一方波，则其输出就是一个三角波。因此，如果在上述方波发生器的输出端加一级积分器，如图 3.22（a）所示，则成为既可输出方波又可输出三角波的波形发生电路。与图 3.21（a）所示方波发生电路不同的是，此处将 u_{o2} 通过 R_1 反馈到 A_1 的同相端，而 A_1 的反相端则接地。于是由 R_1 引回到 A_1 同相端的信号就是负反馈信号了。这样，由 A_1 输出方波，由 A_2 输出三角波。方波的幅值为 $\pm U_Z$，三角波的幅值为 $\pm \dfrac{R_1}{R_3} U_Z$。它们的振荡频率 $f = \dfrac{R_1}{4 R_1 R_2 C}$。

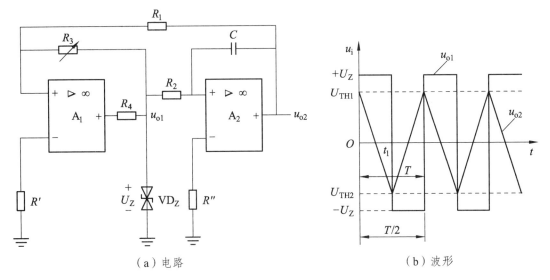

（a）电路   （b）波形

图 3.22　方波与三角波发生电路

3.4　集成运算放大器的选用及使用注意问题

3.4.1　选用元件

集成运算放大器按其技术指标可分为通用型和专用型两大类。通用型的技术指标比较均衡、全面，适用于一般电路；而专用型的技术指标在某一项非常突出，如高速型、高阻型、低功耗型、大功率型、高精度型等，以满足某些特殊电路的要求。按每一集成片中运算放大器的数目可分为单运放、双运放和四运放。

通常应根据实际要求来选用运算放大器。如无特殊要求，一般应选用通用型，因通用型既易得到，价格又较低廉。而对于有特殊要求的，则应选用专用型。

需注意，目前运算放大器的类型很多，型号标注又未完全统一。例如，部标型号为 F007，国标型号为 CF741。因此在选用运算放大器时，可先查阅有关产品手册，全面了解运算放大器的性能，再根据货源、价格等情况，决定取舍或代换。

选好后，根据引脚图和符号图连接外部电路，包括电源、外接偏置电阻、消振电路及调零电路等。需注意，焊接时电烙铁头必须不带电，或断电后利用电烙铁的余热焊接。

3.4.2　使用注意事项

1. 消振

由于内部极间电容和其他寄生参数的影响，运算放大器很容易产生自激振荡，即在运算放大器输入信号为零时，输出端存在近似正弦波的高频电压信号，在与人体或金属物体接近时尤为显著，这将使运算放大器不能正常工作。为此，在使用时要注意消振。目前，由于集成工艺水平的提高，运算放大器内部已有消振元件，无须外部消振。至于是否已消振，将输入端接"地"，用示波器观察输出端有无高频振荡波形，即可判定。如有自激振荡，需检查反馈极性是否接错，考虑外接元件参数是否合适，或接线的杂散电感、电容是否过大等，并采取相应措施。必要时可外接 RC 消振电路或消振电容。

2. 调零

由于运算放大器的内部参数不可能完全对称，以致当输入信号为零时，输出电压 u_o 不等于零。为此，在使用时要外接调零电路。图 3.23 所示为 CF741 运算放大器的调零电路，由 $-15\,\text{V}$ 电源、$1\,\text{k}\Omega$ 电阻和调零电位器 R_P 组成。先消振，再调零，调零时应将电路接成闭环，在无输入下调零，即将两个输入端均接"地"，调节调零电位器 R_P，使输出电压 u_o 为零。

在一般情况下，接入规定的调零电位器后，都可将输出电压 u_o 调节为零。但是如果因所用运算放大器质量欠佳，产生过大的失调电压不能调零时，可换用较大阻值的调零电位器，扩大调零范围使输出为零。

如果运算放大器在闭环时不能调零，或其输出电压达到正或负的饱和电压，可能是由于负反馈作用不够强，电压放大倍数过大所致。此时，可将反馈电阻 R_F 值减小，以加强负反馈。若仍不能调零，可能是接线点有错误，或有虚焊点，或者是器件内部损坏。

3. 运算放大器的保护

为了保证运算放大器的安全，防止因电源极性接反、输入电压过大、输出端短路或错接外留电压等情况而造成运算放大器损坏，可分别采取如下保护措施。

1) 输入端保护

输入信号电压过高会损坏运算放大器的输入级。为此，可在输入端接入反向并联的二极管，将输入电压限制在二极管的正向压降以下，电路如图 3.24 所示。

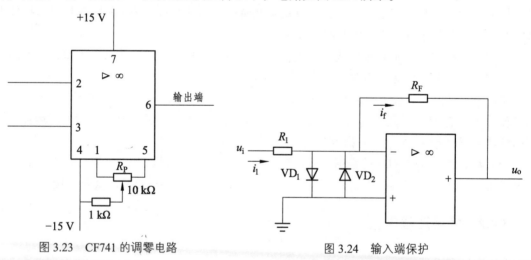

图 3.23　CF741 的调零电路　　　　　图 3.24　输入端保护

2) 输出端保护

为了防止输出电压过大，可利用稳压管来保护。如图 3.25 所示，将两个稳压管反向串联再并接于反馈电阻 R_F 的两端。运算放大器正常工作时，输出电压 u_o 低于任一稳压管的稳压值 U_Z，稳压管不会被击穿，稳压管支路相当于断路，对运算放大器的正常工作无影响。当输出电压 u_o 大于一只稳压管的稳压值 U_Z 和另一只稳压管的正向压降 U_F 之和时，一只稳压管就会反向击穿，另一只稳压管正向导通。这时，稳压管支路相当于一个与R_F并联的电阻，增强了负反馈作用，从而把输出电压限制在$\pm(U_Z+U_F)$的范围内。在选择稳压管时，应尽量选择反向特性好、漏电流小的元件，以免破坏运算放大器输入与输出的线性关系。

3）电源极性接错的保护

为了防止正、负电源极性接反而损坏运算放大器组件，可利用二极管来保护。如图 3.26所示，将两只二极管 VD_1 和 VD_2 分别串联在运算放大器的正、负电源电路中，如果电源极性接错，二极管将不导通，隔断了接错极性的电源，因而不会损坏运算放大器组件。

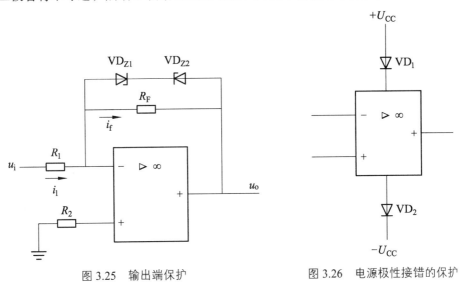

图 3.25　输出端保护　　　　　　　图 3.26　电源极性接错的保护

习　题

一、填空题

1. 理想运算放大器的差模输入电阻等于_____，开环增益等于_____。

2. 差分放大电路的共模抑制比定义为_____；在电路理想对称情况下，双端输出差分放大电路的共模抑制比等于_____。

3. 理想运算放大器的同相输入端和反相输入端的"虚短"指的是_____。

4. 同相比例电路属于_____负反馈电路，而反相比例电路属于_____负反馈电路。

5. 集成运放电路由_____、_____、_____、_____几部分组成。

二、计算题

1. 在图 3.27 所示电路中，请判别有何种反馈？

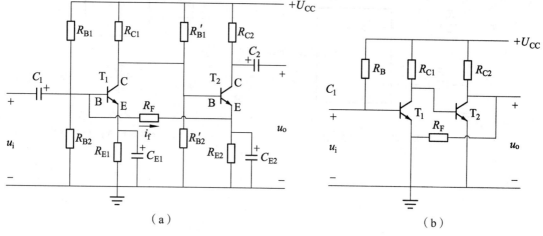

（a）　　　　　　　　　　　　　（b）

图 3.27　题 1 图

2. 在图 3.28 所示电路中，求输出电压。

3. 在图 3.29 所示电路中，求输出电压。

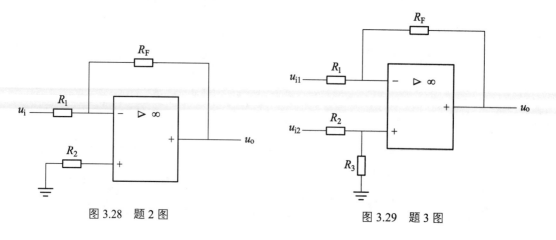

图 3.28　题 2 图　　　　　　　　　图 3.29　题 3 图

4. 在图 3.30 所示电路中，已知 $R_F = 5R_1$ ， $u_i = 10\,\text{mV}$ ，求 u_o 。

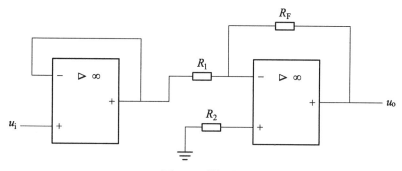

图 3.30　题 4 图

5. 在图 3.31 所示电路中，已知 $R_1 = R_2 = 2\,\text{k}\Omega$ ， $R_F = 10\,\text{k}\Omega$ ， $R_3 = 18\,\text{k}\Omega$ ， $u_i = 1\,\text{V}$ ，求 u_o 。

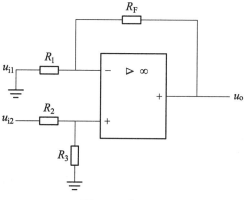

图 3.31　题 5 图

4 直流稳压电源

在电子电路和电气设备中，通常都需要电压稳定的直流电源供电。常见直流电源如图4.1所示。当今社会，人们无处不享受着电子设备带来的便利，而任何电子设备都有一个共同的电路——电源电路。大到超级计算机、小到袖珍计算器，所有的电子设备都必须在电源电路的支持下才能正常工作。当然这些电源电路的样式、复杂程度千差万别。超级计算机的电源电路本身就是一套复杂的电源系统。通过这套电源系统，超级计算机各部分都能够得到持续稳定、符合各种复杂规范的电源供应。袖珍计算器则是简单得多的电池电源电路。

由于电子技术的特性，电子设备对电源电路的要求就是能够提供持续稳定、满足负载要求的电能，而且通常情况下都要求提供稳定的直流电能。提供这种稳定的直流电能的电源就是直流稳压电源。直流稳压电源在电源技术中占有十分重要的地位。

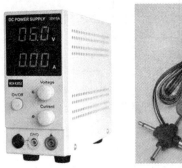

图 4.1　常见直流稳压电源外形图

4.1　直流稳压电源概述

4.1.1　直流稳压电源概念

直流稳压电源是能为负载提供稳定直流电源的电子装置。直流稳压电源的供电电源大都是交流电源，当交流供电电源的电压或负载电阻变化时，稳压器的直流输出电压都会保持稳定。直流稳压电源随着电子设备向高精度、高稳定性和高可靠性的方向发展，对电子设备的供电电源提出了更高的要求。

4.1.2　直流稳压电源分类

稳压电源的分类方法繁多，按输出电源的类型分，有直流稳压电源和交流稳压电源；按稳压电路与负载的连接方式分，有串联稳压电源和并联稳压电源；按电路类型分，有简单稳压电源和反馈型稳压电源；按调整管的工作状态分，有线性稳压电源和开关稳压电源。

1. 线性稳压电源

线性稳定电源有一个共同的特点就是它的功率器件调整管工作在线性区，靠调整管之间的电压降来稳定输出。由于调整管静态损耗大，需要安装一个很大的散热器给它散热。而且由于变压器工作在工频（50 Hz）上，所以重量较大。

该类电源的优点是稳定性高、纹波小、可靠性高，易做成多路输出连续可调的成品；缺点是体积大、较笨重、效率相对较低。这类稳定电源又有很多种，从输出性质可分为稳压电源、稳流电源，以及集稳压、稳流于一身的稳压稳流（双稳）电源；从输出值来看可分为定点输出电源、波段开关调整式和电位器连续可调式几种类型；从输出指示上可分指针指示型；和数字显示式型等等。

2. 开关稳压电源

与线性稳压电源不同的一类稳电源就是开关型直流稳压电源，它的电路型式主要有单端反激式，单端正激式、半桥式、推挽式和全桥式。它和线性电源的根本区别在于它的变压器不工作在工频而是工作在几十千赫兹到几兆赫兹。功能管不是工作在饱和区而是开关状态；开关电源因此而得名。

开关电源的优点是体积小，重量轻，稳定可靠；缺点是相对于线性电源来说纹波较大。它的功率可以从几瓦到几千瓦，价位从每瓦 3 元到十几万元，下面就习惯分类介绍几种开关电源。

1）AC/DC

该类电源也称一次电源，它自电网取得能量，经过高压整流滤波得到一个直流高压，供 DC/DC 变换器在输出端获得一个或几个稳定的直流电压，功率从几瓦到几千瓦，用于不同场合。此类产品的规格型号繁多，据用户需要而定。通信电源中的一次电源（AC 220 V 输入，DC 48 V 或 24 V 输出）也属于此类。

2）DC/DC

该类电源在通信系统中也称二次电源，它是由一次电源或直流电池组提供一个直流输入电压，经 DC/DC 变换以后在输出端获一个或几个直流电压。

3）通信电源

通信电源其实质上就是 DC/DC 变换器式电源，只是它一般以直流-48 V 或-24 V 供电，并用后备电池作 DC 供电的备份，将 DC 的供电电压变换成电路的工作电压，一般又分为中央供电、分层供电和单板供电三种，以后者可靠性最高。

4）电台电源

电台电源输入 AC 220 V/110 V，输出 DC 13.8 V，功率由所供电台功率而定，几安、几百安均有产品。为防止 AC 电网断电影响电台工作，需要有电池组作为备份，所以此类电源除输出一个 13.8 V 直流电压外，还具有对电池充电自动转换功能。

5）模块电源

随着科学技术飞速发展，对电源可靠性、容量/体积比要求越来越高，模块电源越来越显示其优越性，它工作频率高、体积小、可靠性高，便于安装和组合扩容，所以越来越被广泛采用。国内虽有相应模块生产，但因生产工艺未能赶上国际先进水平，故障率较高。

DC/DC 模块电源虽然成本较高，但从产品的漫长的应用周期的整体成本来看，特别是因系统故障而导致的高昂的维修成本及商誉损失来看，选用该电源模块还是合算的，值得一提的是罗氏变换器电路，它的突出优点是电路结构简单，效率高和输出电压、电流的纹波值接近于零。

6）特种电源

高电压小电流电源、大电流电源、400 Hz 输入的 AC/DC 电源等，可归于此类，可根据特殊需要选用。开关电源的价位一般为 2～8 元/瓦，特殊小功率和大功率电源价格稍高，可达 11～13 元/瓦。

4.1.3 直流稳压电源的技术指标

稳压电源的技术指标可以分为两大类：一类是特性指标，如输出电压、输出电源滤波及电压调节范围；另一类是质量指标，反映一个稳压电源的优劣，包括稳定度、等效内阻（输出电阻）、纹波电压及温度系数等。对稳压电源的性能，主要有以下要求。

1. 电压调整率

负载电流 I_0 及温度 T 不变而输入电压 U_i 变化时，输出电压 U_o 的相对变化量 $\Delta U_o/U_o$ 与输入电压变化量 ΔU_i 之比值，称为电压调整率，即

$$S_U = \frac{\Delta U_o / U_o}{\Delta U_i} \times 100\% \Bigg|_{\substack{\Delta I_0=0 \\ \Delta T=0}} \qquad (4.1)$$

一般直流稳压电源的电压调整率 S_U 为 1%、0.1%、0.01%不等，其值越小，稳压性能越好。电压调整率也可定义为：在负载电流和温度不变时，输入电压变化±10%时，输出电压的变化量 ΔU_o，单位为毫伏。

2. 稳压系数

稳压系数定义为负载不变时，输出电压相对变化量和输入电压相对变化量之比，即

$$S_\gamma = \frac{\Delta U_o / U_o}{\Delta U_i / U_i} \Bigg|_{\substack{\Delta I_0=0 \\ \Delta T=0}} \qquad (4.2)$$

式中，U_i 为稳压电路输入直流电压，即整流电路的输出电压。

一般情况下 S_γ 在 $10^{-2} \sim 10^{-4}$ 数量级。显然，S_γ 越小稳压电路输出电压的稳定性越好。

3. 负载调整率（亦称电流调整率）

在交流电源额定电压条件下，负载电流从零变化到最大时，输出电压的最大相对变化量用百分数表示

$$S_I = \frac{\Delta U_o}{\Delta U_o} \times 100\% \bigg|_{\substack{\Delta I_0 = I_0 \max \\ \Delta T = 0}} \tag{4.3}$$

4. 输出电阻（内阻）

当输入电压固定时，输出电压变化量与负载电流变化量之比，称为输出电阻 R_o，亦称为内阻，即

$$R_o = \frac{\Delta U_0}{\Delta I_0} \bigg|_{\substack{\Delta U_i = 0 \\ \Delta T = 0}} \tag{4.4}$$

输出电阻单位为欧姆。R_o 的大小反映了当负载变动时，稳压电路保持输出电压稳压的能力。R_o 越小负载能力越强，一般 $R_o < 1\ \Omega$。

5. 最大纹波电压与纹波抑制比

所谓纹波电压，是指输出电压中 50 Hz 或 100 Hz 的交流分量，通常用有效值或峰值表示。经过稳压作用，可以使整流滤波后的纹波电压大大降低，降低的倍数反比于稳压系数 S。

叠加在输出电压上的交流分量的峰-峰值称为最大纹波电压 $\Delta U_{\text{IP-P}}$，一般为毫伏级。在电容滤波电路中，负载电流越大，纹波电压也越大。因此，纹波电压应在额定输出电流情况下测出。

纹波抑制比 S_R 定义为稳压电源输入纹波电压峰-峰值 $\Delta U_{\text{IP-P}}$ 与输出纹波电压峰-峰值 $\Delta U_{\text{IP-P}}$ 之比，并取对数，即

$$S_R = 20 \lg \frac{U_{\text{IP-P}}}{U_{\text{OP-P}}} \tag{4.5}$$

纹波抑制比单位为分贝（dB）。在质量指标中电压调整率、稳压系数是描述输入交流电压变化对输出电压影响的技术指标，负载调整率（亦称电流调整率）、输出电阻（内阻）是描述负载变化对输出电压影响的技术指标，最大纹波电压与纹波抑制比反映了稳压电源对其输入端引入的交流纹波电压的抑制能力。

4.1.4　直流稳压电源工作原理

1. 整体电路框图

整体电路框图如图 4.2 所示。

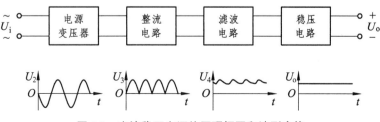

图 4.2　直流稳压电源的原理框图和波形变换

整体电路由以下 4 部分构成：

（1）电源变压器：将交流电网电压 U_1 变为合适的交流电压 U_2。

（2）整流电路：将交流电压 U_2 变为脉动的直流电压 U_3。

（3）滤波电路：将脉动的直流电压 U_3 变为平滑的直流电压 U_4。

（4）稳压电路：当电网电压波动及负载变化时，保持输出电压 U_o 的稳定。

2. 电路原理分析

本次设计首先采用变压器把 220 V 交流电变成所需要的电压。利用二极管的单向导电性，可以设计出把交流电变成直流电的电路；再根据电容的滤波作用，输出纹波较小的直流电，从而得到平滑的直流电压；最后通过稳压块的稳压作用，就可以得到输出稳定的直流电。

由输出电压 U_O、电流 I_O 确定稳压电路形式。通过计算极限参数（电压、电流和功率）选择器件有稳压电路所要求的直流电压（U_i）、直流电流（I_i）输入确定整流滤波电路形式，选择整流二极管及滤波电容并确定变压器的副边电压 U_i 的有效值、电流 I_i（有效值）即变压器功率。由电路的最大功耗工作条件确定稳压器、扩流功率管的散热措施。在电子电路中，通常需要电压稳定的直流电源供电，小功率稳压电源一般是由电源变压器、整流、滤波和稳压 4 部分电路组成。下面就稳压电源的 4 个组成部分分别分析其原理。

4.2 整流电路

整流电路是把交流电能转换为直流电能的电路。大多数整流电路由变压器、整流主电路和滤波器等组成，在直流电动机的调速、发电机的励磁调节、电解、电镀等领域有广泛应用。20 世纪 70 年代以后，主电路多用硅整流二极管和晶闸管组成。滤波器接在主电路与负载之间，用于滤除脉动直流电压中的交流成分。变压器设置与否视具体情况而定。变压器的作用是实现交流输入电压与直流输出电压间的匹配，以及交流电网与整流电路之间的电隔离。

整流电路的作用是将交流降压电路输出的电压较低的交流电转换成单向脉动性直流电，这就是交流电的整流过程，整流电路主要由整流二极管组成。经过整流电路之后的电压已经不是交流电压，而是一种含有直流电压和交流电压的混合电压。习惯上称为单向脉动性直流电压。

4.2.1 单相半波整流电路

单相半波整流电路如图 4.3 所示，单相半波整流电路由变压器、整流二极管和负载三部分组成。电路工作原理：设变压器次级电压 $u_2 = U_{2m} \sin\omega t = \sqrt{2} U_2 \sin\omega t$，其中 U_{2m} 为其幅值，U_2 为有效值。当 u_2 变化的正半周期时，二极管 VD 受正向电压偏置而导通，负载上输出电压 $U_L = u_2$；当 u_2 变化的负半周期时，二极管 VD 处于反向偏置状态而截止，$U_L = 0$。u_2 和 U_L 的波形如图 4.4 所示，显然，输入电压是双极性，而输出电压是单极性，且是半波波形，输出电压与输入电压的幅值基本相等。

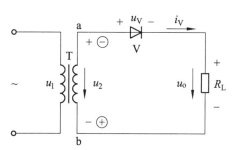

图 4.3　单相半波整流电路

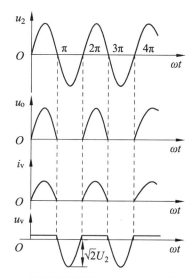

图 4.4　单相半波整流电路电压与电流的波形

由理论分析可得，输出单向脉冲电压的平均值即直流分量为

$$U_{\text{L0}}=U_{\text{2m}}/\pi=\frac{\sqrt{2}}{\pi}U_2\approx0.45U_2 \tag{4.6}$$

显然，输出电压中除了直流成分外，还含有丰富的交流成分基波和谐波（这里可通称为谐波），这些谐波的总和称为纹波，它叠加于直流分量之上。常用纹波系数γ来表示直流输出电压相对纹波电压的大小，即

$$\gamma=\frac{U_{\text{L}\gamma}}{U_{\text{L0}}} \tag{4.7}$$

式中，$U_{\text{L}\gamma}$为谐波电压总有效值，其值应为

$$U_{\text{L}\gamma}=\sqrt{U_{\text{L1}}^2+U_{\text{L2}}^2+\cdots}=\sqrt{\frac{1}{2}U_2^2-U_{\text{L0}}^2} \tag{4.8}$$

由式（4.1）（4.2）和式（4.3）并通过计算可得，$\gamma\approx1.21$。由结果可见，半波整流电路的输出电压纹波较大。

当整流电路的变压器副边电压的有效值U_2和负载电阻值确定后，电路对二极管参数的要求也就确定了。半波整流电路中的二极管安全工作条件如下。

（1）二极管的最大整流电流必须大于实际流过二极管的平均电流，即

$$I_{\text{F}}>I_{\text{VD0}}=U_{\text{L0}}/R_{\text{L}}=0.45U_2/R_{\text{L}} \tag{4.9}$$

（2）二极管的最大反向工作电压U_{R}必须大于二极管实际所承受的最大反向峰值电压U_{RM}，即

$$U_{\text{R}}>U_{\text{RM}}=\sqrt{2}\,U_2 \tag{4.10}$$

【例4.1】在如图4.3所示的单向半波整流电路中,已知变压器副边电压的有效值U_2=30 V,负载电阻R_{L}=100 Ω。试求：

（1）负载电阻R_{L}上的电压平均值和电流平均值。

（2）电网电压波动范围是±10%，二极管承受的最大反向工作电压 U_R 和流过二极管的最大整流电流各为多少？

解（1）负载电阻 R_L 上的电压平均值为

$$U_{L0} \approx 0.45 U_2 = 0.45 \times 30 = 13.5 \text{ V}$$

负载电阻 R_L 上的电压平均值为

$$I_{L0} = U_{L0}/R_L = 13.5 \text{ V}/100 \text{ Ω} = 135 \text{ mA}$$

（2）二极管承受的最大反向工作电压 U_R 为

$$U_{Rmax} = 1.1 \times \sqrt{2} U_2 = 1.1 \times \sqrt{2} \times 30 \approx 46.7 \text{ V}$$

流过二极管的最大整流电流为

$$I_{Dmax} = 1.1 \times I_{L0} = 1.1 \times 135/1000 \text{ A} \approx 0.15 \text{ A}$$

单相半波整流电路的优点是结构简单，所用元器件数量少。缺点是输出波形脉动大，直流成分比较低，效率不高。

4.2.2 全波桥式整流电路

全波桥式整流电路如图 4.5 所示，电路中 4 个二极管接成电桥的形式，故有桥式整流之称。图 4.6 所示为该电路的简化画法。

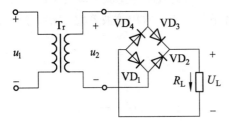 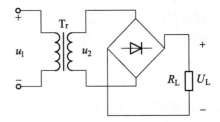

图 4.5　全波桥式整流电路　　　　图 4.6　全波桥式整流电路简化画法

电路工作原理：如图 4.6 所示，设变压器次级电压 $u_2 = U_{2m}\sin\omega t = \sqrt{2} U_2 \sin\omega t$，其中 U_{2m} 为其幅值，U_2 为有效值。在电压 u_2 的正半周期，二极管 VD_1，VD_3 因受正向偏压而导通，VD_2、VD_4 因承受反向电压而截止；在电压 u_2 的负半周期，二极管 VD_2、VD_4 因受正向偏压而导通，VD_1、VD_3 因承受反向电压而截止。u_2 和 U_L 的波形如图 4.7 所示，显然，输入电压是双极性，而输出电压是单极性，且是全波波形，输出电压与输入电压的幅值基本相等。

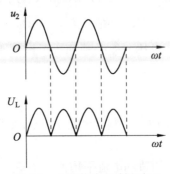

图 4.7　全波整流电路的波形

由理论分析可得，输出全波单向脉冲电压的平均值（即直流分量）为

$$U_{L0}=2U_{2m}/\pi=\frac{2\sqrt{2}}{\pi}U_2\approx0.9U_2 \qquad (4.11)$$

其纹波系数 γ 为

$$\gamma=\frac{U_{L\gamma}}{U_{L0}} \qquad (4.12)$$

式中，$U_{L\gamma}$ 为谐波（只有偶次谐波）电压总有效值，其值应为

$$U_{L\gamma}=\sqrt{U_{L2}^2+U_{L4}^2+\cdots}=\sqrt{U_L^2-U_{L0}^2} \qquad (4.13)$$

由式（4.4）（4.5）和（4.6）并通过计算可得 $\gamma\approx0.48$。由结果可见，全波整流电路的输出电压纹波比半波整流电路小得多，但仍然较大，故需用滤波电路来滤除纹波电压。

全波整流电路中的二极管安全工作条件如下。

（1）二极管的最大整流电流必须大于实际流过二极管的平均电流。由于 4 个二极管是两两轮流导通的，因此有

$$I_F>I_{VD0}=0.5U_{L0}/R_L=0.45U_2/R_L \qquad (4.14)$$

（2）二极管的最大反向工作电压 U_R 必须大于二极管实际所承受的最大反向峰值电压 U_{RM}，即

$$U_R>U_{RM}=\sqrt{2}\,U_2 \qquad (4.15)$$

单相桥式整流电路与半波整流电路相比，具有输出电压高、变压器利用率高和脉动小等优点，因此得到相当广泛的应用。它的缺点是所需的二极管的数量多，由于实际上二极管的正向电阻不为零，必然使得整流电路内阻较大，当然电路损耗也就较大。

整流电路研究的主要问题是输出电压的波形以及输出电压的平均值 U_o（即输出电压的直流分量大小），均列于表 4.1 中。表中还列出了各种整流电路的二极管中流过的电流平均值 I_D 和二极管承受的最高反向电压 U_{DRM}，它们是选择二极管的主要技术参数。变压器副边电流的有效值 I_2 是选择整流变压器的主要指标之一。

分析整流电路工作原理的依据是看哪个二极管承受正向电压，三相桥式整流电路是看哪个二极管阳极电位最高或阴极电位最低，决定其是否导通。分析时二极管的正向压降及反向电流均可忽略不计，即可将二极管视作理想的单向导电元件。

表 4.1 各种整流电路性能比较

类型	整流电路	整流电压波形	整流电压平均值 U_o	二极管电流平均值 I_D	二极管承受的最高反向电压 U_{DRM}	变压器副边电流的有效值 I_2
单相半波			$0.45U_2$	I_o	$\sqrt{2}U_2$	$1.57I_o$

类型	整流电路	整流电压波形	整流电压平均值 U_o	二极管电流平均值 I_D	二极管承受的最高反向电压 U_{DRM}	变压器副边电流的有效值 I_2
单相全波			$0.9U_2$	$\frac{1}{2}I_o$	$2\sqrt{2}U_2$	$0.79I_o$
单相桥式			$0.9U_2$	$\frac{1}{2}I_o$	$\sqrt{2}U_2$	$1.11I_o$
三相半波			$1.17U_2$	$\frac{1}{3}I_o$	$\sqrt{3}\sqrt{2}U_2$	$0.59I_o$
三相桥式			$2.34U_2$	$\frac{1}{3}I_o$	$\sqrt{3}\sqrt{2}U_2$	$0.82I_o$

4.3 滤波电路

4.3.1 电容滤波电路

虽然全波整流的纹波系数相对半波整流而言有很大改善，但与实际要求仍然相差较大，需采用滤波电路进一步减小纹波。滤波通常是利用电容或电感的能量存储作用来实现的。滤波电路种类很多，有电容滤波、电感滤波和复合滤波。这里首先介绍电容滤波电路。

利用电容的充、放电特性，可以构成滤波电路。电容滤波电路如图4.8所示，滤波电容一般容量较大，约1000 μF以上，常用电解电容。

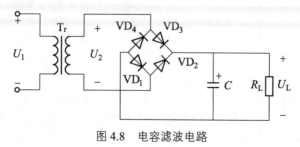

图 4.8　电容滤波电路

电路工作原理：设 $u_2 = U_{2m}\sin\omega t = \sqrt{2}\,U_2\sin\omega t$，由于是全波整流，因此不管是在正半周期还是在负半周期，电源电压 u_2 一方面向 R_L 供电，另一方面对电容 C 进行充电，由于充电时间常数很小（二极管导通电阻和变压器内阻很小），所以，很快充满电荷，使电容两端电压 U_C 基本接近 U_{2m}，而电容上的电压是不会突变的。现假设某一时刻 u_2 的正半周期由零开始上升，因为此时电容上电压 U_C 基本接近 U_{2m}，因此 $u_2 < U_C$，VD_1、VD_2、VD_3、VD_4 管均截止，电容 C 通过 R_L 放电，由于放电时常数 $\tau_d = R_L C$ 很大（R_L 较大时），因此放电速度很慢，U_C 下降很少。与此同时，u_2 仍按 $\sqrt{2}\,U_2\sin\omega t$ 的规律上升，一旦当 $u_2 > U_C$ 时，VD_1、VD_3 导通，$u_2 \rightarrow VD_3 \rightarrow C \rightarrow VD_1$ 对 C 充电。然后，u_2 又按 $\sqrt{2}\,U_2\sin\omega t$ 的规律下降，当 $u_2 < U_C$ 时，二极管均截止，故 C 又经 R_L 放电。不难理解，在 u_2 的负半周期也会出现与上述基本相同的结果。这样在 u_2 的不断作用下，电容上的电压不断进行充放电，周而复始，从而得到一近似于锯齿波的电压 $U_L = U_C$，使负载电压的纹波大为减小。

如图 4.8 所示，电容 C 和负载电阻 R_L 的取值不同对输出电压有不同的影响。

（1）$R_L C$ 越大，电容放电速度越慢，负载电压中的纹波成分越小，负载平均电压越高。为了得到平滑的负载电压，一般取

$$R_L C \geqslant (3 \sim 5)\frac{T}{2} \tag{4.16}$$

式中，T 为交流电源电压的周期。

（2）R_L 越小输出电压越小。若 C 值一定，当 $R_L \rightarrow \infty$，即空载时有

$$U_{L0} = \sqrt{2}\,U_2 \approx 1.4U_2 \tag{4.17}$$

当 $C = 0$，即无电容时有

$$U_{L0} \approx 0.9\,U_2 \tag{4.18}$$

当整流电路的内阻不太大（几欧姆）且电阻 R_L 和电容 C 取值满足式（4.16）时，有

$$U_{L0} \approx (1.1 \sim 1.2)\,U_2 \tag{4.19}$$

这种简单的全波整流滤波电路输出电压高，滤波效能高，但带负载能力差，适用于电压变化范围不大，负载电流小的设备。

4.3.2 电感滤波电路

电感滤波电路如图 4.9 所示，由于市电交流电频率较低（50 Hz），电路中电感 L 一般取值较大，约几亨以上。

电感滤波电路是利用电感的储能来减小输出电压纹波的。当电感中电流增大时，自感电动势的方向与原电流方向相反，自感电动势阻碍了电位的增加同时也将能量储存起来，使电流的变化减小；反之当电感中电流减少时，自感电动势的作用是阻碍电流的减少，同时释放能量，使电流变化减小，因此，电流的变化小，电压的纹波得到抑制。

电感滤波电路有如下特点：

（1）电感滤波电路中 L 越大、R_L 越小，输出电压纹波越小。忽略电感内阻，$U_{L0} = 0.9U_2$（理论值）。

（2）电感滤波适用于低电压、大电流的场合。且工频电感体积大，重量重，价格高，损耗大，电磁辐射强，因此应用较少。

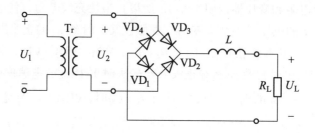

图 4.9　电感滤波电路

4.3.3　其他滤波电路

此外，为了进一步减小负载电压中的纹波，电感后面可再接一电容而构成倒 L 形滤波电路或采用 π 形滤波电路，分别如图 4.10 和图 4.11 所示。

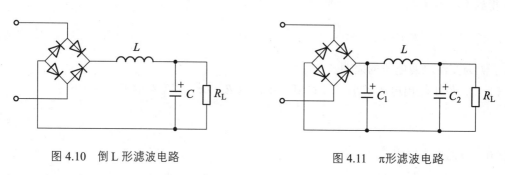

图 4.10　倒 L 形滤波电路　　　　　　图 4.11　π 形滤波电路

4.4　稳压电路

4.4.1　串联型晶体管稳压电路

线性稳压管稳压电路尽管电路简单，使用方便，但在使用时存在两方面的问题。一是电网电压和负载电流变化较大时，电路将失去稳压作用，适应范围小；二是稳压值只能由稳压管的型号决定，不能连续可调，稳压精度不高，输出电流也不大，很难满足对电压精度要求高的负载的需要。为解决这一问题，往往采用串联反馈式稳压电路。

图 4.12 所示为串联反馈式稳压电路的一般结构图，这是一个由负反馈电路组成的自动调节电路。当输出电压或者负载电流有一定的变化时，通过负反馈的自动调节输出直流电压基本保持稳定不变。这个稳压电路分为四个部分：取样电路、比较放大电路、基准电压和调整电路。其中 U_1 是整流滤波电路的输出电压，VT 为调整管，A 为比较放大电路，U_{REF} 为基准电压，它由稳压管 V_{DZ} 与限流电阻 R 串联所构成的简单稳压电路获得，R_1 与 R_2 组成反馈网络，是用来反映输出电压变化的取样环节。这种稳压电路的主回路是起调整作用的三极管 VT 与负载串联，故称为串联式稳压电路。

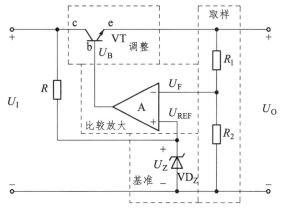

图 4.12 串联式稳压电路

图 4.12 中，串联式稳压电路是利用输出电压的变化量由反馈网络取样经放大电路（A）放大后去控制调整管 VT 的 c-e 极间的电压降，从而达到稳定输出电压 U_O 的目的。稳压原理可简述为，当输入电压 U_I 增加（或负载电流 I_O 减小）时，导致输出电压 U_O 增加，随之反馈电压 $U_F = R_2 U_O/(R_1+R_2) = F_u U_O$ 也增加（F_u 为反馈系数）。U_F 与基准电压 U_{REF} 相比较，其差值电压经比较放大电路放大后使 U_B 和 I_C 减小，调整管 VT 的 c-e 极间电压 U_{CE} 增大，使 U_O 下降，从而维持 U_O 基本恒定。

同理，当输入电压 U_I 减小（或负载电流 I_O 增加）时，亦将使输出电压基本保持不变。

从反馈放大电路的角度来看，这种电路属于电压串联负反馈电路。调整管 VT 连接成电压跟随器，因此可得

$$U_B = A_u \left(U_{REF} - F_u U_O \right) \approx U_O \qquad (4.20)$$

或

$$U_O = U_{REF} \frac{A_u}{1 + A_u F_u} \qquad (4.21)$$

式（4.21）中 A_u 是比较放大电路的电压增益，考虑了所带负载的影响，与开环增益 A_{uO} 不同。在深度负反馈条件下，$|1+A_u F_u| \geqslant 1$ 时，可得

$$U_O \approx \frac{U_{REF}}{F_u} = U_{REF}\left(1 + \frac{R_1}{R_2}\right) \qquad (4.22)$$

式（4.22）表明，输出电压 U_O 与基准电压 U_{REF} 近似成正比，与反馈系数 F_u 成反比。当 U_{REF} 及 F_u 已定时，U_O 也就确定了，因此它是设计稳压电路的基本关系式。

值得注意的是，调整管 VT 的调整作用是依靠 U_F 和 U_{REF} 之间的偏差来实现的，必须有偏差才能调整。如果 U_O 绝对不变，调整管的 U_{CE} 也绝对不变，那么电路也就不能起调整作用。所以 U_O 不可能达到绝对稳定，只能是基本稳定。因此，图 4.12 所示的系统是一个闭环有差调整系统。

由以上分析可知，反馈越深，调整作用越强，输出电压 U_O 也越稳定，电路的稳压系数 γ 和输出电阻 R_O 也越小。

应当指出的是，基准电压 U_{REF} 是稳压电路的一个重要组成部分，它直接影响稳压电路的性能。为此要求基准电压输出电阻小，温度稳定性好，噪声低。目前用稳压管组成的基准电

压源虽然电路简单，但它的输出电阻大。故常采用带隙基准电压源（电路介绍从略），这种基准电压源的电压值较低，温度稳定性好，故适用于低电压的电源中。

值得注意的是，在实际的稳压电路中，如果输出端过载或者短路，将使调整管的电流急剧增大，为使调整管安全工作，还必须加过流保护电路。

4.4.2　三端集成稳压器

随着集成电路的发展，在许多电子设备中，通常采用集成稳压器作为直流稳压电源部件。集成稳压器体积小，外围元件少，性能稳定可靠，使用十分方便。

集成稳压器的类型很多，按结构可分为串联型、并联型和开关型；按输出电压类型可以分为固定式和可调式。使用最方便也很广泛的有三端固定输出集成稳压器、三端可调式集成稳压器。

4.4.2.1　输出电压固定的三端集成稳压器

三端固定输出集成稳压器由于只有输入、输出和公共引出端，故称为三端式稳压器（简称三端稳压器）。

三端稳压器的通用产品有 78 系列（正电源）和 79 系列（负电源），输出电压由具体型号中的后面两个数字代表，有 5 V、6 V、8 V、9 V、12 V、15 V、18 V、24 V 等档次。输出电流以 78（或 79）后面加字母来区分。L 表示 0.1 A，M 表示 0.5 A，无字母表示 1 A，如 78L05 表示 5 V、0.1 A。

现以具有正电压输出的 78L×× 系列为例介绍三端式稳压器的工作原理。电路如图 4.13 所示，三端式稳压器由启动电路、基准电压电路、取样比较放大电路、调整电路和保护电路等部分组成。三端稳压器外形如图 4.14 所示，下面对各部分电路进行简单介绍。

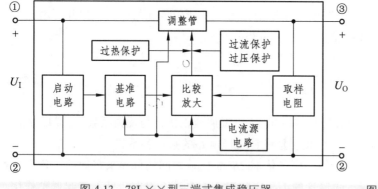
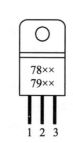

图 4.13　78L×× 型三端式集成稳压器　　　　　　图 4.14　三端稳压器外形

1. 启动电路

在 78×× 系列集成稳压器中，常采用许多恒流源，当输入电压 U_I 接通后，这些恒流源难以自行导通，以致输出电压较难建立。因此，必须用启动电路为调整管、放大电路和基准电源等建立各自的工作电流。当整个稳压电路进入正常工作状态时，启动电路被断开，以免影响稳压电路的性能。

2. 基准电压电路

在 78×× 系列集成稳压器中，基准电压电路采用了零温漂的能带间隙的基准源，可使基准电压 U_{REF} 基本上不随温度变化。因此，基准源的稳定性大大提高，从而保证基准电压不受输入电压波动的影响。

3. 取样比较放大电路和调整电路

在 78×× 系列集成稳压器中，采样电路由两个分压电阻组成，它将输出电压变化量的一部分送到放大电路的输入端。

78×× 系列三端稳压器的调整管采用复合管结构，具有很大的电流放大系数，接在输入端和输出端之间，放大电路为共射接法，并采用有源负载，从而获得较高的电压放大倍数。

4. 保护电路

在 78×× 系列集成稳压器中，有限流保护电路、过热保护电路和过压保护电路。值得指出的是，当出现故障时，上述几种保护电路是互相关联的。

4.4.2.2 使用注意事项

图 4.15 所示为以 78×× 系列为核心组成的典型直流稳压电路，正常工作时，稳压器的输入、输出电压差为 2～3 V。使调整管保证工作在放大区。但压差取得大时，又会增加集成块的功耗。所以，两者应兼顾，既保证在最大负载电流时调整管不进入饱和，又不致于功耗偏大。电路中接入电容 C_2、C_3 用来实现频率补偿，防止稳压器产生高频自激振荡并抑制电路引入高频干扰，C_4 是电解电容，以减小稳压电源输出端由输入电源引入的低频干扰。VD_5 是保护二极管，当输入端短路时，给输出电容器 C_3 一个放电通路，防止 C_3 两端电压作用于调整管的 be 结，造成调整管 be 结击穿而损坏。

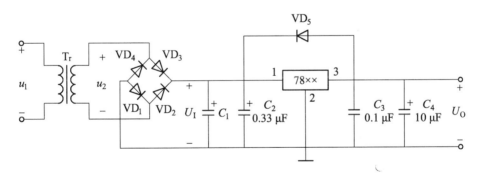

图 4.15　典型 78×× 直流稳压电源原理图

7800 系列是与 7900 系列相对应的三端固定负输出集成稳压器，其外形与 7800 系列完全相同，但它们的引脚有所不同，两者的输出端相同（均为第 3 脚），而输入端及接地端恰好相反，7800 系列三端稳压器的外形及引脚如图 4.14 所示，其中 1 脚为输入端、3 脚为输出端、2 脚为公共端（地），输出较大电流时需加装散热器。7900 系列的 1 脚为公共端、3 脚为输出端、2 脚为输入端。

应该着重说明的是，7800 系列稳压器的散热部分（壳体金属部分）是与接地引脚（2 脚）内部相连的，因此安装散热器时散热器可连接电路板的公共地线；而 7900 系列的散热部分（壳体金局部分）不与接地引脚相连，而与输入电压引脚相连，所以实际安装时必须注意散热器不可接地，或者使用云母或其他绝缘耐热薄片垫在稳压器的壳体与散热器之间，使两者保持电绝缘，但又容易导热。7900 系列的电压档级与 7800 系列相呼应，不同的是输出为负电压。

4.4.2.2 输出电压可调的三端式集成稳压器

CW78××和 CW79××系列为输出电压固定的三端稳压器。但有些场合要求扩大输出电压的调节范围，故其使用时不太方便。现介绍一种只需很少元件就能工作的三端可调式集成稳压器，它的三个接线分别称为输入端 U_I、输出端 U_O 和调整端 adj。以 LM317 为例，三端可调式稳压器电路如图 4.16 所示。

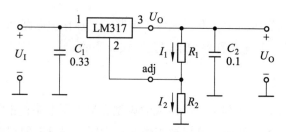

图 4.16 可调式三端稳压器电路

它的内部电路有比较放大器、偏置电路（图中未画出）、恒流源电路和带隙基准电压 U_{REF} 等，它的公共端改接到输出端，器件本身无接地端。所以消耗的电流都从输出端流出，内部的基准电压（约 1.25 V）接至比较放大器的同相端和调整端之间。若接上外部的调整电阻 R_1、R_2 后，输出电压为

$$U_O = U_{REF} + \left(\frac{U_{REF}}{R_1} + I_{adj} \right) R_2$$

$$= U_{REF} \left(1 + \frac{R_2}{R_1} \right) + I_{adj} R_2 \tag{4.23}$$

LM317 的 U_{REF}=1.2 V，I_{adj}=50 μA，由于调整管电流 $I_{adj} \ll I_1$，故可以忽略，式（4.23）可简化为

$$U_O \approx U_{REF} \left(1 + \frac{R_2}{R_1} \right) \tag{4.24}$$

LM337 稳压器是与 LM317 对应的负压三端可调集成稳压器，它的工作原理和电路结构与 LM317 相似。

【例 4.2】 图 4.17 所示电路中，若 R_1=240 Ω，输出电压最大为 30 V，求 R_2 的取值范围。

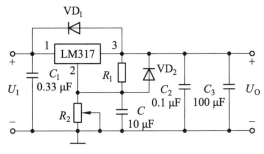

图 4.17　三端稳压器外加保护电路

解：由式（4.24）得

$$30 = \left(1 + \frac{R_2}{240}\right) \times 1.25 \qquad 得：\ R_2 = 5520\ \Omega \approx 5.6\ k\Omega$$

所以，R_2 的取值范围为 0 ~ 5.6 kΩ。

当 $R_2 = 0\ \Omega$ 时输出电压 $U_O = 1.25$ V。所以，输出电压的调节范围为 1.25 ~ 30 V。

值得注意的是，虽然 LM317 具有很好的电压输出精度和稳定性，但在实际应用中有一些需要注意的问题，如图 4.17 所示，

电容 C_1 是输入滤波电容，一般可取 0.33 μF，且安装时应靠近 LM317。为了减小的纹波电压，可在电阻 R_2 两端并联一个 10 μF 电容。为了保护稳压器，可加一个保护二极管 VD_1 和 VD_2，提供一个放电回路。电阻 R_1 决定了 LM317 的工作电流，不可任意取值，否则可能会导致输出电压精度下降甚至不能工作，一般取 240 Ω 左右，且安装时应靠近芯片输出端，否则输出电流可能较大，导线电阻上的压降可能会造成输出精度下降。

习　题

1. 如果要求某一单相桥式整流电路的输出直流电压 U_o 为 36 V，直流电流 I_o 为 1.5 A，试选用合适的二极管。

2. 设一半波整流电路和一桥式整流电路的输出电压平均值和所带负载大小完全相同，均不加滤波，试问两个整流电路中整流二极管的电流平均值和最高反向电压是否相同？

3. 欲得到输出直流电压 $U_o = 50\,\text{V}$，直流电流 $I_o = 160\,\text{mA}$ 的电源，问应采用哪种整流电路？画出电路图，并计算电源变压器的容量（计算 U_2 和 I_2），选定相应的整流二极管（计算二极管的平均电流 I_D 和承受的最高反向电压 U_{RM}）。

4. 图 4.18 所示为电热用具（例如电热毯）的温度控制电路。整流二极管的作用是使保温时的耗电仅为升温时的一半。如果此电热用具在升温时耗电 100 W，试计算对整流二极管的要求，并选择管子的型号。

5. 有一额定电压为 24 V、阻值为 50 Ω 的直流负载，采用单相桥式整流电路供电，如图 4.19 所示，交流电源电压为 220 V。（1）选择整流二极管的型号；（2）计算整流变压器的变化及容量。

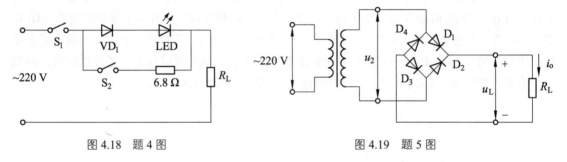

图 4.18　题 4 图　　　　　　　　　图 4.19　题 5 图

6. 如图 4.20 所示电路为单相全波整流电路。已知 $U_2 = 10\,\text{V}$，$R_L = 100\,\Omega$。

（1）求负载电阻 R_L 上的电压平均值 U_o 与电流平均值 I_o，并在图中标出 u_o、i_o 的实际方向。

（2）如果 VD_2 脱焊，U_o、I_o 各为多少？

（3）如果 VD_2 接反，会出现什么情况？

（4）如果在输出端并接一滤波电解电容，试将它按正确极性画在电路图上，此时输出电压 U_o 约为多少？

7. 在如图 4.21 所示桥式整流电容滤波电路中，$U_2 = 20\,\text{V}$，$R_L = 40\,\Omega$，$C = 1000\,\mu\text{F}$，试问：

（1）正常时 U_o 为多大？

（2）如果测得 U_o 为：① $U_o = 18\,\text{V}$；② $U_o = 28\,\text{V}$；③ $U_o = 9\,\text{V}$；④ $U_o = 24\,\text{V}$。电路分别处于何种状态？

（3）如果电路中有一个二极管出现下列情况：① 开路；② 短路；③ 接反。电路分别处于何种状态？是否会给电路带来什么危害？

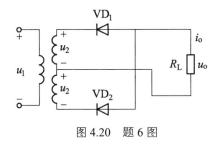

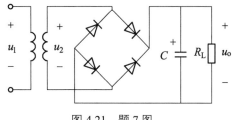

图 4.20　题 6 图　　　　　　　图 4.21　题 7 图

8. 电容滤波和电感滤波电路的特性有什么区别？各适用于什么场合？

9. 单相桥式整流、电容滤波电路，已知交流电源频率 $f = 50\,\text{Hz}$，要求输出直流电压 $U_\text{o} = 30\,\text{V}$，输出直流电流 $I_\text{o} = 150\,\text{mA}$，试选择二极管及滤波电容。

10. 根据稳压管稳压电路和串联型稳压电路的特点，试分析这两种电路各适用于什么场合？

11. 如图 4.22 所示的桥式整流电路中，设 $u_2 = \sqrt{2}U_2 \sin\omega t$，试分别画出下列情况下输出电压 u_AB 的波形。

（1）S_1、S_2、S_3 打开，S_4 闭合。

（2）S_1、S_2 闭合，S_3、S_4 打开。

（3）S_1、S_4 闭合，S_2、S_3 打开。

（4）S_1、S_2、S_4 闭合，S_3 打开。

（5）S_1、S_2、S_3、S_4 全部闭合。

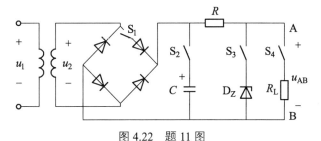

图 4.22　题 11 图

12. 试设计一台直流稳压电源，其输入为 220 V、50 Hz 交流电源，输出直流电压为 +12 V，最大输出电流为 500 mA，试采用桥式整流电路和三端集成稳压器构成，并加有电容滤波电路（设三端稳压器的压差为 5 V）。要求：

（1）画出电路图。

（2）确定电源变压器的变比，整流二极管、滤波电容器的参数，三端稳压器的型号。

13. 试说明开关型稳压电路的特点、组成以及各部分的作用。在下列各种情况下，应分别采用线性稳压电路还是开关型稳压电路？

（1）希望稳压电路的效率比较高。

（2）希望输出电压的纹波和噪声尽量小。

（3）希望稳压电路的重量轻、体积小。

（4）希望稳压电路的结构尽量简单，使用的元件少，调试方便。

5 振荡器

在电子电路中，常常需要各种波形的信号，如正弦波、非正弦波（如三角波和锯齿波等），作为测试信号或控制信号。我们常常把产生波形信号的电路称为信号源，或者称为信号发生器。能自己产生信号的电路称为振荡器。

本章节主要介绍正弦波振荡电路的组成，RC 正弦波振荡电路、正弦波振荡电路的工作原理。

5.1　正弦波振荡电路

5.1.1　正弦波振荡电路的产生条件

正弦波发生电路能产生正弦波输出，它是在放大电路的基础上加上正反馈而形成的，是各类波形发生器和信号源的核心电路。正弦波发生电路也称为正弦波振荡电路或正弦波振荡器。正弦波振荡电路是一种不需要输入信号的带选频网络的正反馈放大电路。振荡电路与放大电路不同之处在于，放大电路需要外加输入信号，才会有输出信号；而振荡电路不需外加输入信号就有输出信号，因此这种电路又称为自激振荡电路。

图 5.1（a）所示为反馈放大电路，当电路不接反馈网络处于开环系统时，输入信号 $\dot{X}_i$ 就是净输入信号 $\dot{X}_i'$，经放大产生输出信号 $\dot{X}_o$。当电路接成正反馈时，输入信号 $\dot{X}_i$、净输入信号 $\dot{X}_i'$ 与反馈信号 $\dot{X}_f$ 的关系为 $\dot{X}_i' = \dot{X}_i + \dot{X}_f$。在图 5.2（b）中，输入端（1 端）外接一定频率、一定幅度的正弦波信号 $\dot{X}_i'$，经过基本放大电路和反馈网络所构成的环路传输后，在反馈网络的输出端（2 端），就可得到反馈信号 $\dot{X}_f$。如果 $\dot{X}_f$ 与 $\dot{X}_i'$ 在幅频和相位上都一致，那么，除去原来的外接信号，而将 1、2 两端连接在一起（如图 5.2（b）中的虚线所示），形成闭环系统，在没有任何输入信号的情况下，其输出端的输出信号也能继续维持与开环时一样的状况，即自激产生输出信号。

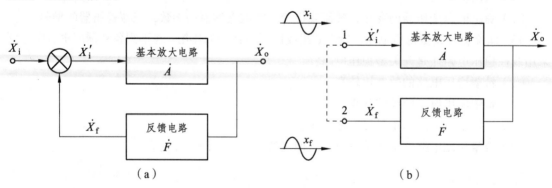

图 5.1　正弦波振荡电路

当振荡电路输入信号 $\dot{X}_i' = 0$ 时，则有

$$\dot{X}_i' = \dot{X}_f$$

因为 $\dot{X}_f = \dot{F}\dot{X}_o$，$\dot{X}_o = \dot{A}\dot{X}_i$，所以

$$\dot{X}_o = \dot{F}\dot{A}\dot{X}$$

由此得到振荡平衡条件 $\dot{F}\dot{A} = 1$。

自激振荡条件也可以写成：

振幅条件：$|\dot{A}\dot{F}| = 1$

相位平衡条件：

$$\varphi_A + \varphi_F = 2n\pi(n = 0, 1, 2, \cdots)$$

幅值条件和相位条件是正弦波振荡电路维持振荡的两个必要条件。需要说明的是，振荡电路在刚刚起振时，噪扰电压（激励信号）很弱，为了克服电路中的其他损耗，往往需要正反馈强一些，这样，正反馈网络每次反馈到输入端的信号幅度会比前一次大，从而激励起振荡。所以起振时必须满足 $|\dot{A}\dot{F}| > 1$，称为振荡电路的起振条件。为了获得某一指定频率 f_0 的正弦波，可在放大电路或反馈电路中加入具有选频特性的网络，使只有某一选定频率 f_0 的信号满足振荡条件，而其他频率的信号则不满足振荡条件。

5.1.2 正弦波振荡电路的组成

为了获得单一频率的正弦波输出，应该有选频网络。选频网络往往和正反馈网络或放大电路合而为一。选频网络由 R、C 和 L、C 等电抗性元件组成，正弦波振荡器的名称一般由选频网络来命名。正弦波振荡电路必须由以下 4 个部分组成。

（1）放大电路：保证电路能够有从起振到动态平衡的过程，使电路获得一定幅值的输出量，实现能量的控制。

（2）选频网络：确定电路的振荡频率，使电路产生单一频率的振荡，即保证电路产生正弦波振荡。

（3）正反馈网络：引入正反馈，使放大电路的输入信号等于反馈信号。

（4）稳幅环节：也就是非线性环节，作用是使输出信号幅值稳定。

正弦波振荡电路常用选频网络所用元件来命名，分为 RC 正弦波振荡电路、LC 正弦波振荡电路和石英晶体正弦波振荡电路三种类型。RC 正弦波振荡电路的振荡频率较低，一般在 1 MHz 以下；LC 正弦波振荡电路的振荡频率多在 1 MHz 以上；石英晶体正弦波振荡电路也可等效为 LC 正弦波振荡电路，其特点是振荡频率非常稳定。

5.2 RC 正弦波振荡电路

5.2.1 RC 串并联选频网络

RC 串并联网络的电路如图 5.2 所示。RC 串联臂由 C_1 和 R_1 组成，阻抗用 Z_1 表示，RC 并

联臂由 C_1 和 R_1 组成，阻抗用 Z_2 表示。其频率响应如下：

$$Z_1 = R_1 + (1/j\omega C_1) \tag{5.1}$$

$$Z_2 = R_2 // (1/j\omega C_2) = \frac{R_2}{1+j\omega R_2 C_2} \tag{5.2}$$

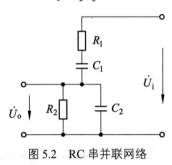

图 5.2 RC 串并联网络

反馈系数 $\dot{F}$ 为

$$\begin{aligned}
\dot{F} &= \frac{\dot{U}_o}{\dot{U}_i} = \frac{Z_2}{Z_1 + Z_2} \\
&= \frac{R_2/(1+j\omega R_2 C_2)}{[R_1 + (1/j\omega C_1)] + [R_2/(1+j\omega R_2 C_2)]} \\
&= \frac{R_2}{[R_1 + (1/j\omega C_1)](1+j\omega R_2 C_2) + R_2} \\
&= \frac{R_2}{R_1 + j\omega R_1 R_2 C_2 + (1/j\omega C_1) + R_2 C_2/C_1 + R_2} \\
&= \frac{1}{\left(1 + \dfrac{R_1}{R_2} + \dfrac{C_2}{C_1}\right) + j\left(\omega R_1 C_2 - \dfrac{1}{\omega R_2 C_1}\right)}
\end{aligned} \tag{5.3}$$

幅频特性为

$$|\dot{F}| = \frac{1}{\sqrt{\left[\left(1 + \dfrac{R_1}{R_2} + \dfrac{C_2}{C_1}\right) + j\left(\omega R_1 C_2 - \dfrac{1}{\omega R_2 C_1}\right)\right]^2}} \tag{5.4}$$

相频特性为

$$\varphi_F = -\arctan \frac{\omega R_1 C_2 - \dfrac{1}{\omega R_2 C_1}}{1 + \dfrac{R_1}{R_2} + \dfrac{C_2}{C_1}} \tag{5.5}$$

谐振频率为

$$f_o = \frac{1}{2\pi\sqrt{R_1 R_2 C_1 C_2}} \tag{5.6}$$

当 $R_1 = R_2 = R$ ， $C_1 = C_2 = C$ 时， $f_o = \dfrac{1}{2\pi RC}$ ， $\omega_0 = \dfrac{1}{RC}$

$$\left| \dot{F} \right| = \frac{1}{\sqrt{\left(1+\dfrac{R_1}{R_2}+\dfrac{C_2}{C_1}\right)^2 + \left(\omega R_1 C_2 - \dfrac{1}{\omega R_2 C_1}\right)^2}} = \frac{1}{\sqrt{3^2 + \left(\dfrac{\omega}{\omega_o} - \dfrac{\omega_o}{\omega}\right)^2}} \qquad （5.7）$$

$$\varphi_F = -\arctan \frac{\omega R_1 C_2 - \dfrac{1}{\omega R_2 C_1}}{1 + \dfrac{R_1}{R_2} + \dfrac{C_2}{C_1}} = -\arctan \frac{\dfrac{\omega}{\omega_o} - \dfrac{\omega_o}{\omega}}{3} \qquad （5.8）$$

由式（5.7）可得，当 $\omega = \omega_o$ ，即 $f = f_0$ 时， $\left| \dot{F} \right|$ 达到最大值，即 $\left| \dot{F} \right| = \dfrac{1}{3}$ ，且与频率 f_0 的变化无关。此时的相移为 $\varphi_F = 0°$ ，即改变频率不影响反馈系数和相角，在调节谐振频率的过程中，不会停振，也不会使输出幅度改变。

5.2.2　RC 桥式正弦波振荡电路

RC 正弦波振荡电路也称为文氏桥振荡电路（见图 5.3），这个电路由放大电路 $\dot{A}_f$ 和选频网络 $\dot{F}$ 组成。放大电路图中 $\dot{A}_f$ 是由 R_3 、 R_4 组成的电压串联负反馈放大电路，选频网络兼正反馈网络 $\dot{F}$ 和由 RC 串并联构成的电路， C_1 、 R_1 和 C_2 、 R_2 支路与 R_3 、 R_4 支路正好构成四臂电桥。运算放大器的输出电压 V_o 作为反馈网络（RC 串并联网络）的输入电压，而将反馈网络的输出电压作为放大器同相端的输入电压。

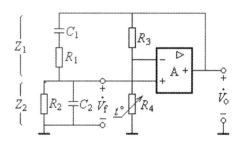

图 5.3　RC 桥式正弦波振荡电路

运算放大器的电压放大倍数为

$$\dot{A}_f = 1 + \frac{R_3}{R_4} \qquad （5.9）$$

串并联网络的反馈系数为

$$\dot{F} = \frac{Z_2}{Z_1 + Z_2} = \frac{1}{\left(1 + \dfrac{R_1}{R_2} + \dfrac{C_2}{C_1}\right) + \mathrm{j}\left(\omega R_1 C_2 - \dfrac{1}{\omega R_2 C_1}\right)} \qquad （5.10）$$

当 $R_1 = R_2 = R$ ， $C_1 = C_2 = C$ 时，

$$\dot{F} = \cfrac{1}{3 + \mathrm{j}\left(\omega RC - \cfrac{1}{\omega RC}\right)} \tag{5.11}$$

为了满足自激振荡振幅条件 $\left|\dot{A}\dot{F}\right| > 1$，则有

$$\dot{A}_\mathrm{f}\dot{F} = \left(1 + \frac{R_3}{R_4}\right)\cfrac{1}{3 + \mathrm{j}\left(\omega RC - \cfrac{1}{\omega RC}\right)} \tag{5.12}$$

相位条件 $\varphi_\mathrm{A} + \varphi_\mathrm{F} = 2n\pi(n = 0, 1, 2, \cdots)$，则有上式虚部为 0，即 $\omega RC = \dfrac{1}{\omega RC}$，得到 $\left|\dot{F}\right| = \dfrac{1}{3}$。此时 $\omega = \omega_0 = \dfrac{1}{RC}$，$f_\mathrm{o} = \dfrac{1}{2\pi RC}$，该电路只有在这一特定的频率下才能满足相位条件，形成正反馈。

当 $f = f_\mathrm{o}$ 时，$F = \dfrac{1}{3}$，则有 $A_\mathrm{f} = 1 + \dfrac{R_3}{R_4} = 3$，由此得到 $R_3 = 2R_4$。

接入一个具有负温度系数的热敏电阻 R_3，且 $R_3 \geqslant 2R_4$，即可顺利起振。

RC 文氏桥振荡电路的稳幅作用是靠热敏电阻 R_3 实现的。R_3 是负温度系数热敏电阻，当输出电压升高，R_3 上所加的电压升高，即温度升高，R_3 的阻值下降，负反馈减弱，输出幅度下降。反之输出幅度增加。若热敏电阻是正温度系数，应放置在 R_4 的位置。

5.3 LC 正弦波振荡电路

5.3.1 变压器反馈式 LC 正弦波振荡电路

LC 正弦波振荡电路的构成与 RC 正弦波振荡电路相似（见图 5.4），包括有放大电路、正反馈网络、选频网络和稳幅电路。这里的选频网络是由 LC 并联谐振电路构成，正反馈网络因不同类型的 LC 正弦波振荡电路而有所不同。

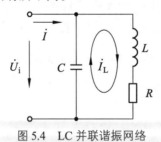

图 5.4 LC 并联谐振网络

图 5.4 中，R 为线圈电阻，阻值很小，当电路发生谐振时，一般 $\omega L \gg R$，电路发生谐振时，$X_\mathrm{L} = X_\mathrm{C}$，即 $\omega_0 L = \dfrac{1}{\omega_0 C}$，得到谐振频率为 $f_\mathrm{o} = \dfrac{1}{2\pi\sqrt{LC}}$，$\omega_0 = \dfrac{1}{\sqrt{LC}}$，电路的阻抗为 $Z_\mathrm{o} = \dfrac{L}{RC}$，品质因数为 $Q = \dfrac{\omega_\mathrm{o} L}{R}$。

如图 5.5 所示的是变压器反馈式 LC 正弦波振荡电路，由放大电路、变压器反馈电路和

LC 选频电路三部分组成，三个线圈做变压器耦合，L 和 C 做选频电路，L_2 是反馈线圈，L_3 线圈与负载相连。LC 并联谐振电路作为三极管的负载，反馈线圈 L_2 与电感线圈 L 相耦合，将反馈信号送入三极管的输入回路。交换反馈线圈的两个线头，可使反馈极性发生变化。调整反馈线圈的匝数可以改变反馈信号的强度，以使正反馈的幅度条件得以满足。

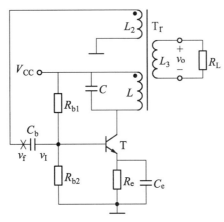

图 5.5　变压器反馈式 LC 正弦波振荡电路

变压器反馈 LC 振荡电路的振荡频率与并联 LC 谐振电路相同，为

$$f_0 = \frac{1}{2\pi\sqrt{LC}} \tag{5.13}$$

变压器反馈振荡电路的特点：电路结构简单，容易起振，改变电容的大小可以方便地调节频率。但是由于其输出电压与反馈电压靠磁路耦合，因而损耗较大，且振荡频率的稳定性不高。

5.3.2　电感反馈式 LC 正弦波振荡电路

电感线圈 L_1、L_2 串联和电容 C 并联组成振荡回路，起选频和反馈作用，实际就是一个具有抽头的电感线圈，类似自耦变压器。电感线圈 L_1、L_2 和三个抽头分别与晶体管的三个极连接，故又称为电感三点式振荡电路，如图 5.6 所示。

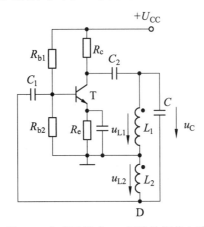

图 5.6　电感反馈式 LC 正弦波振荡电路

在该交流等效电路中，与发射极相连接的两个电抗元件同为电感，另一个电抗元件为电容，满足三点式振荡器的相位平衡条件。反馈信号取自电感 L_2 两端，其振荡频率近似等于 LC 并联谐振回路的固有频率。

$$f_0 = \frac{1}{2\pi\sqrt{(L_1+L_2+2M)C}} = \frac{1}{2\pi\sqrt{LC}} \qquad (5.14)$$

式（5.14）中，$L=L_1+L_2+2M$，M 为线圈 L_1 和 L_2 之间的互感。

改变电感抽头，即改变 L_2/L_1 的比值，可以改变反馈系数，使电路满足起振与相位平衡的条件。选频网络中电感线圈 L_1 与 L_2 耦合紧密，正反馈较强，容易起振。改变振荡回路中的电容 C，可较方便地调节振荡信号频率。不足之处是，由于反馈电压取自 L_2，对高次谐波分量的阻抗大，输出波形中含较多的高次谐波，所以波形较差，振荡频率的稳定性较差。因此通常用于要求不高的设备中，如收音机的本机振荡、高频加热器等。

5.3.3 电容反馈式 LC 正弦波振荡电路

电容反馈式振荡电路与电感反馈式振荡电路相比，只是把 LC 回路中的电感和电容的位置互换。回路电容三个连接点分别接到晶体管的三个极，因此也称为电容三点式振荡电路。

如图 5.7 所示，反馈选频网络由电容 C_1、C_2 和电感 L 构成，反馈信号取自电容 C_2 两端，其振荡频率也近似等于 LC 并联谐振回路的固有频率。

$$f_0 = \frac{1}{2\pi\sqrt{L\left(\dfrac{C_1C_2}{C_1+C_2}\right)}} = \frac{1}{2\pi\sqrt{LC}} \qquad (5.15)$$

其中，$C=\dfrac{C_1C_2}{C_1+C_2}$。

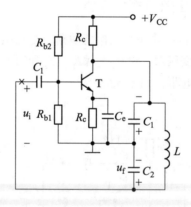

图 5.7 电容反馈式 LC 正弦波振荡电路

调整电容 C_1、C_2 的电容量，可使电路满足起振的振幅平衡条件。

由于反馈电压取自电容 C_2，它对高次谐波分量的阻抗较小，因此，振荡波形较好；电容反馈式振荡电路比电感反馈式振荡电路受晶体管极间电容的影响较小，即频率稳定性较高。但频率调节不便，调节范围较小，一般只用于高频振荡器中。

5.3.4 石英晶体正弦波振荡电路

石英晶体振荡器是由石英晶体做成的谐振器，简称晶振。石英晶体是二氧化硅（SiO_2）结晶体，具有各向异性的物理特性。其振荡频率非常稳定，广泛应用在频率计、时钟、计算机等要求振荡频率稳定性较高的场合。

石英晶体最基本的特性是压电效应。当晶体受外力作用而形变（如伸缩、切变、扭曲等）时，就在它对应的表面上产生正、负电荷，呈现出电压，这种效应成为正向压电效应。而当在晶体两端面加电压时，晶体又会产生机械形变。若电压为交变电压，则晶体就会发生周期性的振动（且具有一固有谐振频率），同时会有电流流过晶体，这种效应称为反向压电效应。

在石英谐振器两极板上加交变电压，晶片将随交变电压做周期性机械振动，当交变电压频率与晶片固有频率相等时，振荡交变电流最大这种现象叫压电谐振。

石英晶体谐振器的图形符号如图 5.8（a）所示，可用 LC 串并联电路来等效，如图 5.8（b）所示。C_0 是晶片两表面涂覆银膜形成的电容，L 和 C 分别模拟晶片的质量和弹性，R 代表晶片振动时因摩擦而造成的损耗。图 5.8（c）所示为电抗和频率之间的特性曲线，称为晶体谐振器的电抗频率特性曲线。

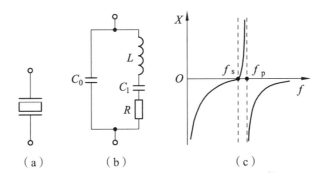

图 5.8 石英晶体的符号、等效电路和特性曲线

石英谐振器有两个频率，串联频率用 f_s 表示，串联频率用 f_p 表示。

$$f_S = \frac{1}{2\pi\sqrt{LC}} \tag{5.16}$$

$$f_p = \frac{1}{2\pi\sqrt{L\dfrac{C_0 C}{C_0 + C}}} = \frac{1}{2\pi\sqrt{LC}}\sqrt{1 + \frac{C}{C_0}} = f_S\sqrt{1 + \frac{C}{C_0}} \tag{5.17}$$

通常 $C \gg C_0$，故两个谐振频率非常接近，且 f_p 稍大于 f_s。

图 5.8（c）中可以看出，频率很低时，两个支路的容抗起主要作用，电路呈容性；随频率增大，容抗减小；当 $f = f_s$ 时，LC 串联谐振，阻抗最小，呈电阻性；当 $f > f_s$ 时，LC 支路电感起主要作用，呈感抗性；当 $f = f_p$ 时，并联谐振，阻抗最大且呈纯电阻性；当 $f > f_p$ 时，C_0 支路起主要作用，电路又呈容抗性。

用石英晶体构成的正弦波振荡电路的基本电路可分为两类：串联型石英晶体振荡电路和并联型石英晶体振荡电路。

（1）串联型石英晶体振荡电路如图 5.9（a）所示。这一类的石英晶体作为一个正反馈通路元件，当信号频率等于石英晶体串联谐振频率 f 时，晶体电抗等于零，振荡频率稳定在固有振动频率 f 上。

（2）并联型石英晶体振荡电路如图 5.9（b）所示。这一类的石英晶体作为一个高品质因数的电感元件，当信号频率接近或等于石英晶体并联谐振频率 f_p 时，石英晶体呈现极大的电抗，和回路中的其他元件形成并联谐振。

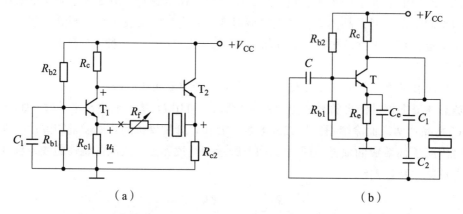

（a）   （b）

图 5.9　串联型石英晶体振荡电路和并联型石英晶体振荡电路

习 题

一、填空题

1. 电路要振荡必须满足_____和_____两个条件。

2. 正弦波振荡器常以选频网络所用元件来命名，分为_____正弦波振荡器、_____正弦波振荡器和_____正弦波振荡器。

3. 正弦波振荡器一般由_____、_____、_____和_____四部分组成。

4. 振荡器的振幅平衡条件是_____，相位平衡条件是_____。

5. 石英晶体正弦波振荡器频率稳定度很高，通常可分为_____和_____两种。

二、判断题（正确打 √，错误的打 ×）

1. 电路满足正弦波振荡的振幅平衡条件时，就一定能振荡。 （   ）

2. 电路只要存在正反馈，就一定产生正弦波振荡。 （   ）

3. 振荡器中的放大电路都由集成运算放大器构成。 （   ）

4. LC 正弦波振荡电路与 RC 正弦波振荡电路的组成原则上是相同的。 （   ）

5. 要制作频率稳定度很高，而且频率可调的正弦波振荡器，一般采用晶体振荡电路。
（   ）

6. 文氏桥振荡电路的选频网络是 RC 串并联网络，LC 正弦波振荡电路的选频网络是 LC 谐振回路，选频网络决定振荡器的振荡频率。 （   ）

三、选择题

1. 振荡器的振荡频率取决于（   ）。

   A. 供电电源　　　　　B. 选频网络　　　　　C. 三极管的参数　　　D. 外界环境

2. 为提高振荡频率的稳定度，高频正弦波振荡器一般选用（   ）。

   A. LC 正弦波振荡器　　B. 晶体振荡器　　　C. RC 正弦波振荡器

3. 设计一个振荡频率可调的高频高稳定度的振荡器，可采用（   ）。

   A. RC 振荡器　　　　　　　　　　　B. 石英晶体振荡器

   C. 互感耦合振荡器　　　　　　　　　D. 并联改进型电容三点式振荡器

4. 串联型晶体振荡器中，晶体在电路中的作用等效于（   ）。

   A. 电容元件　　　　　B. 电感元件　　　　C. 大电阻元件　　　D. 短路线

5. 正弦波振荡器中正反馈网络的作用是（   ）。

   A. 保证产生自激振荡的相位条件

   B. 提高放大器的放大倍数，使输出信号足够大

   C. 产生单一频率的正弦波

   D. 以上说法都不对

四、分析题

1. 若将文氏桥振荡电路的选频网络去掉，换上一根导线，是否也能产生振荡？这样做会有什么问题？

2. 振荡器为何要引入负反馈？这样做会不会使振荡器不振荡？

6 电力电子技术

电子技术分为信息电子技术和电力电子技术，信息电子技术又可分为模拟电子技术和数字电子技术，而电力电子技术是一门新兴的应用于电力领域的电子技术，主要研究使用电力电子器件（如晶闸管、GTO、IGBT 等）对电能进行变换和控制，功率可大到数百兆瓦甚至数吉瓦，也可以小到数瓦甚至 1 W 以下。1974 年，美国的 W.Newell 用一个倒三角形对电力电子学进行了描述，认为它是由电力学、电子学和控制理论三个学科交叉而形成的。这一观点被全世界普遍接受。

电力电子技术分为电力电子器件制造技术和变流技术（整流、逆变、斩波、变频、变相等）两个分支。电力电子器件制造技术是电力电子技术的基础，变流技术是电力电子器件应用技术，是电力电子技术的核心，包含电力电子器件构成各种电力变换电路和对这些电路进行控制的技术。

电力电子技术的发展史是以电力电子器件的发展史为纲的，一般认为，电力电子技术的诞生是以 1957 年美国通用电气公司研制出的第一个晶闸管为标志的，电力电子技术的概念和基础就是由于晶闸管和晶闸管变流技术的发展而确立的，晶闸管出现前的时期可称为电力电子技术的史前或黎明时期。20 世纪 70 年代后期以门极可关断晶闸管（GTO）、电力双极型晶体管（BJT）、电力场效应管（Power-MOSFET）为代表的全控型器件全速发展。80 年代后期，以绝缘栅极双极型晶体管（IGBT）为代表的复合型器件集驱动功率小，开关速度快，通态压降小，载流能力大于一身，优越的性能使之成为现代电力电子技术的主导器件。微机的发展对电力电子装置的控制系统、故障检测、信息处理等起了重大作用，今后还将继续发展。此外，微电子技术、光纤技术等也渗透到电力电子器件中，开发出更多的新一代电力电子器件。

电力电子技术的主要研究内容分以下三部分：

（1）电力电子器件。

电力电子器件就是指可直接用于主电路中实现电能变换或控制的电子器件，按照控制方式不同可分为三种：不控型器件（不能用控制信号控制通断，不需要驱动电路，如电力二极管）、半控型器件（通过控制信号可控制导通但不能控制关断，如晶闸管及其派生器件）和全控型器件（通过控制信号既能控制导通又能控制关断，如绝缘栅双极晶体管 IGBT、电力场效应晶体管 MOSFET、电力晶体管 GTR、门极可关断晶闸管 GTO 等）。

（2）电力变换电路。

电力变换电路是通过对不同电路的控制来实现对电能的转换和控制，可分为整流，逆变，斩波，交流电力变换四种（见表 6.1），这些变换也称为变流，故电力电子技术也称为变流技术。实际应用中，可将各种功能进行组合。

表 6.1　四种电力变换电路

输入	输出	
	直流（DC）	交流（AC）
直流（DC）	斩波（DC/DC）	逆变（DC/AC）
交流（AC）	整流（AC/DC）	交流电力变换（AC/AC）

（3）控制技术。

相控技术：通过调整器件开通时刻的相位，来实现电能的变换与控制，主要用于晶闸管电路中。

脉宽调制（PWM）技术：通过调整器件在一个开关周期中导通的时间比（占空比），来实现电能的变换与控制，主要用于全控型器件所组成的电路中，目前应用广泛。

6.1　晶闸管

6.1.1　晶闸管的结构与工作原理

1. 结构与符号

晶闸管（Thyristor）是晶体闸流管的简称，又可称为可控硅整流器，简称为可控硅（SCR），晶闸管是 PNPN 四层半导体结构，有 3 个 PN 结：J_1、J_2、J_3，引出 3 个极：阳极 A，阴极 K 和门极（控制极）G，其符号及其内部结构如图 6.1 所示。晶闸管具有硅整流器件的特性，能在高电压、大电流条件下工作。晶闸管是一种开关元件，具有可控的单向导电特性，故其工作过程可以控制，被广泛应用于可控整流、交流调压、无触点电子开关、逆变及变频等电子电路中。晶闸管的外形如图 6.2 所示。

（a）电气图形符号　　　　　　（b）内部结构

图 6.1　晶闸管的电气图形符号及内部结构

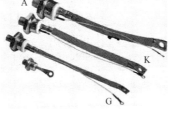

（a）小功率塑封型　　　（b）大功率螺栓型　　　（c）大功率平板型

图 6.2　晶闸管的外形结构

2. 导通关断原理与条件

晶闸管在工作过程中，它的阳极（A）和阴极（K）与电源和负载连接，组成晶闸管的主电路，晶闸管的门极 G 和阴极 K 与控制晶闸管的装置连接，组成晶闸管的控制电路。可按图 6.3 所示电路进行晶闸管实验来说明其工作原理。主电源 U_{AK} 通过双刀双掷开关 S_1 与灯泡串联，接到晶闸管阳、阴极上，形成主电路。晶闸管阳、阴极两端的电压称阳极电压。门极电源 U_{GK} 经双刀双掷开关 S_2 加到门极与阴极之间，形成触发电路，门极与阴极间电压称门极电压。

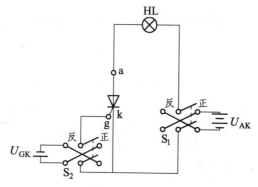

图 6.3　晶闸管导通实验电路

实验结果如下：

（1）晶闸管在反向阳极电压作用下，不论门极为何种电压，都处于关断状态。

（2）晶闸管同时在正向阳极电压与正向门极电压作用下，才能导通。

（3）已导通的晶闸管在正向阳极电压作用下，门极失去控制作用。

（4）晶闸管在导通状态时，当阳极电压减小到接近于零时，晶闸管关断。

以上结论说明，晶闸管像二极管一样，具有单向导电性。晶闸管电流只能从阳极流向阴极。若加反向阳极电压，晶闸管处于反向阻断状态，只有极小的反向电流。但晶闸管与二极管不同，它还具有正向导通的可控特性。当仅加上正向阳极电压时，元件还不能导通，这称为正向阻断状态。只有同时加上一定的正向门极电压、形成足够的门极电流时，晶闸管才能正向导通。而且，一旦导通之后，撤掉门极电压，导通仍然维持。

晶闸管的 $P_1N_1P_2N_2$ 四层结构，可以把它中间的 NP 分成两部分，构成一个 PNP 型三极管和一个 NPN 型三极管的复合管，如图 6.4 所示。

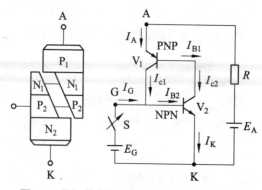

图 6.4　晶闸管内部等效及工作原理等效电路

当晶闸管加上正向阳极电压，门极也加上足够的门极电压时，则有电流 I_G 从门极流入 V_2 管的基极，形成 I_{B2}，经 V_2 管放大后的集电极电流 I_{C2} 变大，I_{C2} 又是 V_1 管的基极电流 I_{B1}，再经 V_1 管的放大，其集电极电流 I_{C1} 又流入 V_2 管的基极，如此循环，产生强烈的正反馈过程，使两个晶体管快速饱和导通，从而使晶闸管由阻断迅速地变为导通。导通后晶闸管两端的压降一般为 1.5 V 左右，流过晶闸管的电流将取决于外加电源电压和主回路的阻抗。晶闸管一旦导通后，即使 $I_G = 0$，但因 I_{C1} 的电流在内部直接流入 V_2 管的基极，晶闸管仍将继续保持导通状态。若要晶闸管关断，只有降低阳极电压到零或对晶闸管加上反向阳极电压，使 I_{C1} 的电流减少至 V_2 管接近截止状态，即流过晶闸管的阳极电流小于维持电流，晶闸管方可恢复阻断状态。

$$I_G \uparrow \longrightarrow I_{B2} \uparrow \longrightarrow I_{C2}=I_{B1} \uparrow \longrightarrow I_{C1} \uparrow$$

综上所述，可得出以下结论：

（1）导通条件：阳极与阴极之间加正向电压，同时门极与阴极之间也加正向电压。

（2）关断条件：阳极电流 I_A 小于维持电流 I_H。

（3）关断实现方法：减小阳极电源电压或增大阳极回路电阻；将阳极电源反向；去掉阳极电压。

3. 晶闸管的伏安特性曲线

晶闸管阳极伏安特性指晶闸管的阳极与阴极之间的电压 u_A 与阳极电流 i_A 之间的关系。其伏安特性曲线如图 6.5 所示。

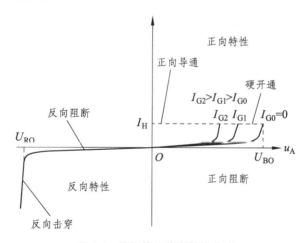

图 6.5 晶闸管的伏安特性曲线

当门极电压 $U_G = 0$ 时，门极电流 $I_G = 0$，此时，若施加正向阳极电压 U_A，当 U_A 较小时，阳极电流 I_A 较小，管子处于阻断状态。继续加大 U_A 至 U_{BO} 时，管子突然由阻断状态变为导通状态，称 U_{BO} 值为正向转折电压。导通之后，管压降降为 U_T，I_A 随 U_A 快速增减。当 I_A 减至 I_H 以下时，管子恢复阻断，回到原点。I_H 为维持电压。在这种 $I_G = 0$，$u_A > U_{BO}$ 的情况下，晶闸管会出现"硬开通"现象，多次"硬开通"会使管子损坏，所以晶闸管不允许这样工作。

当 $U_A > 0$、$I_G > 0$ 时，I_G 越大，管子由断态转为通态所需正向转折电压越小，如 $I_{G1} > I_{G0}$，I_{G1}

对应的转折电压小于 I_{G0} 对应的转折电压。

当 $U_A<0$ 时，若其值较小，管子有很小的反向漏流，此时管子处于反向阻断状态。若 U_A 值加大，增至某一值 U_{BR} 时，反向电流突增，造成晶闸管反向击穿而被损坏，这种情况也不允许出现，U_{BR} 称为击穿电压。

综上所述，晶闸管的正常工作状态有三个：正向阻断、正向导通和反向阻断。

4. 晶闸管的主要参数

1）晶闸管的电压额定

断态重复峰值电压 U_{DRM}：在门极断路而结温为额定值时，允许重复加在器件上的正向峰值电压。

反向重复峰值电压 U_{RRM}：在门极断路而结温为额定值时，允许重复加在器件上的反向峰值电压。

额定电压 U_{TN}：取晶闸管的 U_{DRM} 和 U_{RRM} 中较小的标值作为该器件的额定电压。

通态平均电压 $U_{T(AV)}$：在规定的条件下，通过额定通态平均电流时，阳极与阴极之间电压降的平均值，也叫管压降。

2）晶闸管的电流额定

通态平均电流 $I_{V(AV)}$：是在环境温度为 40 ℃ 和规定冷却条件下，晶闸管在电阻性负载的单相工频正弦半波，导通角不小于 170°的电路中，当结温稳定且不超过额定结温时，所允许的最大通态平均电流。

维持电流 I_H：在室温下，门极开路时，晶闸管从较大的通态电流降低至刚好能保持导通的最小电流。

擎住电流 I_L：晶闸管刚从断态转入通态并移除触发信号后，能维持导通所需的最小电流。一般 I_L 约为 I_H 的 2～4 倍。

3）门极额定

门极触发电流 I_{GT}：在室温下，加 6 V 正向阳极电压时，使晶闸管由断态转入通态所需的最小门极电流。

门极触发电压 U_{GT}：产生门极触发电流 I_{GT} 时所对应的门极电压。

6.2　晶闸管可控整流电路

6.2.1　单相半波可控整流电路

6.2.1.1　电阻性负载

1. 电路结构

单相半波可控整流电路是变压器的次级绕组与负载相接，中间串联一个晶闸管，利用晶闸管的可控单向导电性，在半个周期内通过控制晶闸管导通时间来控制电流流过负载的时间，另半个周期被晶闸管所阻，负载没有电流。其电路结构如图 6.6（a）所示。变压器起变换电压和隔离的作用，电阻负载的特点：① 为耗能元件；② 电压与电流成正比，两者波形相同；

③ 电流电压均允许突变。

2. 几个重要的基本概念

控制角 α：从晶闸管开始承受正向电压起到被触发导通止之间的电角度称为控制角，用 α 表示，也称为触发延迟角。

导通角 θ：晶闸管在一个电源周期中导通范围对应的电角度称为导通角，用 θ 表示。

移相：改变 α 的大小，即改变触发脉冲在每周期出现的相位称为移相。

移相范围：一个周期内，控制角 α 的允许变化范围称为移相范围。

3. 工作原理

整流变压器次级电压 u_2 加在晶闸管阳极回路中。若晶闸管门级不加触发电压，即 $U_G = 0$，则晶闸管将处于阻断状态，负载 R 上无电流，R 两端电压 u_d 为零。晶闸管 V 承受 u_2 全部电压。现在 ωt_1 时刻加上触发脉冲 u_G，则 VT 从 ωt_1 时刻开始导通，负载 R 两端电压突然上升，其波形与 $\omega t_1 \sim \pi$ 期间的 u_2 波形相似。管子一直导通到 u_2 的正半周结束，电压降至零，晶闸管电流低于维持电流而关断。在 u_2 的负半周，晶闸管承受反压，处于阻断状态，负载两端电压为零。到下一周期，又重复上述过程。波形图如图 6.6（b）所示。

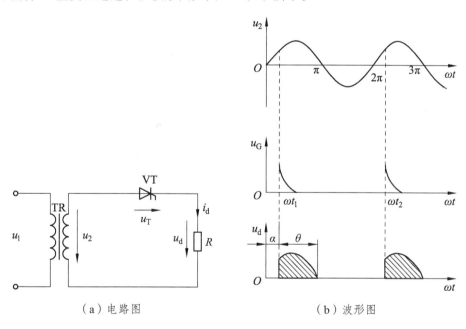

（a）电路图   （b）波形图

图 6.6　电阻性负载单相半波可控整流电路的电路图及波形图

4. 工作特点

（1）u_d、i_d 波形相同。

（2）$\alpha + \theta = \pi$。

（3）α 的移相范围：$0 \sim \pi$。

（4）$\alpha\uparrow \rightarrow \theta\downarrow \rightarrow U_d\downarrow$ 实现可控整流。

通过控制触发脉冲的相位（移相）来控制直流输出电压大小的控制方式称为相控方式。

3. 基本参数计算

（1）输出电压的平均值：

$$U_\mathrm{d} = \frac{1}{2\pi}\int_\alpha^\pi \sqrt{2}U_2 \sin\omega t\,\mathrm{d}(\omega t) = 0.45U_2\frac{1+\cos\alpha}{2} \tag{6.1}$$

（2）输出电流平均值：

$$I_\mathrm{d} = \frac{U_\mathrm{d}}{R} \tag{6.2}$$

（3）输出电压有效值：

$$U = \sqrt{\frac{1}{2\pi}\int_\alpha^\pi(\sqrt{2}U_2\sin\omega t)^2\,\mathrm{d}\omega t} = U_2\sqrt{\frac{1}{4\pi}\sin2\alpha + \frac{\pi-\alpha}{2\pi}} \tag{6.3}$$

（4）输出电流有效值：

$$I = \frac{U}{R_\mathrm{d}} \tag{6.4}$$

当 $\alpha = 0°$ 时，$\theta = 180°$，$U_\mathrm{dmax} = 0.45U_2$，$U_\mathrm{d} = \dfrac{U_2}{\sqrt{2}}$ 晶闸管全导通，相当于一般整流二极管的单相半波整流。当 $\alpha = 180°$ 时，$\theta = 0°$，$U_\mathrm{dmin} = 0$ 晶闸管全阻断。

6.2.1.2　电感性负载

1. 电路结构

整流电路的负载若是直流电机的电枢、各种电机的励磁绕组、电磁铁等，则属于电感性负载。整流电路带电感性负载时的工作情况与带电阻性负载时有很大不同，为便于分析，把电感与线圈电阻分开，如图 6.7（a）所示。

2. 电感负载的特点

电感是储能元件；电感对电流变化有抗拒作用，使流过电感的电流不能发生突变；当流过电感的电流变化时，会在其两端产生感应电动势。

由于电路中有电感存在，电流不会发生跃变，因此电流的波形不再与电压的波形相似，如图 6.7（b）所示。在变压器次级电压 u_2 为正半周期内，晶闸管被触发导通后，由于电感的作用，输出电流 i_L 由零逐渐增加。由于通过电感的电流发生变化，在电感两端会产生感应电动势，$e_\mathrm{L} = -L$ 阻止电流的增加。e_L 的方向与图中所标正方向相反，这时电感中储存电磁能量。当 u_2 由正半周下降至过零变负时，由于电感中电流在减小，电感两端会产生感应电动势 e_L，i_L 的抵抗减小。这时 e_L 的方向与图中所标正方向一致。由于感应电动势的存在，即使 u_2 为零甚至变负，加在晶闸管阳极阴极之间的电压仍然是正向电压，因而晶闸管仍然维持导通。这时电感在释放所储存的能量。随着 u_2 负值的增加，当感应电动势 e_L 与 u_2 的值接近相等时，流过晶闸管的电流减小到维持 I_H 以下时，晶闸管关断，并立即承受反向电压。

由上述分析，由于负载为电感性负载，在电源电压进入负半周之后晶闸管仍维持一定的导通时间，因而整流电压输出电压 u_L 出现负值。电感量 L 越大，负半周维持导通的时间越长，负电压部分占的比例越大，这必将造成整流电压的输出电压的平均值 U_LAV 下降，当足 L 够大时，便使输出电压的正负阴影面积近似相等，输出电压平均值接近为零，此时将无法满足输出一定平均电压的要求。

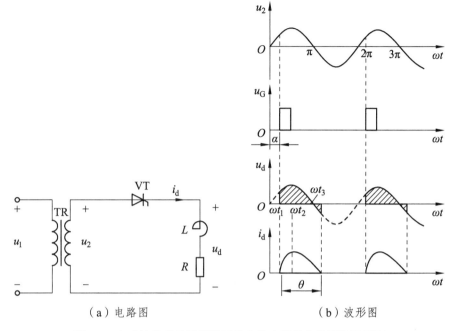

（a）电路图　　　　　　　　（b）波形图

图6.7　电感性负载单相半波可控整流电路的电路图及波形图

3. 工作特点

（1）u_d 波形出现负值，U_d 减小。

（2）$\alpha+\theta>\pi$，即 $\theta\uparrow$，$L_d\uparrow\rightarrow$电感储能$\uparrow\rightarrow\theta\uparrow$。

（3）当 $\omega L>>R$ 时（大电感负载），u_d 波形正负面积近似相等，使 $U_d\approx0$，电路不能正常工作。

为了克服上述缺点，就要设法使晶闸管在 u_2 过零时关断，从而在输出端不出现负电压。为此，通常在负载两面端并联一个二极管 VD，如图6.8（a）所示。在 u_2 的正半周，VD 因反偏而截止。负载上电压与不加 VD 一样。当 u_2 过零变负时，负载上由电感所维持的电流经过二极管形成回路，电流继续流通，所以称此二极管为续流二极管。二极管导通后，晶闸管承受反压而关断。这样，整流电路的输出电压波形就不出现负电压部分，与电阻负载时输出电压的波形一样，如图6.8（b）所示。

4. 主要参数计算

输出电压平均值和电流平均值：

$$U_d=0.45U_2\frac{1+\cos\alpha}{2}, \quad I_d=\frac{U_d}{R} \tag{6.5}$$

流过晶闸管电流平均值和有效值分别为

$$I_T=\sqrt{\frac{1}{2\pi}\int_\alpha^\pi I_d^2\mathrm{d}(\omega t)}=\sqrt{\frac{\pi-\alpha}{2\pi}}I_d, \quad I_{dT}=\frac{\pi-\alpha}{2\pi}I_d \tag{6.6}$$

流过续流二极管电流平均值和有效值分别为

$$I_{\text{D}} = \sqrt{\frac{1}{2\pi}\int_{\pi}^{2\pi+\alpha} I_{\text{d}}^{2}\text{d}(\omega t)} = \sqrt{\frac{\pi+\alpha}{2\pi}}I_{\text{d}} , \quad I_{\text{dD}} = \frac{\pi+\alpha}{2\pi}I_{\text{d}} \tag{6.7}$$

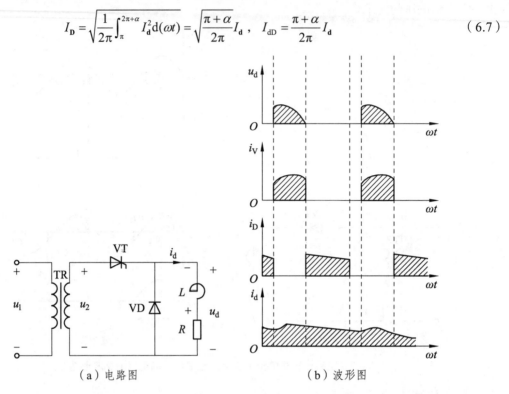

（a）电路图　　　　　　（b）波形图

图 6.8　电感性负载加续流二极管单相半波可控整流电路的电路图及波形图

5. 单相半波电路的特点

（1）电路结构简单，调整控制方便。

（2）输出电压脉动大，整流变压器利用率低，且变压器二次电流含有直流分量，故仅适用于小容量、且对波形要求不高的场合。

6.2.2　单相桥式可控整流电路

6.2.2.1　电阻性负载

1. 电路结构

单相桥式可控整流电路由整流变压器、电阻性负载和四只晶闸管组成，如图 6.9（a）所示，图中，晶闸管 VT_1、VT_2 为共阴极接法，晶闸管 VT_3、VT_4 为共阳极接法。

2. 工作原理分析

在交流电源的正半周区间，即 a 端为正，b 端为负，VT_1 和 VT_4 承受正向阳极电压，在控制角 ωt_1 时刻，给 VT_1 和 VT_4 同时加脉冲，则 VT_1 和 VT_4 导通。此时，电流 i_{d} 从电源 a 端经 VT_1、负载 R 及 VT_4 回电源 b 端，负载上得到电压 u_{d} 为电源电压 u_2（忽略了 VT_1 和 VT_4 的管压降），方向为上正下负，VT_2 和 VT_3 则因为 VT_1 和 VT_4 的导通而承受反向的电源电压 u_2 不会导通。因为 R 是电阻性负载，所以电流 i_{d} 也跟随电压的变化而变化。当电源电压 u_2 过零时（π

时刻），电流 i_d 降低为零，即两只晶闸管的阳极电流降低为零，故 VT_1 和 VT_4 会因电流小于维持电流而关断。

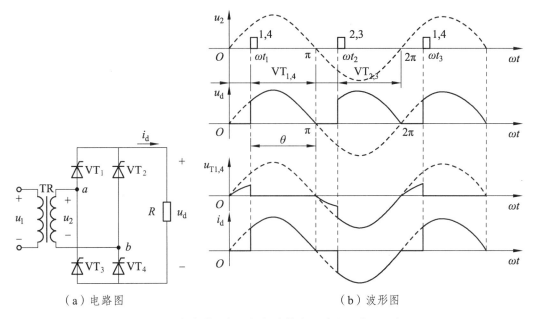

（a）电路图　　　　　　　　　（b）波形图

图 6.9　电阻性负载单相全控桥式整流电路的电路图及波形图

在交流电源负半周区间，即 a 端为负，b 端为正，晶闸管 VT_2 和 VT_3 承受正向阳极电压，在控制角 ωt_2 时刻，给 VT_2 和 VT_3 同时加脉冲，则 VT_2 和 VT_3 被触发导通。电流 i_d 从电源 b 端经 VT_2、负载 R 及 VT_3 回电源 a 端，负载上得到电压 u_d 的大小为电源电压 u_2，方向仍为上正下负，与正半周一致。此时，VT_1 和 VT_4 则因为 VT_2 和 VT_3 的导通而承受反向的电源电压 u_2 而处于截止状态。直到电源电压负半周结束，电源电压 u_2 过零时，电流 i_d 也过零，使得 VT_2 和 VT_3 关断。下一周期重复上述过程。

3. 工作特点

（1）u_d 为双脉波输出→U_d↑。

（2）$\theta = 180° - \alpha$。

（3）α↑→θ↓→U_d↓实现可控整流。

（4）α 移相范围为 0° ~ 180°。

4. 参数计算

输出电压平均值 U_d 和输出电流平均值 I_d：

$$U_d = 0.9 U_2 \frac{1 + \cos\alpha}{2}, \quad I_d = \frac{U_d}{R} \tag{6.8}$$

输出电压有效值 U 和输出电流有效值 I：

$$U = U_2 \sqrt{\frac{1}{2\pi}\sin 2\alpha + \frac{\pi - \alpha}{\pi}}, \quad I = \frac{U}{R} \tag{6.9}$$

晶闸管电流平均值 I_{dT} 和有效值 I_T：

$$I_{dT} = \frac{1}{2}I_d, \quad I_T = \frac{1}{\sqrt{2}}I \tag{6.10}$$

6.2.2.2 电感性负载

1. 电路结构及工作原理

单相桥式全控整流电路大电感负载电路如图 6.10（a）所示。假设电路电感很大（输出电流连续，波形近似为一条平直的直线，电路处于稳态，$\omega L_d \geqslant 10R_d$），改变控制角 α 的大小即可改变输出电压的波形。

在电源电压 u_2 正半周 α 时刻，触发电路给 VT_1 和 VT_4 加触发脉冲，VT_1、VT_4 导通，忽略管子的管压降，负载两端电压 u_d 与电源电压 u_2 正半周波形相同，电源电压 u_2 过零变负时，在电感 L_d 作用下，负载电流方向不变且大于晶闸管 VT_1 和 VT_4 的维持电流，负载两端电压 u_d 出现负值，将电感 L_d 中的能量返送回电源，在电压负半周 α 时刻，触发电路给 VT_2 和 VT_3 加触发脉冲，VT_2、VT_3 导通，VT_1 和 VT_4 因承受反向电压而关断，负载电流从 VT_1 和 VT_4 换流到 VT_2 和 VT_3，电源电压 u_2 过零变正时，在电感 L_d 作用下，晶闸管 VT_2 和 VT_3 继续导通，将电感 L_d 中的能量返送回电源，直到晶闸管 VT_1 和 VT_4 再次被触发导通。

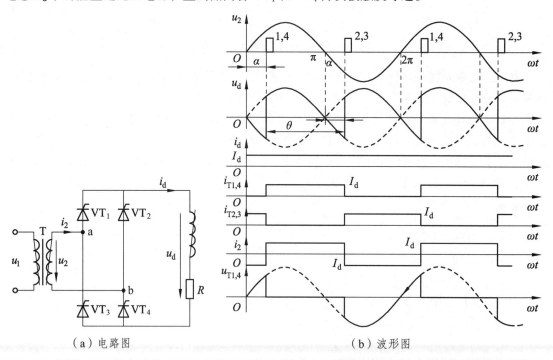

（a）电路图　　　　　　　　　　（b）波形图

图 6.10　电感性负载单相全控桥式整流电路的电路图及波形图

2. 工作特点

（1）u_d 波形出现负值→$U_d\downarrow$。

（2）$\theta = \pi$。

（3）VT 在加入触发脉冲时换流。

（4）移相范围为 0°～90°。

3. 参数计算

输出电压平均值 U_d 和输出电流平均值 I_d：

$$U_d = \frac{1}{\pi}\int_\alpha^{\pi+\alpha}\sqrt{2}U_2\sin\omega t\,\mathrm{d}(\omega t) = \frac{2\sqrt{2}}{\pi}U_2\cos\alpha = 0.9U_2\cos\alpha \ , \quad I_d = \frac{U_d}{R} \tag{6.11}$$

晶闸管电流平均值 I_{dT} 和有效值 I_T：

$$I_{dT} = \frac{1}{2}I_d \ , \quad I_T = \frac{1}{\sqrt{2}}I \tag{6.12}$$

晶闸管承受的最大正反向电压：

$$U_{TM} = \sqrt{2}U_2 \tag{6.13}$$

i_2 波形为正负各 $180°$ 的矩形波，其有效值 I_2 与负载电流有效值 I 相等，即

$$I_2 = I = I_d \tag{6.14}$$

单相全控桥式整流电路电感性负载接续流二极管电路如图 6.11（a）所示，电源电压 u_2 正半周，在 α 时刻触发 VT_1 和 VT_4 导通，负载两端电压 u_d 与电源电压正半周波形相同，电流方向与没接续流二极管时相同。忽略管子的管压降，晶闸管两端电压为 0。电源电压 u_2 过零变负时，续流二极管 VD 承受正向电压而导通，晶闸管 VT_1 和 VT_4 承受反向电压而关断，忽略续流二极管的管压降，负载两端电压 u_d 为 0。此时负载电流不再流回电源，而是经过续流二极管 VD 进行续流，释放电感中储存的能量。此时，晶闸管 VT_1 承受电源电压的一半。在电源电压 u_2 负半周 α 时刻触发 VT_2 和 VT_3 导通，续流二极管 VD 承受反向电压关断，负载两端电压 $u_d = -u_2$，晶闸管 VT_1 承受电压等于电源电压。在电源电压 u_2 过零变负时，续流二极管 VD 再次导通续流，直到晶闸管 VT_1 和 VT_4 再次触发导通。下一周期重复上述过程。

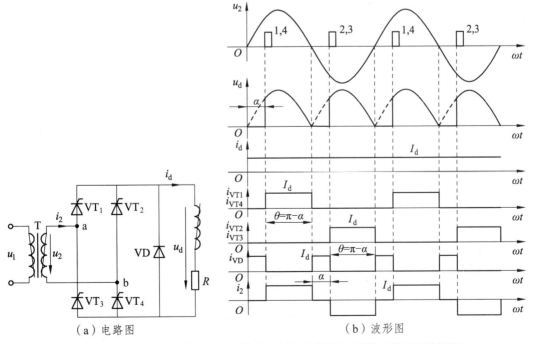

（a）电路图　　　　　　（b）波形图

图 6.11 电感性负载接续流二极管单相全控桥式整流电路的电路图及波形图

4. 工作特点

（1） u_d 波形与电阻负载时相同。

（2） i_T 、 i_D 波形为矩形波。

（3） $\theta_T = 180° - \alpha$ ， $\theta_D = 2\alpha$ 。

（4） α 移相范围 $0° \sim 180°$ 。

输出电压平均值 U_d 和输出电流平均值 I_d ：

$$U_d = 0.9U_2 \frac{1 + \cos\alpha}{2}, \quad I_d = \frac{U_d}{R} \tag{6.15}$$

流过晶闸管电流的平均值和有效值：

$$I_{dT} = \frac{\theta_T}{2\pi} I_d = \frac{\pi - \alpha}{2\pi} I_d, \quad I_T = \sqrt{\frac{\pi - \alpha}{2\pi}} I_d \tag{6.16}$$

流过续流二极管电流的平均值和有效值：

$$I_{dD} = \frac{\theta_D}{2\pi} I_d = \frac{\alpha}{\pi} I_d, \quad I_D = \sqrt{\frac{\alpha}{\pi}} I_d \tag{6.17}$$

6.3 晶闸管触发电路

6.3.1 单结晶体管

如前所述，要使晶闸管导通，除了在阳极与阴极之间加正向电压外，还需要在控制极与阴极之间加正电压（电流）。产生触发电压（电流）的电路称为触发电路，前面所讨论的向负载提供电压和电流的电路称为主电路。根据晶闸管的性能和主电路的实际需要，对触发电路的基本要求如下：

（1）触发电路要能够提供足够的触发功率（电压和电流），以保晶闸管可靠导通。手册给的触发电流和触发电压是指该型号所有合格晶闸管能够被触发的最小控制极电流和最小控制极电压。

（2）触发脉冲要有足够的宽度，脉冲前沿应尽量陡，以使晶闸管在触发后，阳极电流能上升到超过擎住电流而维持导通。对于感性负载，由于反电动势阻止电流的上升，触发脉冲还要更宽。

（3）触发脉冲必须与主电路的交流电源同步，以保证主电路在每个周期里有相同的导通角。

（4）触发脉冲的发出时刻应能平稳地前后移动，使控制角有一定的变化范围，以满足对主电路的控制要求。

很多电路都能实现上述要求，本节重点介绍单结晶体触发电路。

1. 单结晶体管的结构

单晶体管外形与普通晶体三极管一样，有 3 个电阻，但它内部有一个 PN 结。它在一块 N 型基片一侧和两端各引出一个欧姆接触电极，分别称为第一基极 b_1 和第二基极 b_2 ，而在基片的另一侧较靠近 b_2 处设法掺入 P 型杂质形成 PN 结，并引出一个电极为发射极 E。图 6.12 描绘出了单结晶体管的结构、符号与等效电路。其中 R_{b1}, R_{b2} 分别是两个基极至 PN 结之间的电阻，$R_{b1}+R_{b2} = R_{bb}$。由于具有两个基极，单结晶体管也称为双基极二极管。

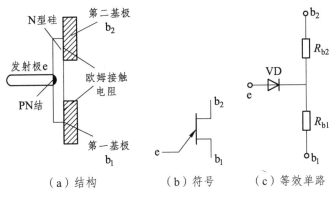

（a）结构　　　（b）符号　　　（c）等效单路

图 6.12　单结晶体管

2. 单结晶体管的伏安特性

单结晶体管伏安特性是指它的发射极特性。测试电路如图 6.13（a）所示，在两基极之间加一固定电压 U_{BB}。加在发射极与 b_1 级之间的电压 U_E 可通过 R_P 进行调节。改变电压值 U_E，同时测量不同 U_E 对应的发射极电流 I_E，得到图 6.13（b）所示伏安特性曲线。

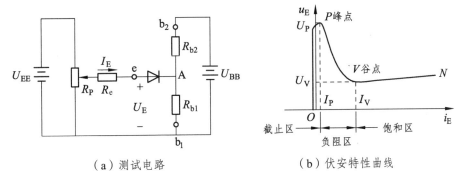

（a）测试电路　　　　　　　（b）伏安特性曲线

图 6.13　单结晶体管的测试电路和伏安特性曲线

（1）截止区——OP 段。电压 U_{BB} 通过单结晶体管等效电路中的 R_{b1} 和 R_{b2} 分压，得 A 点相应电压 U_A，可表示为

$$U_A = \frac{R_{b1}}{R_{b1}+R_{b2}}U_{BB} = \eta U_{BB} \tag{6.18}$$

式中，η 为分压比，是单结晶体管的主要参数，一般为 0.3～0.9。当 U_E 从零逐渐增加，但 $U_E<U_A$ 时，单结晶体管的 PN 结反向偏置，只有很小的反向漏电流。增加 U_E，PN 结开始正偏，出现正向漏电流，直到发射结电位 U_E 增加到高出 ηU_{BB} 一个 PN 结正向压降 U_D 时，即

$$U_E=U_P = \frac{R_{b1}}{R_{b1}+R_{b2}}U_{BB}+U_D = \eta U_{BB}+U_D \tag{6.19}$$

等效二极管 VD 才导通，此时单结晶体管由截止状态进入导通状态，并将该转折点称为峰点 P，P 点所对应的电压称为峰点电压 U_P，所对应的电流称为峰点电流 I_P。

（2）负阻区——PV 段。当 $U_E>U_P$ 时，等效二极管 VD 导通，I_E 增大，这时大量的空穴载流子从发射极注入 A 点到 b1 的硅片，使 r_{b1} 迅速减小，导致 U_A 下降，因而 U_E 也下降。U_A 的下降，使 PN 结承受更大的正偏，引起更多的空穴载流子注入硅片中，使 r_{b1} 进一步减小，形成更大的发射极电流 I_E，这是一个强烈的增强式正反馈过程。当 I_E 增大到一定程度，硅片中载流子的浓度趋于饱和，r_{b1} 已减小至最小值，A 点的分压 U_A 最小，因而 U_E 也最小，得曲线上的 V 点，V 点称为谷点，谷点所对应的电压和电流称为谷点电压 U_V 和谷点电流 I_V，这一区间称为特性曲线的负阻区。

（3）饱和区——VN 段。当硅片中载流子饱和后，欲使 I_E 继续增大，必须增大电压 U_E，单结晶体管处于饱和导通状态。改变 U_{BB}，器件由等效电路中的 U_A 和特性曲线中 U_P 也随之改变，从而可获得单结晶体管伏安特性曲线。

6.3.2 单结晶体管自激振荡电路

单结晶体管振荡电路是利用上述单结晶体管伏安特性，接上适当的电阻、电容而构成，如图 6.14（a）所示。从 R_1 两端输出脉冲电压 u_g。

设电容器初始电压为零，电路接通以后，单结晶体管是截止的，电源经电阻 R_e 对电容 C 进行充电，电容电压从零起按指数充电规律上升，充电时间常数为 R_eC；当电容两端电压达到单结晶体管的峰点电压 U_P 时，单结晶体管导通，电容开始放电，由于放电回路的电阻很小，因此放电很快，放电电流在电阻 R_1 上产生了尖脉冲。随着电容放电，电容电压降低，当电容电压降到谷点电压 U_V 以下，单结晶体管截止，接着电源又重新对电容进行充电，如此周而复始，在电容 C 两端会产生一个锯齿波，在电阻 R_1 两端将产生一个尖脉冲波，如图 6.14（b）所示。

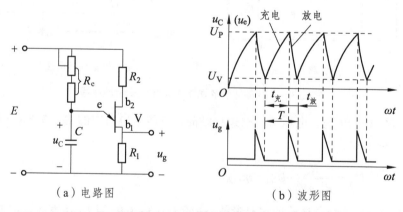

（a）电路图　　　　　　　　　　（b）波形图

图 6.14　单结晶体管自激振荡电路的电路图及波形图

6.3.3 单结晶体管触发电路

由触发电路的基本要求可知，触发脉冲必须与主电路的交流电源同步，即要求触发脉冲在晶闸管每个导通周期内的固定时刻发出，以保证晶闸管在每个导电周期内具有相同的导通角。只有这样，才能保证输出电压平均值稳定。

为了做到同步，要求在主电路电压过零时（或过零前某个时刻）单结管振荡电路将电容上的电荷放完，新的周期开始后，电容重新从零开始充电。这样，电容器的充电起始时间与晶闸管阳极电压的起始时间一致，从而保证了在主电路电源的每个周期内触发电路开始输出脉冲的时刻完全相同，也就保证了晶闸管在每个导电周期的导通角相同。图 6.15（a）所示就是这样实现同步触发的单相桥式可控整流电路。变压器 T 称为同步变压器，它的原边与主电路接在同一相电源上。副边输出电压经桥式整流、稳压管限副得到的电压作为单结管的供电电压。当交流电源电压过零时，单结管基极 b_1、b_2 间电压 U_{BB} 也过零，单结管内部 A 点电压 $U_A = 0$，可使电容上电荷很快放掉，在下半周开始，电容从零开始充电。这样保证了每周期触发电路送出第一个脉冲距离过零的时刻一致，起到同步的作用。可见，这个电路作到同步的关键是触发电路的过零时刻与主电路的过零时刻一致。

　　稳压管 VZ 与限流电阻 R_5 的作用是限幅，把桥式整流输出电压 u_O 顶部削掉，变为梯形波 u_Z，如图 6.15（b）所示。这样，当电网电压波动时，单结管输出脉冲的幅度以及每半周中产生的第一个脉冲（后面的脉冲与触发无关）的时间不受影响。同时，削波后可降低单结管所承受的峰值电压。电阻 R_2 的作用是补偿温度变化对单结晶体管峰值电压 U_P 的影响，所以叫作温度补偿电阻。由式 $U_P = \eta U_{BB} + U_D$ 得，PN 结电压 U_D 随温度升高略有减少，但单结晶体管的基极间电阻 R_{BB}（两基极 B_1、B_2 之间的电阻）随温度的升高而略有增大。串上电阻 R_2 后，温度升高时，R_{BB} 增大，会导致 R_2 上的压降略有减少，而使 U_{BB} 略有增加，从而补偿了因 U_D 的减少而导致 U_P 的减少，使 U_P 基本不随温度而变。R_2 一般取 200 ~ 600 Ω。

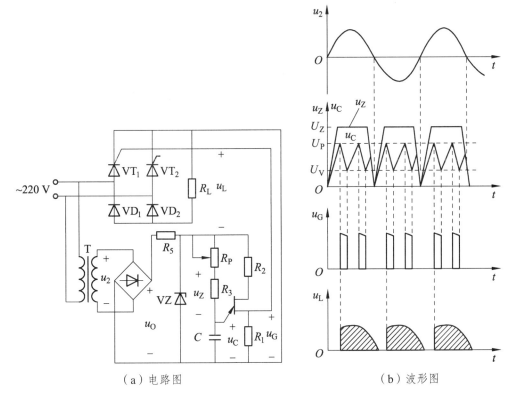

（a）电路图　　　　　　　　　　（b）波形图

图 6.15　单结晶体管触发电路的电路图及波形图

习 题

1. 晶闸管导通的条件是什么？导通后流过晶闸管的电流由什么决定？晶闸管关断条件是什么？如何实现？

2. 晶闸管具有＿＿＿＿＿＿＿＿＿导电特性。

3. 下列元器件中，＿＿＿＿属于不可控型，＿＿＿＿＿＿＿＿属于全控型，＿＿＿＿属于半控型。

    A. 普通晶闸管   B. 整流二极管

    C. 逆导晶闸管   D. 大功率晶体管

    E. 绝缘栅场效应晶体管   F. 双向晶闸管

    G. 可关断晶闸管   H. 绝缘栅极双极型晶体管

4. 什么是电力电子技术？电力变换有哪四种基本类型？

5. 画出图 6.16 所示电路中负载电阻 R_d 上电压 u_d 的波形图。

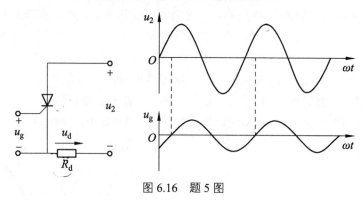

图 6.16　题 5 图

6. 某单相半波可控整流电路，带电阻性负载，要求输出直流电压 $U_d = 75$ V，直流电流 $I_d = 20$ A，采用 220 V 交流电网直接供电，试计算晶闸管的控制角和导通角、负载电流的有效值。

7. 某电阻性负载，$R_d = 50$ Ω，要求 U_d 在 0 ~ 600 V 可调，用单相半波和单相全控桥两种电路供电，请分别计算流过晶闸管电流的有效值和平均值。

8. 单相桥式全控整流电路，大电感负载，$U_2 = 110$ V，$R_d = 4$ Ω。

（1）求 $\alpha = 30°$时的 U_d 和 I_d。

（2）若负载端并接续流管，求 $\alpha = 30°$时的 U_d、I_d，以及 I_{dT}、I_{dD}、I_T、I_D。

（3）画出以上两种情况下的电压、电流波形。

9. 晶闸管变流器主电路对触发电路的触发脉冲有什么要求？

10. 用分压比为 0.6 的单结晶体管组成的振荡电路，若 $U_{BB} = 20$ V，则峰点电压为多少？若管子 B_1 脚虚焊，则充电电容两端电压约为多少？若管子 B_2 脚虚焊，B_1 脚正常，则电容两端电压又为多少？

11. 单结晶体管触发电路中，削波稳压管两端并接一只大电容，可控整流电路还能正常工作吗？为什么？

根据电子电路中的信号性质的不同通常可分为模拟电子电路和数字电子电路两大类。前面几章介绍的是模拟电路，接下来的章节将介绍数字电路。模拟电路处理的信号是模拟信号。模拟信号在时间和幅值上都是连续变化的，例如：温度、压力等实际的物理信号；各种温度及压力检测仪表输出的模拟温度、压力变化的电信号；模拟语音的音频电信号等。数字电路处理的是数字信号。数字信号与模拟信号不同，它是指在时间和幅值上都是离散的信号，例如：刻度尺的读数、数字显示仪表的显示值以及各种门电路（后面将介绍）的输入输出信号等。在 20 世纪 50 年代出，晶体管的出现使数字电路迅速发展，在计算机、通信、自动控制等领域中都获得了广泛的应用。集成电路的出现又使数字设备的体积进一步缩小、可靠性提高、功耗更低，价格更加便宜。这使数字电路进一步深入到航天航空、生物工程、核工程、人工智能等诸多领域。

本章首先介绍了逻辑代数的基本概念、数制与码制；接着介绍了逻辑门电路及功能，使学生掌握逻辑代数的基本运算法则和逻辑函数的表示与化简方法，掌握组合逻辑电路的分析，了解组合逻辑电路的设计。

7.1 逻辑代数及其应用

7.1.1 概 述

逻辑代数是一种描述客观事物间逻辑关系的数学方法，它是英国数学家乔治·布尔在 19 世纪创立的，所以又称为布尔代数。和普通代数不同，逻辑代数研究的是逻辑函数与逻辑变量之间的关系，如图 7.1 所示。该函数表达式中逻辑变量的取值和逻辑函数值都只有两个值，即 0 和 1。这两个值不具有数量大小的意义，仅表示客观事物的两种相反的状态，如开关的闭合与断开；晶体管的饱和导通与截止；电位的高与低；灯的亮与灭；真与假等。数字电路在早期又称为开关，因为它主要由一系列开关元件组成，具有相反的二状态特征，特别适用于用逻辑代数来进行分析和研究，所以逻辑代数广泛应用于数字电路。

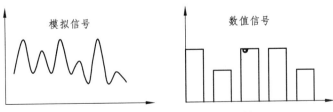

图 7.1 数字信号和模拟信号比较

数字信号在时间上和数值上均是离散的，如图 7.2 所示。数字信号在电路中常表现为突变的电压或电流。数字信号是一种二值信号，用两个电平（高电平和低电平）分别来表示两个逻辑值（逻辑 1 和逻辑 0）。有两种逻辑体制：正逻辑体制和负逻辑体制。正逻辑体制规定：高电平为逻辑 1，低电平为逻辑 0；负逻辑体制规定：低电平为逻辑 1，高电平为逻辑 0。如果为正逻辑，图 7.2 所示的数字电压信号就成为图 7.3 所示的逻辑信号。

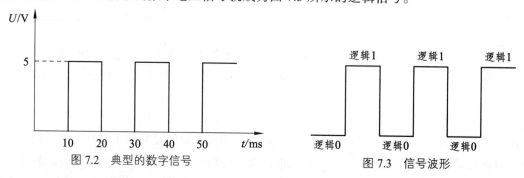

图 7.2 典型的数字信号　　　　　　图 7.3 信号波形

7.1.2 数制与码制

7.1.2.1 数 制

数字电路中经常要遇到计数的问题，而一位数不够就要用多位数表示。多位数中的每一位的构成方法以及从低位到高位的进位规则称为数制。在日常生活中，人们习惯用十进制，有时也使用十二进制、六十进制，而在数字电路中多采用二进制，也常采用八进制和十六进制。下面对这几种进位制逐一加以介绍。

1. 十进制

大家都熟悉，十进制是用 10 个不同的数字符号 0、1、2、3、4、5、6、7、8、9 来表示数的，所以计数的基数是 10。超过 9 的数必须用多位数表示，其中低位数和相邻的高位数之间的关系是"逢十进一"，故称为十进制。例如：

$$452.59 = 4 \times 10^2 + 5 \times 10^1 + 2 \times 10^0 + 5 \times 10^{-1} + 9 \times 10^{-2}$$

等号右边的表示形式称为十进制数的多项式表示法，也称为按权展开式。同一数字符号所处的位置不同，代表的数值也不同，即权值不同。例如，4 处在百位，代表 400，既 4×100，也可以说 4 的权值是 100。容易看出，上式各位的权值分别为 10^2、10^1、10^0、10^{-1}、10^{-2}。

任何一个十进制数，如 452.59，可以书写成 452.59、$(452.59)_{10}$ 或 452.59D（D 表示十进制）的形式。

2. 二进制

在明白了十进制组成的基础上，对二进制就不难理解了。二进制的基数为 2，即它所使用的数字符号只有两个：0 和 1，它的进位规则是"逢二进一"。

例如：二进制 101.01 可写成

$$101.01 = 1 \times 2^2 + 0 \times 2^1 + 1 \times 2^0 + 0 \times 2^{-1} + 1 \times 2^{-2}$$

代表十进制数 5.25。

任何一个二进制数，如101.01，可以书写成$(101.01)_2$或101.01B（B表示二进制）的形式。

二进制的优点是它只有两个数字符号，因此可以用任何具有两个不同稳定状态的元件来表示，如晶体管的饱和与截止、继电器的闭合与断开、灯亮与灭等。只要规定其中的一种状态为1，另一种状态就表示为0。多个元件的不同状态组合就可以表示一个数，因此数的存储、传送可以简单可靠地进行。在数字系统和计算机内部，数据的表示与存储都是以这种形式进行的。很显然，十进制的数字符号需要具有十个稳定状态的元件来表示，这给技术上带来许多困难，而且也不经济。

二进制的第二个优点是运算规律简单，这必然导致其相应运算控制电路的简单化。当然二进制也有缺点。用二进制表示一个数时，它的位数过多，如十进制数51，表示成二进制数为110011，使用起来不方便也不习惯。为了便于读写，通常有两种解决办法：一种是原始数据还用十进制表示，在送入机器时，将原始数据转换成数字系统能接受的二进制数，而在运算处理结束后，再将二进制数转换成十进制数，表示最终结果；另一种办法是使用八进制或十六进制。

3. 八进制

八进制的基数为8，即它所使用的数字符号只有8个，它们是0、1、2、3、4、5、6、7，它的进位规则是"逢八进一"。

例如：八进制数$(52)_8 = 5 \times 8^1 + 1 \times 8^0$，代表十进制数41。

任何一个八进制数，如52，可以书写成$(52)_8$或52Q（Q表示八进制）的形式。

4. 十六进制

十六进制的基数为16，即它所使用的数字符号有16个，它们是0、1、2、3、4、5、69、A（10）、B（1）、C（12）、D（13）、E（14）、F（15），它的进位规则是"逢十六进一"。

例如：十六进制数42可以写成

$(42)_{16} = 4 \times 16^1 + 2 \times 16^0$

代表十进制数66。

任何一个十六进制数，如42，可以书写成$(42)_{16}$或42H（H表示八进制）的形式。

表7.1给出了一组几种进位制间的对应关系。

表7.1 几种进位制间的对应关系

十进制	二进制	八进制	十六进制	十进制	二进制	八进制	十六进制
0	0000	00	0	8	1000	10	8
1	0001	01	1	9	1001	11	9
2	0010	02	2	10	1010	12	A
3	0011	03	3	11	1011	13	B
4	0100	04	4	12	1100	14	C
5	0101	05	5	13	1101	15	D
6	0110	06	6	14	1110	16	E
7	0111	07	7	15	0111	17	F

5. 不同数制之间的转换

1）二进制、八进制、十六进制数转换成十进制数

前面讲述了二进制转换成十进制的方法，八进制、十六进制数以此类推，只需要将二进制、八进制、十六进制数按各位权展开，并把各位的展开值相加，即得相应的十进制数。

2）十进制数转换成二进制数

将十进制数整数转换成二进制数可以采用除 2 取余法。其方法是将十进制整数连续除以 2，求得各次的余数，直到商为 0 为止。然后将先得到余数列在低位、后得到的余数列在高位，即得到相应的二进制数。

【例 7.1】将十进制数 $(40)_{10}$ 转换成二进制数。

```
                                余数
   2 |  40  - - - - -  0  - - - - -  最低位
      2 |  20           0
         2 |  10         0
            2 |  5        1
               2 |  2      0
                  1        1              最高位
```

所以 $(40)_{10} = (101000)_2$。

3）二进制转换成十六进制数

二进制转换成十六进制数的方法：将二进制数从最低位开始，每 4 位一组，将每组都转换成为一位的十六进制数。

【例 7.2】将二进制数 $(11000101010)_2$ 转换成十六进制数。

```
0110      0010      1010
 ↓         ↓         ↓
 6         2         A
```

所以 $(11000101010)_2 = (62A)_{16}$。

7.1.2.2 码 制

在数字系统中，二进制数码不仅可表示数值的大小，而且常用于表示特定的信息。将若干个二进制数码 0 和 1 按一定的规则排列起来表示某种特定含义的代码，称为二进制代码。将十进制数中每个数字 0~9 用二进制数表示的代码，称为二-十进制码，又称为 BCD 码。常用的二-十进制代码为 8421BCD 码。这种代码的每一位的权值是固定不变的，为恒权码。它取了 4 位自然二进制数的前 10 种组合，即 0000（0）~1001（9），从高位到低位的权值分别是 8、4、2、1，去掉后 6 种组合，所以称为 8421BCD 码。如 $(0011)_{8421BCD} = (3)_{10}$，$(59)_{10} = (0101\ 1001)_{8421BCD}$。表 7.2 给出了十进制数与 8421BCD 码的对应关系。

表 7.2 十进制数与 8421BCD 码的对应关系

十进制数	0	1	2	3	4	5	6	7	8	9
8421 BCD 码	0000	0001	0010	0011	0100	0101	0110	0111	1000	1001

7.1.3 基本逻辑运算

逻辑代数和普通代数一样有自己的基本运算及基本定律，有与运算、或运算、非运算。

1. 与运算

在图 7.4 所示的电路中，如果将开关闭合记为 1，断开记为 0，灯亮记为 1，灯灭记为 0，容易看出，该电路只有当两个开关都闭合时，灯才亮，两个开关中只要有一个不闭合，灯就不会亮。把 A 和 B 表示成两个逻辑变量，C 表示结果，如图 7.5 所示。其全部可能取值及进行运算的全部可能结果列成表，如表 7.3 所示，这样的表称为真值表。

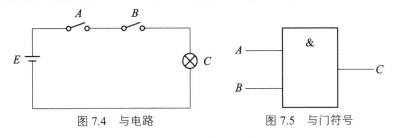

图 7.4　与电路　　　　　　　　图 7.5　与门符号

表 7.3　与运算真值表

A	B	C=AB
0	0	0
0	1	0
1	0	0
1	1	1

该表格反映了逻辑函数和逻辑变量之间的逻辑关系。由该表可看出逻辑变量 A 和 B 的取值和逻辑函数 C 之间的关系满足逻辑与的运算规律，即

$$C = AB \tag{7.1}$$

其运算规律："有 0 出 0，全 1 为 1"。实现与运算的电路称为与门，其逻辑符号如图 7.5 所示。

2. 或运算

在图 7.6 所示的电路中，如果将开关闭合记为 1，断开记为 0，灯亮记为 1，灯灭记为 0，容易看出，该电路只要有一个开关闭合，灯就会亮，两个开关都不闭合，灯就不会亮。把 A 和 B 表示成两个逻辑变量，C 表示结果，如图 7.7 所示。其全部可能取值及进行运算的全部可能结果列成表，如表 7.4 所示。

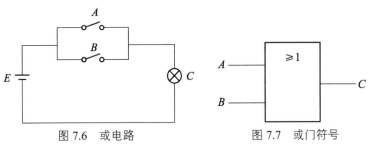

图 7.6　或电路　　　　　　　　图 7.7　或门符号

表 7.4 或运算真值表

A	B	C=A+B
0	0	0
0	1	1
1	0	1
1	1	1

该表格反映了逻辑函数和逻辑变量之间的逻辑关系。由该表可看出逻辑变量 A 和 B 的取值和逻辑函数 C 之间的关系满足逻辑或的运算规律，即

$$C = A + B \qquad (7.2)$$

其运算规律："有 1 出 1，全 0 为 0"。实现或运算的电路称为或门，其逻辑符号如图 7.7 所示。

3. 非运算

在图 7.8 所示的电路中，如果将开关闭合记为 1，断开记为 0，灯亮记为 1，灯灭记为 0，容易看出，该电路只要开关闭合时，灯就不会亮，开关不闭合，灯就亮。把 A 表示成一个逻辑变量，C 表示结果，如图 7.9 所示。其全部可能取值及进行运算的全部可能结果列成表，如表 7.5 所示。

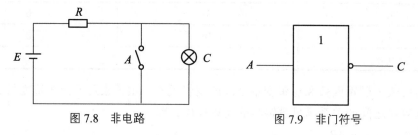

图 7.8 非电路   图 7.9 非门符号

表 7.5 非运算真值表

A	$C = \overline{A}$
0	1
1	0

该表格反映了逻辑函数和逻辑变量之间的逻辑关系。由该表可看出逻辑变量 A 的取值和逻辑函数 C 之间的关系满足逻辑非的运算规律，即

$$C = \overline{A} \qquad (7.3)$$

其运算规律："有 1 出 0，有 0 为 1"。实现或运算的电路称为或门，其逻辑符号如图 7.9 所示。

7.1.4 逻辑代数的基本定律

根据逻辑与运算、或运算、非运算的基本法则，可推导出逻辑运算的基本定律，如表 7.6 所示。

表 7.6　逻辑代数的基本定律

逻辑代数的基本定律		
基本运算	加	$A+0=A$　　$A+1=1$　　$A+A=A$　　$A+\overline{A}=1$
	乘	$A\cdot 0=0$　　$A\cdot 1=A$　　$A\cdot A=A$　　$A\cdot\overline{A}=0$
	非	$A+\overline{A}=1$　　$A\cdot\overline{A}=0$　　$\overline{\overline{A}}=A$
结合律		$(A+B)+C=A+(B+C)$
交换律		$A+B=B+A$　　$AB=BA$
分配律		$A(B+C)=AB+AC$　　$A+BC=(A+B)+(A+C)$
摩根定律（反演律）		$\overline{A+B}=\overline{A}\cdot\overline{B}$　　$\overline{A\cdot B}=\overline{A}+\overline{B}$
吸收律		$A+AB=A$　　$A(A+B)=A$
包含律		$AB+\overline{A}C+BC=AB+\overline{A}C$

7.1.5　逻辑代数的基本规则

逻辑代数除了上述基本定律外，在运算时还有一些基本规则，分别是代入规则、反演规则、对偶规则。

1. 代入规则

在任一含有变量 A 的逻辑等式中，如果用另一个逻辑函数 F 去代替所有的变量 A，则等式仍然成立，这个准则称为代入规则。

代入规则是容易理解的，因为 A 只可能取"0"或"1"，而另一逻辑函数 F，不管其外形如何复杂，最终也只能非"0"即"1"。

例如，$A(B+C)=AB+AC$，用 $F=DE$ 替代变量 A，则

$$A(B+C)=DE(B+C)=DEB+DEC \tag{7.4}$$

等式成立。

2. 反演规则

对于任何一个的逻辑等式 F，如果逻辑函数 F 中所有的与运算变成或运算，或运算变成与运算；0 变为 1，1 变为 0；原变量变为反变量，反变量变为原变量，所得到的新的逻辑函数表达式就是 $\overline{F}$，这个准则称为反演准则。

例如，$A(B+C)=AB+AC$，根据反演准则可得

$$\overline{A}+\overline{B}\cdot\overline{C}=(\overline{A}+\overline{B})\cdot(\overline{A}+\overline{C}) \tag{7.5}$$

3. 对偶规则

对于任何一个的逻辑等式 F，如果逻辑函数 F 中所有的与运算变成或运算，或运算变成与运算；0 变为 1，1 变为 0，所得到的新的逻辑函数表达式就是 F 的对偶式，记作 F'。所谓对偶准则，是指当某个逻辑恒等式成立时，其对偶式也成立。

例如：$A+B=B+A$，根据对偶准则可得

$$AB=BA \tag{7.6}$$

等式成立。

7.2 卡诺图及其应用

7.2.1 逻辑函数最小项的基本概念

1. 逻辑函数的最小项

最小项的定义在 n 个输入变量的逻辑函数中，如果一个乘积项包含 n 个变量，而且每个变量以原变量或反变量的形式出现且仅出现一次，那么该乘积项称为该函数的一个最小项。对 n 个输入变量的逻辑函数来说，共有 2^n 个最小项。

例如三个变量的逻辑函数 A、B、C 可以组成很多种乘积项，但符合最小项定义的只有 8 个：$\overline{A}\,\overline{B}\,\overline{C}$、$\overline{A}\,\overline{B}C$、$\overline{A}B\overline{C}$、$\overline{A}BC$、$A\overline{B}\,\overline{C}$、$A\overline{B}C$、$AB\overline{C}$、$ABC$ 而 $\overline{A}C$、$\overline{A}(B+C)$、$A\overline{B}BC$、$AB\overline{A}$ 等就不是最小项。

2. 最小项的性质

（1）对于任意一个最小项，只有变量的一组取值使得它的值为 1，而取其他值时，这个最小项的值都是 0。

（2）若两个最小项之间只有一个变量不同，其余各变量均相同，则称这两个最小项满足逻辑相邻。

（3）对于任意一种取值，全体最小项之和为 1。

（4）任意两个不同最小项的乘积恒为 0。

（5）对于一个 n 输入变量的函数，每个最小项有 n 个最小项与之相邻。

3. 最小项的编号

最小项通常用 m_i 表示，下标 i 即最小项编号，用十进制数表示，如图 7.10 所示。编号的方法是：

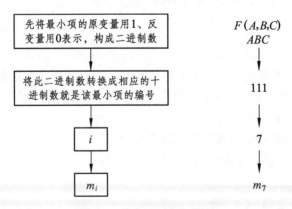

图 7.10 三变量的最小项编号

最小项真值表如表 7.7 所示。

利用逻辑代数的基本定律，可以将任何一个逻辑函数变化成最基本的与或表达式，其中的与项均为最小项。这个基本的与或表达式称为最小项表达式。

表 7.7 真值表

最小项	变量取值			编号
	A	B	C	
$\overline{A}\,\overline{B}\,\overline{C}$	0	0	0	m_0
$\overline{A}\,\overline{B}\,C$	0	0	1	m_1
$\overline{A}\,B\,\overline{C}$	0	1	0	m_2
$\overline{A}\,B\,C$	0	1	1	m_3
$A\,\overline{B}\,\overline{C}$	1	0	0	m_4
$A\,\overline{B}\,C$	1	0	1	m_5
$A\,B\,\overline{C}$	1	1	0	m_6
$A\,B\,C$	1	1	1	m_7

【例 7.3】将逻辑函数 $Y(A,B,C)=AB+\overline{A}C$，展开成最小项表达式。

解： $\qquad Y(A,B,C)= m_7+ m_6+ m_3+ m_1=\sum m_{(1,3,6,7)}$

注意：任何逻辑函数都可以化成最小项表达式的形式，并且任何逻辑函数最小项表达式的形式都是唯一的。

7.2.2 变量卡诺图

1. 卡诺图的概念

卡诺图是逻辑函数的一种图形表示。卡诺图是一种平面方格图，每个小方格代表逻辑函数的一个最小项，故又称为最小项方格图。方格图中相邻两个方格的两组变量取值相比，只有一个变量的取值发生变化，按照这一原则得出的方格图（全部方格构成正方形或长方形）就称为卡诺方格图，简称卡诺图。它是逻辑函数的一种图形表示法，是由美国工程师卡诺首先提出的，故称为卡诺图。

2. 逻辑变量卡诺图

逻辑变量卡诺图由若干个按一定规律排列起来的最小项方格图组成的。具有 n 个输入变量的逻辑函数，有 2^n 个最小项，其卡诺图由 2^n 个小方格组成。每个方格和一个最小项相对应，每个方格所代表的最小项的编号，就是其左边和上边二进制码的数值，如图 7.11 所示。

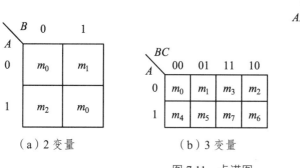

（a）2 变量　　　　（b）3 变量　　　　（c）4 变量

图 7.11　卡诺图

3. 用卡诺图化简逻辑函数

1）化简依据

利用公式 $AB+A\bar{B}=A$ 将两个最小项合并，消去表现形式不同的变量。

2）合并最小项的规律

利用卡诺图合并最小项有两种方法：圈 0 得到反函数，圈 1 得到原函数，通常采用圈 1 的方法。

3）化简方法

消去不同变量，保留相同变量。

4. 合并最小项的规律

（1）当 2 个（2^1）相邻小方格的最小项合并时，消去 1 个互反变量。

（2）当 4 个（2^2）相邻小方格的最小项合并时，消去 2 个互反变量。

（3）当 8 个（2^3）相邻小方格的最小项合并时，消去 3 个互反变量。

（4）当 2^n 个相邻小方格的最小项合并时，消去 n 个互反变量，n 为正整数。

5. 用卡诺图法化简逻辑函数的步骤

（1）画出函数的卡诺图。

（2）画卡诺圈：按合并最小项的规律，将 2^n 个相邻项为 1 的小方格圈起来。

（3）读出化简结果。

6. 画圈遵循的原则

（1）按合并最小项的规律，对函数所有的最小项画包围圈。

（2）包围圈的个数要最少，使得函数化简后的乘积项最少。

（3）一般情况下，应使每个包围圈尽可能大，则每个乘积项中变量的个数最少。

（4）最小项可以被重复使用，但每一个包围圈至少要有一个新的最小项（尚未被圈过）。

【例 7.4】用卡诺图化简逻辑函数 $Y(A, B, C, D)=\sum m_{(0, 2, 4, 5, 7, 8, 11, 12, 13)}$。

解：第一步，画出 Y 的卡诺图，如图 7.12（a）所示。

第二步，按合并最小项的规律画出相应的包围圈，如图 7.12（b）所示。

第三步，将每个包围圈的结果相加，得

$$Y = Y_a + Y_b + Y_c + Y_d + Y_e = A\bar{B}CD + \bar{A}BD + \bar{A}B\bar{D} + \bar{C}\bar{D} + B\bar{C}$$

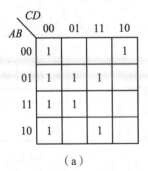
（a）

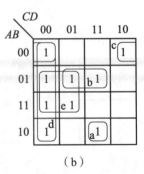
（b）

图 7.12　例 7.4 图

下面给出了几种正确与不正确的圈法，如图 7.13 所示。

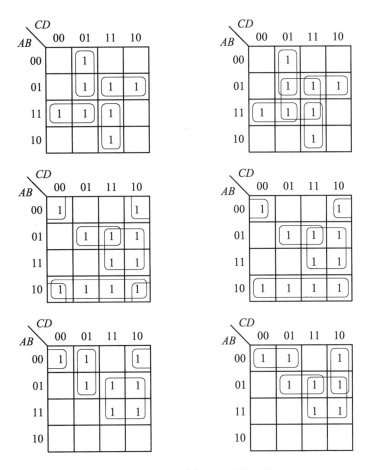

图 7.13　几种正确与不正确的圈法

7. 具有无关项的逻辑函数化简

1）无关项的概念

在一个逻辑函数中，有些变量的取值组合根本不会出现，或者在输入变量的某些取值组合下函数值是 0 还是 1（任意）对电路的功能无影响，我们将这样的变量组合所对应的最小项称为无关项。

2）具有无关项的逻辑函数化简

（1）画出变量卡诺图。

（2）将逻辑函数填入卡诺图。将函数式中所包含的最小项在卡诺图对应的方格内填入 1，而将无关项在卡诺图对应的方格内用"×"表示。

（3）画出合并圈。原则是：以圈 1 为前提，合理利用无关项，以使圈子大、圈数少。注意每个圈所包围的方格不能全是无关项。

（4）写出最简与或表达式。

【例 7.5】化简函数　$Y(A, B, C, D) = \sum m_{(4, 6, 10, 13, 15)} + \sum d_{(0, 1, 2, 5, 7, 8)}$。

解：（1）画出4变量卡诺图。

（2）将逻辑函数填入卡诺图，如图7.14（a）所示。

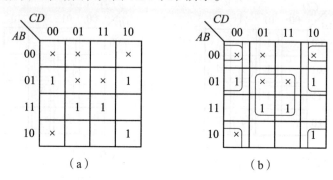

图7.14 例7.5图

（3）画出合并圈。共3个合并圈，如图7.14（b）所示。

（4）写出最简与或表达式。

$$Y = BD + \overline{B}\,\overline{D} + \overline{A}B$$

7.3 逻辑门电路

7.3.1 基本逻辑门电路

在数字电路中，门电路是最基本的逻辑元件。所谓门电路，就是一种开关，它具有若干输入端和一个输出端，满足一定条件时它允许信号通过，否则信号就不能通过。这就好像是满足一定条件下才开门一样，故称为门电路。门电路就是实现各种逻辑关系的基本电路。如果把电路的输入信号看作"条件"，输出信号看作"结果"，当"条件"满足时，"结果"就会发生。因此，门电路的输入信号和输出信号之间存在一定的逻辑关系，所以门电路又称为逻辑门电路。是实现一定逻辑关系的开关电路，与基本的关系相对应，基本逻辑门电路有与门、或门和非门。

1. 与门电路

实现与逻辑关系的电路称为与门电路。图7.15（a）所示是最简单的二极管与门电路。A、B是它的两个输入端，F是输出端。图7.15（b）是它的逻辑符号。

下面分析电路的输入、输出逻辑关系。设输入及输出信号低电平为0 V，高电平为3 V。每个输入端都可有高、低电平两种状态，两个输入信号有4种不同组合。为分析简便，忽略二极管正向压降。

（1）$u_A = u_B = 3$ V，即输入均为高电平时，VD$_A$、VD$_B$均截止，则输出 $u_F = 3$ V，为高电平。

（2）$u_A = 3$ V，$u_B = 0$ V时，VD$_B$先导通，这时VD$_A$承受反向电压而截止，输出 $u_F = 0$ V。

（3）$u_A = 0$ V，$u_B = 3$ V时，VD$_A$先导通，这时VD$_B$承受反向电压而截止，输出 $u_F = 0$ V。

（4）$u_A = u_B = 0$ V，即输入均为低电平时，VD$_A$、VD$_B$均导通，输出 $u_F = 0$ V，为低电平。

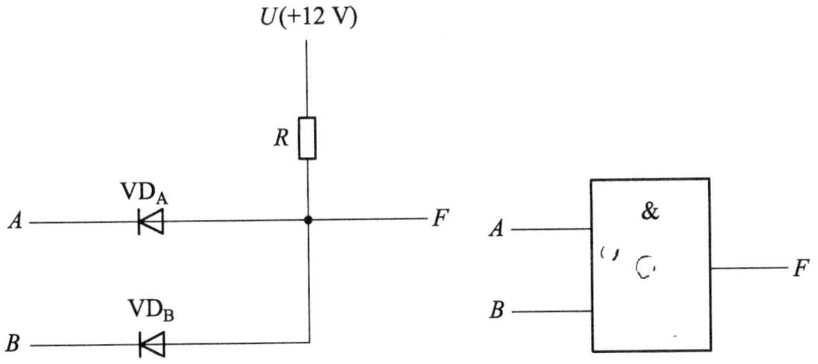

（a）电路 　　　　　　　 （b）逻辑符号

图 7.15　二极管与门

综上所述，显然只有当输入端 u_A、u_B 全为高电平（3 V）时，输出才是高电平（3 V），否则输出端均为低电平（0 V），符合与逻辑关系，因此图 7.15 所示电路是与门电路。

用符号 1 和 0 分别表示高电平和低电平，将逻辑电路所有可能的输入变量与输出变量之月的逻辑关系列成表格，称为逻辑状态表。上述二极管与门电路的逻辑状态表如表 7.8 所示。

表 7.8　与门逻辑状态表

输入		输出
A	B	F
0	0	0
0	1	0
1	0	0
1	1	1

逻辑状态表准确地描述了输入与输出之间的逻辑关系。由表 7.8 可以看出，输入信号 A、B 与输出信号 F 之间的关系满足与逻辑关系，即

$$F = AB \tag{7.7}$$

出逻辑状态表及逻辑关系式可知，逻辑乘的基本运算规则为

$$0 \cdot 0 = 0 \qquad 0 \cdot 1 = 0 \qquad 1 \cdot 0 = 0 \qquad 1 \cdot 1 = 1$$

为便于记忆，对与门的逻辑关系可概括为：全 1 为 1，有 0 为 0。

对于 3 个输入端 A、B、C 的与门电路，其逻辑关系式为

$$F = ABC \tag{7.8}$$

它的逻辑状态表读者可以自行列出。

与门电路应用举例如下：利用与门电路，可以控制信号的传送。例如，有一个二输入端与门，假定在输入端 B 送入一个持续的脉冲信号，而在输入端 A 输入一个控制信号，由与门逻辑关系可画出输出端 F 的输出信号波形，如图 7.16 所示。由图可知，只有当 A 为 1 时，信号才能通过，在输出端 F 得到所需的脉冲信号，此时相当于门被打开；当 A 为 0 时，信号不能通过，无输出，相当于门被封锁。

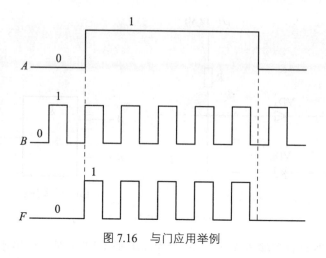

图 7.16　与门应用举例

2. 或门电路

实现或逻辑关系的电路称为或门电路。图 7.17（a）所示为最简单的二极管或门电路。A、B 是它的两个输入，F 是输出。注意，图中二极管的方向以及电阻 R 所接电源的极性和图 7.15（a）所示的与门电路是不同的。图 7.17（b）所示为二输入端或门的逻辑符号。

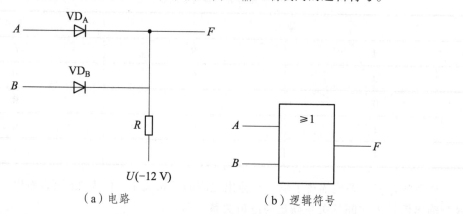

（a）电路　　　　　　　　（b）逻辑符号

图 7.17　二极管或门

采用同样的分析方法，对不同的输入组合，不难得出或门的逻辑状态表，如表 7.9 所示。

表 7.9　或门逻辑状态表

输入		输出
A	B	F
0	0	0
0	1	1
1	0	1
1	1	1

表 7.9 满足或逻辑关系式，即

$$F = A + B$$

（7.9）

逻辑加的基本运算规则为

$$0+0=0 \qquad 0+1=1 \qquad 1+0=1 \qquad 1+1=1$$

同样，对于或门的逻辑关系可概括为：全 0 为 0，有 1 为 1。

对于 3 个输入端的或门电路，其逻辑关系式为

$$F=A+B+C \qquad\qquad (7.10)$$

它的逻辑状态表读者也不难自行列出。

或门电路应用举例如下：在工业控制中，常要求当机器某一部分发生故障时，机器能发出报警信号。把全机中容易发生故障的部分称为故障源。正常工作时，故障源输出为 0（低电平），当某一故障源发生故障时，它就能发出一连串脉冲信号。假设全机有两个故障源，把它们分别接到或门的输入端 A 和 B，如图 7.18 所示。正常工作时，$A=0$，$B=0$，则 $F=0$。当某一故障源（如 B）发生故障时，$A=0$，而 B 端便输入一串脉冲信号，此时在 F 端就得到一串相同的脉冲，此脉冲送入报警器，发出报警呼叫。以上所讨论的与门、或门电路所采用的都是正逻辑，如果采用负逻辑，即低电平用 1 表示，高电平用 0 表示，按照负逻辑的规定，针对上述与门和或门电路列出逻辑状态表，不难看出，图 7.15（a）所示的与门电路将变成或门电路，而图 7.17（a）所示的或门电路将变成与门电路。由此可见，同一电路采用正逻辑和采用负逻辑，所得到的逻辑功能是不同的。所以，在分析一个逻辑电路之前，首先要弄清楚采用的是正逻辑还是负逻辑。

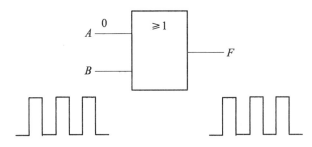

图 7.18 或门应用举例

3. 非门电路

实现非逻辑关系的电路称为非门。图 7.19（a）所示为晶体管非门的电路，图 7.19（b）是其逻辑符号。非门电路只有一个输入 A，F 为它的输出。

下面来分析非门电路的逻辑功能。晶体管非门电路不同于放大电路，晶体管不是工作于放大状态，而是工作于截止和饱和状态。

（1）输入 A 为高电平 1（$u_A=3\,\text{V}$）时：

适当选取 R_K、R_B 值，可使晶体管 VT 深度饱和导通，其集电极即输出端 F 输出低电平 0，$u_F=U_{CES}\approx 0\,\text{V}$（实际约为 0.3 V）。

（2）输入 A 为低电平 0（$u_A=0\,\text{V}$）时：

负电源 U_{BB} 经 R_K、R_B 分压使晶体管基极电位为负，保证当 A 为低电平时晶体管 VT 能可靠地静止，输出端为高电平。图中 VD 是钳位二极管，当 VT 截止时，二极管 VD 导通，忽略其正向压降，所以 F 端输出高电平被钳在 +3 V，即输出高电平 1。

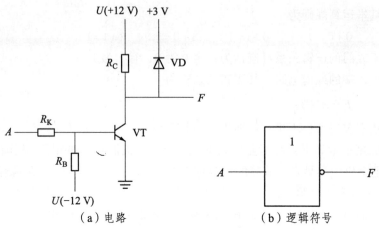

（a）电路　　　　　　　　　　　　（b）逻辑符号

图 7.19　非门电路

上述分析说明了图 7.19 所示的电路的输入与输出状态是相反的，即输入为 1 时，输出为 0；输入为 0 时，输出为 1，输出为输入的非，实现了非逻辑关系

$$F = \overline{A} \tag{7.11}$$

逻辑非的基本运算规则为

$$\overline{0} = 1 \qquad\qquad \overline{1} = 0$$

非门的逻辑状态表如表 7.10 所示。

表 7.10　非门逻辑状态表

输入	输出
A	$F = \overline{A}$
0	1
1	0

由于非门电路输出的低电平为集电极饱和压降，高电平为被钳位后的值，所以它对信号波形具有整形和反相作用。

上述 3 种基本门电路可以组合成各种复合门电路，以丰富逻辑功能。常用的一种是与门和非门串接而成的与非门电路，其电路及其逻辑符号如图 7.20（a）（b）所示。

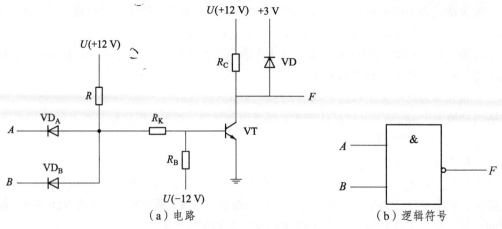

（a）电路　　　　　　　　　　　　（b）逻辑符号

图 7.20　与非门电路

与非门逻辑状态表如表 7.11 所示。

表 7.11　与非门逻辑状态表

输入		输出
A	B	F
0	0	1
0	1	1
1	0	1
1	1	0

由逻辑状态表可知与非门的逻辑功能为：当输入端全为 1 时，输出为 0；输入端只要有一个为 0，输出就为 1。所以，与非门的逻辑关系可概括为：全 1 出 0，有 0 出 1。与非门逻辑关系可表示为

$$F = \overline{AB} \tag{7.12}$$

对于三输入端与非门，其逻辑关系为

$$F = \overline{ABC} \tag{7.13}$$

它的逻辑状态表读者也不难自行列出。

7.3.2　基本逻辑门电路

前面所述几种基本逻辑门电路是由二极管、晶体管、电阻等分立元件构成的，所以称为分立元件门电路。讲述他们的目的是分析各种基本门电路的原理和逻辑功能。由于分立元件门电路存在许多固有缺点，如体积大、可靠性差等，随着电子技术的迅速发展，在绝大部分实际应用中其已被集成逻辑门电路所取代。把一个逻辑门电器的所有元件和连线都制作在一块很小的半导体基片上，这样制成的逻辑门电路称为集成逻辑门电路（简称集成门电路）。与分立元件门电路相比，集成门电路除了具有高可靠性、微型化等优点外，更为突出的优点是转换速度快，而且输入和输出的高、低电平取值相同，便于多级串接使用。

集成门电路的种类繁多，按所使用的制造工艺，可分为双极型集成门电路和单集型集成门电路两大类。组成双极型集成门电路的双极型晶体管就是前面几章中所介绍的 NPN 或 PNP型晶体管，因为在这种晶体管中，参与导电的载流子有多数载流子和少数载流子（电子、空穴）两种极性，所以称为双极型。双极型集成门电路又分为 TTL（Transistor-Transistor Logic，晶体管-晶体管逻辑）集成门电路和 HTL（High Threshold Logic，高阈值逻辑）集成门电路等。单极型集成门电路指的是 MOS（Mental--Oxide-Semiconductor，金属-氧化物-半导体）集成门电路。因为 MOS 管只有一种多数载流子参与导电，故称为单极型。

在集成门电路中，应用较多的是集成与非门。对使用者而言，主要是了解外部性能和参数，因此本书对内部电路结构不予介绍。下面简要介绍其主要性能和参数。

7.3.2.1　TTL 与非门

由于这种集成门电路的结构形式采用了半导体晶体管，其与功能和非功能都是用半导体

晶体管实现的，所以一般称为晶体管-晶体管逻辑与非门电路，简称为 TTL 与非门。目前，TTL 电路广泛应用于中小规模集成电路中。由于这种形式的电路功耗比较大，因此用它做大规模集成电路尚有一定困难。TTL 与非门是应用最普遍的 TTL 门电路。

在一块集成电路里，可以封装多个与非门，图 7.21 是两种 TTL 与非门的外号线排列图（为引脚向下的俯视图），它门是双列直插式集成块，有 14 个引脚。一片集成电路内的名个逻辑门相互独立，可以单独使用，但它门共用一根电源引线和一根地线。不管使用哪个门，都必须将 U_{CC} 接+5 V 电源，地线引脚接公共地线。

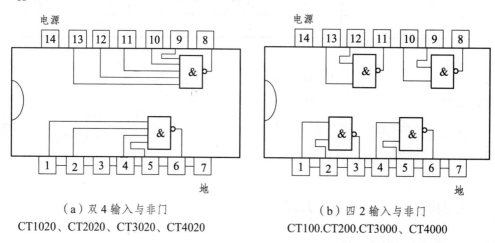

（a）双 4 输入与非门
CT1020、CT2020、CT3020、CT4020

（b）四 2 输入与非门
CT100.CT200.CT3000、CT4000

图 7.21　TTL 与非门外引线排列图

使用 TTL 与非门时，应注意以下几个主要参数。

1）输出高电平 U_{OH} 和输出低电平 U_{OL}

U_{OH} 是指输入端有一个或几个是低电平时的输出高电平。

U_{OL} 是指输入端全为高电平且输出端接有额定负载时的输出低电平。

对通用的 TTL 与非门，$U_{OH} \geqslant 2.4\,V$，$U_{OL} \leqslant 0.4\,V$。

2）扇出系数 N_O

N_O 是指一个与非门能带同类门的最大数目，它表示与非门的带负数能力。对 TTL 与非门，$N_O \geqslant 8$。

3）平均传输延迟时间 t_{pd}

与非门工作时，其输出脉冲相对于输入脉冲将有一定的时间延迟，如图 7.22 所示。从输入脉冲上升沿的 50%处起，到输出脉冲下降沿的 50%处止的时间，称为导通延迟时间 t_{pd1}；从输入脉冲下降沿的 50%处起，到输出脉冲上升沿的 50%处止的时间，称为截止延迟时间 t_{pd2}。t_{pd1} 和 t_{pd2} 的平均值称为平均传输延迟时间 t_{pd}，它是表示门电路开关速度的一个参数。t_{pd} 越小，开关速度就越快，所以该值越小越好。在集成与非门中，TTL 与非门的开关速度比较高。

4）输出低电平时电源电流 I_{CCL} 和输出高电平时电源电流 I_{CCH}

I_{CCL} 是指输出为低电平时，该电路从直流电源吸取的直流电流，一般为毫安级。

I_{CCH} 是指输出为高电平时，该电路从直流电源吸取的直流电流，一般为毫安级。通常 $I_{CCH} < I_{CCL}$。

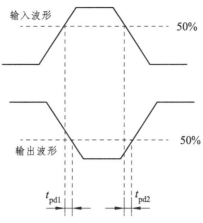

图 7.22　与非门的传输延迟时间

国产 TTL 电路产品主要有 4 个系列，即 CT1000、CT2000、CT3000、CT4000 系列。CT1000 为通用系列，相当于国际 SN5400/7400 标准系列；CT2000 和 CT3000 为高速系列，分别相当于国际 SN54H00/74H00 和 SN54S00/74S00 系列；CT4000 为低功耗系列，相当于国际 SN541S00/741S00 系列。4 个系列的主要差别反映在开关速度和功耗两个参数上，其他电参数和外引线排列基本上彼此兼容。表 7.12 为国产 TTL 电路系列的分类。

表 7.12　国产 TTL 电路系列分类

参数	系列			
	CT1000	CT2000	CT3000	CT4000
每门平均传输延迟时间 t_{pd} /ns	10	6	3	9.5
每门平均功耗 P /mW	10	22	19	2
最高工作频率 f_{max}/MHz	35	50	125	45

由表 7.12 可以看出，CT4000 系列的速度与 CT1000 系列相当，而功耗仅为 CT1000 系列的 1/5，因此在数字系统特别是在微型计算机中，普遍使用 CT4000 系列。

TTL 型的逻辑门电路，除了与非门之外，还有与门、或门、反相器（非门）、与或非门、异或门，以及扩展器等具有不同逻辑功能的产品。常用的 TTL 与门有 CT1008（四 2 输入与门）、CT4011（低功耗三 3 输入与门）、CT2021（高速双 4 输入与门）等；常用的 TTL 或门有 CT1032（四 2 输入或门）、CT4032（低功耗四 2 输入或门）等，常用的 TTL 非门有 CT1004（六反相器）、CT2004（高速六反相器）、CT4004（低功耗六反相器）等。选用集成逻辑门电路时，可从产品手册上查出其封装方式、外引线排列、逻辑功能、典型参数和极限参数等。

TTL 门电路具有多个输入端，在实际使用时，往往有一些输入端是闲置不用的，需注意对这些闲置

输入端的处理。对于与非门而言，可采用以下方式：一是接高电平（电源电压）；二是与有用输入端并联；三是悬空。但在实际应用中，某些与非门产品的输入端悬空会引起逻辑功能上的混乱，故需接在电源线上。若前级门电路输出级的驱动能力较强，则闲置端以与有用输入端并联为好。对于或非门电路，其闲置端应接低电平（即接地）或与有用输入端并联。

7.3.2.2　TTL 三态输出与非门电路

TTL 与非门电路的系列产品中除了上述的与非门外，还有集电极开路的与非门（简称为 OC 门）、三态输出与非门等，可以实现各种逻辑功能和控制作用。限于篇幅，下面只介绍三态输出与非门。

三态输出与非门，简称三态门。图 7.23 所示是其逻辑符号。它与上述的与非门电路不同，其中 A 和 B 是输入端，C 是控制端，也称为使能端，F 为输出端。它的输出端除了可以实现高电平和低电平外，还可以出现第三种状态——高阻状态（称为开路状态或禁止状态）。

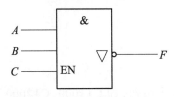

图 7.23　三态门逻辑符号

当控制端 $C=1$ 时，三态门的输出状态取决于输入端 A、B 的状态，这时电路和一般与非门相同，实现与非逻辑关系，即全 1 出 0，有 0 出 1。此时电路处于工作状态，其逻辑关系式为

$$F = \overline{AB} \tag{7.14}$$

当控制端 $C=0$ 时，不管输入端 A、B 的状态如何，输出端开路而处于高阻状态或禁止状态。

由于电路结构不同，也有当控制端为高电平时出现高阻状态，而在低电平时电路处于工作状态的三态门。在这种三态门的逻辑符号中，控制端 EN 会加一小圆圈，表示 $C=0$ 为工作状态，如图 7.24 所示。

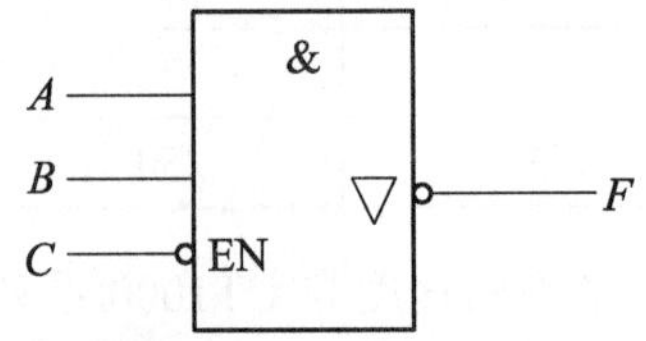

图 7.24　控制端为低电平时的三态门逻辑符号

三态门广泛用于信号传输中。其用途之一是可以实现用同一根导线轮流传送几个不同的数据或控制信号，通常称这根导线为母线或总线。图 7.25 所示为三态门组成的三路数据选择器。只要让各门的控制端轮流接高电平控制信号，即任何时间只能有一个三态门处于工作状态，而其余的三态门处于高阻状态，这样，同一根总线就会轮流接收各三态门输出的数据或信号并传送出去。这种用总线来传送数据或信号的方法，在计算机和各种数字系统中的应用极为广泛，而三态门则是一种重要的接口电路。

图 7.26 是利用三态门组成的双向传输通路。当 $C=0$ 时，G_2 为高阻状态，G_1 打开，信号由 A 经 G_1，传送到 B。当 $C=1$ 时，G_1 为高阻状态，G_2 打开，信号由 B 经 G_2 传送到 A。改变控制端 C 的电平，就可控制信号的传输方向。如果 A 为主机，B 为外部设备，那么通过一根导线，既可由 A 向 B 输出数据，又可由 B 向 A 输入数据，彼此互不干扰。

TTL 型三态门的产品很多，如 CT1125 具有 4 个彼此独立的三态门，通称四总线缓冲器；CT3134 为具有 12 个输入端的三态门等。

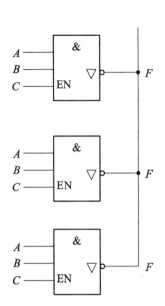

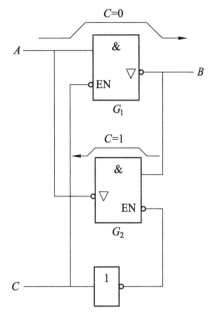

图 7.25　三态门组成的三路数据选择器　　　图 7.26　三态门组成的双向传输通路

7.3.2.3　CMOS 门电路

CMOS 门电路是由 PMOS 管和 NMOS 管构成的一种互补对称场效应管集成门电路，是近年来国内外迅速发展、广泛应用的一种电路。下面简要介绍几种常用 CMOS 门电路的结构和工作原理。

1. CMOS 与非门

图 7.27 所示为 CMOS 与非门电路。VT_1 和 VT_2 为 N 沟道增强型 MOS 管，两者串联组成驱动管；VT_3 和 VT_4 为 P 沟道增强型 MOS 管，两者并联组成负载管。负载管整体与驱动管相串联。

当 A、B 两个输入端全为 1 时，VT_1 和 VT_2 同时导通，VT_3 和 VT_4 同时截止，输出端 F 为 0。

当输入端有一个或全为 0 时，串联的 VT_1、VT_2 必有一个或两个全部截止，而相应的 VT_3 或 VT_4 导通，输出端 F 为 1。

上述电路符合与非逻辑关系，故为与非门。其逻辑关系式为

$$F = \overline{AB} \tag{7.15}$$

2. CMOS 或非门

图 7.28 所示为 CMOS 或非门电路。驱动管 VT_1 和 VT_2 为 N 沟道增强型 MOS 管，两者并联；负载管 VT_3 和 VT_4 为 P 沟道增强型 MOS 管，两者串联。

当 A、B 两输入端有一个或全为 1 时，输出端 F 为 0；只有当输入端 A、B 全为 0 时，输出端 F 才为 1。显然，这符合或非逻辑关系，其逻辑关系式为

$$F = \overline{A+B} \tag{7.16}$$

由上述可知，与非门的输入端越多，需串联的驱动管出越多，导通时的总电阻越大。输

出低电平值将会因输入端的增多而提高，所以输入端不能太多。而或非门电路的驱动管是并联的，不存在此问题，因此，在 CMOS 门电路中，或非门用得较多。

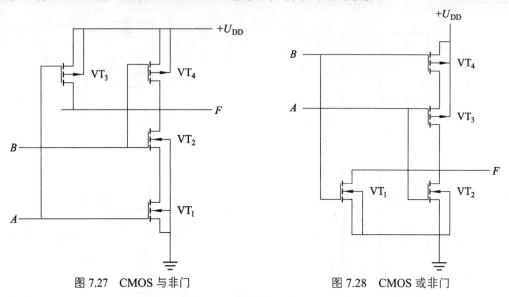

图 7.27　CMOS 与非门　　　　　　图 7.28　CMOS 或非门

　　图 7.29 是一种 CMOS 三态门电路。驱动管 VT_1 和 VT_2 为 N 沟道增强型 MOS 管，两者串联；负载管 VT_3 和 VT_4 为 P 沟道增强型 MOS 管，两者也串联。A 为输入端，F 为输出端，C 为控制端。

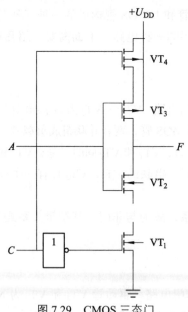

图 7.29　CMOS 三态门

　　当控制端 $C=1$ 时，VT_1、VT_4 同时截止，输出端 F 处于高阻悬空状态。

　　当控制端 $C=0$ 时，VT_1、VT_4 同时导通，输出端 F 由输入端 A 决定，即

$$F = \overline{A} \qquad\qquad (7.17)$$

CMOS 门电路的主要特点：

（1）功耗低。CMOS 电路工作时，几乎不吸取静态电流，所以功耗极低。

（2）电源电压范围宽。目前国产的 CMOS 集成电路，按工作的电源电压范围分为两个系列，即 3～18 V 的 CC4000 系列和 7～15 V 的 C000 系列。由于电源电压范围宽，所以选择电源电压灵活方便，便于和其他电路接口。

（3）抗干扰能力强。

（4）制造工艺较简单。

（5）集成度高，宜于实现大规模集成。

（6）延迟时间较大，开关速度较慢。

表 7.13 是 TTL 电路和 CMOS 电路的性能比较。

表 7.13　TTL 电路和 CMOS 电路的性能比较

参数	电路类型	
	TTL	CMOS
电源电压/V	5	3～18
每门功耗/mW	2～22	50×10^{-6}
每门平均传输延迟时间/ns	3～40	60
扇出系数	≥8	>50
抗干扰能力	一般	好
门电路基本形式	与非门	与非门、或非门

由于 CMOS 门电路具有上述特点，因而在数字电路、电子计算机及显示仪表等许多方面获得了广泛应用。

在逻辑能方面，CMOS 门电路和 TTL 门电路是相同的，而且当 CMOS 电路的电源电压 $U_{DD}=+5\,V$ 时，它可以与低功耗的 TTL 电路直接兼容。

7.4　组合逻辑电路的分析与设计

数字电路根据逻辑功能的不同特点，可以分成两大类：一类叫组合逻辑电路（简称组合电路），另一类叫做时序逻辑电路（简称时序电路）。组合逻辑电路在逻辑功能上的特点是任意时刻的输出仅仅取决于该时刻的输入，与电路原来的状态无关。而时序逻辑电路在逻辑功能上的特点是任意时刻的输出不仅取决于当时的输入信号，而且还取决于电路原来的状态，或者说，还与以前的输入有关。

7.4.1　组合逻辑电路分析

1. 组合逻辑电路的特点

组合逻辑电路是指在任何时刻，输出状态只决定于同一时刻各输入状态的组合，而与电路以前状态无关，而与其他时间的状态无关。

对于一个多输入多输出的组合逻辑电路可以用图 7.30 表示。图中的 x_0　$x_1\cdots x_m$ 为输入变量，y_0　$y_1 \cdots y_n$ 为输出变量，输出与输入之间的逻辑关系用一组逻辑函数表示：

$$y_0 = f_1(x_0, x_1\cdots, x_m)$$
$$y_1 = f_2(x_0, x_1\cdots, x_m)$$
$$\vdots$$
$$y_n = f_n(x_0, x_1\cdots, x_m)$$

(7.18)

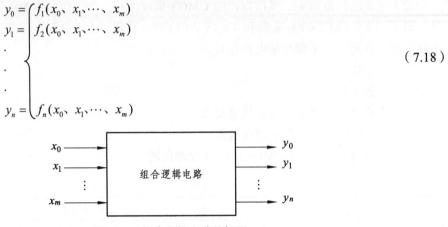

图 7.30　组合逻辑电路的框图

2. 组合逻辑电路分析步骤

对于一个逻辑表达公式或逻辑电路，其真值表可以是唯一的，但其对应的逻辑电路或逻辑表达式可能有多种实现形式，所以，一个特定的逻辑问题，其对应的真值表是唯一的，但实现它的逻辑电路是多种多样的。在实际设计工作中，如果由于某些原因无法获得某些门电路，可以通过变换逻辑表达式变换电路，从而能使用其他器件来代替该器件。同时，为了使逻辑电路的设计更简洁，通过各方法对逻辑表达式进行化简是必要的。组合电路可用一组逻辑表达式来描述。设计组合电路就是实现逻辑表达式。要求在满足逻辑功能和技术要求的基础上，力求使电路简单、经济、可靠。实现组合逻辑函数的途径是多种多样的，可采用基本门电路，也可采用中、大规模集成电路。其一般设计步骤为（见图 7.31）：

（1）分析设计要求，列真值表。

（2）进行必要的逻辑变换。得出所需要的最简逻辑表达式。

（3）画逻辑图。

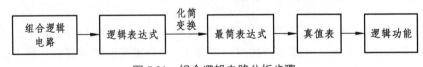

图 7.31　组合逻辑电路分析步骤

3. 组合逻辑电路分析举例

下面通过具体的实例讲解组合逻辑电路的分析步骤。

【例 7.6】分析图 7.32 所示电路的逻辑功能。

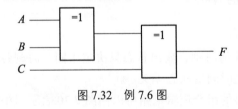

图 7.32　例 7.6 图

解：（1）由于该电路比较简单，可以直接写出输出变量 F 与输入变量 A、B、C 之间的关系表达式 $F = A \oplus B \oplus C$。

（2）列出功能真值表，如表 7.14 所示

表 7.14　真值表

A	B	C	F
0	0	0	0
0	0	1	1
0	1	0	1
0	1	1	0
1	0	0	1
1	0	1	0
1	1	0	0
1	1	1	1

（3）从逻辑真值表可以看出：该电路为判奇电路，当 3 个输入变量 A、B、C 中有奇数个 1 时，输出 F 为 1，否则输出 F 为 0。

【**例 7.7**】分析图 7.33 所示电路的逻辑功能。

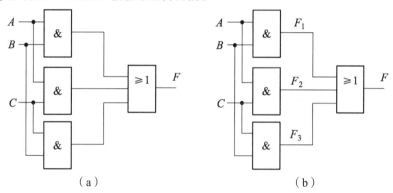

（a）　　　　　　　　　　　　　　　（b）

图 7.33　例 7.7 图

解：（1）逐级在门电路的输出端标出符号，如图 7.18（b）中的 F_1、F_2、F_3。

（2）逐级写出逻辑表达式：$F_1 = AB$；　　$F_2 = AC$；　　$F_3 = BC$。

（3）写出输出 F 的表达式：$F = AB + AC + BC$。

（4）列出功能真值表（见表 7.15）。

（5）判断逻辑功能：根据功能真值表可以判断，本电路为三人表决器电路。三人表决器常用于表决时，在三人中若有两人或两人以上同意通过某一决议时，决议才能生效。

表 7.15　真值表

A	B	C	F
0	0	0	0
0	0	1	0
0	1	0	0

A	B	C	F
0	1	1	1
1	0	0	0
1	0	1	1
1	1	0	1
1	1	1	1

【例 7.8】分析图 7.34 所示电路的逻辑功能。

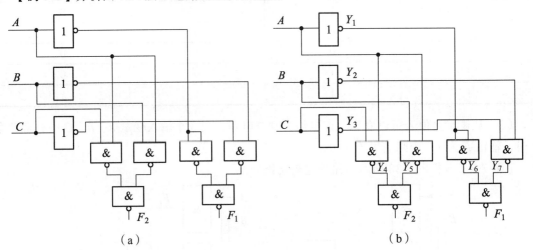

（a）　　　　　　　　　　　（b）

图 7.34　例 7.8 图

解：（1）逐级在门电路的输出端标出符号，如图 7.34（b）所示。

（2）逐级写出逻辑表达式：

$$Y_1 = \overline{A}，\ Y_2 = \overline{B}，\ Y_3 = \overline{C}，\ Y_4 = \overline{AB}，\ Y_5 = \overline{AC}，$$

则

$$F_2 = \overline{\overline{AB} \cdot \overline{AC}} = AB + AC$$

$$Y_6 = \overline{Y_1} = \overline{\overline{A}} = A，\qquad Y_7 = \overline{Y_2 \cdot Y_3} = \overline{\overline{B} \cdot \overline{C}}，$$

则

$$F_1 = \overline{Y_6 \cdot Y_7} = \overline{A \cdot \overline{\overline{B} \cdot \overline{C}}} = \overline{A} + \overline{B} \cdot \overline{C}$$

所以

$$F_2 = AB + AC，\quad F_1 = \overline{A} + \overline{B} \cdot \overline{C}$$

（3）列出功能真值表（见表 7.16）。

（4）判断逻辑功能：根据功能真值表可以看出，本电路是一个检测三位二进制数范围的电路，当二进制数小于等于 100 时，输出 $F_2F_1 = 01$；当二进制数大于 100 时，输出 $F_2F_1 = 10$。

表 7.16　真值表

A	B	C	F_2	F_1
0	0	0	0	1
0	0	1	0	1

A	B	C	F_2	F_1
0	1	0	0	1
0	1	1	0	1
1	0	0	0	1
1	0	1	1	0
1	1	0	1	0
1	1	1	1	0

7.4.2 组合逻辑电路设计

1. 组合逻辑电路分析步骤

与分析过程相反，组合逻辑电路的设计是根据给出的实际逻辑问题，求出实现这一逻辑功能的最佳逻辑电路。

工程上的最佳设计通常需要用多个指标去衡量，主要考虑的问题有以下几个方面：

（1）所用的逻辑器件数目最少，器件的种类最少，且器件之间的连线最少。这样的电路称为"最小化"（最简）电路。

（2）满足速度要求，应使级数最少，以减少门电路的延迟。

（3）功耗小，工作稳定可靠。

组合逻辑电路的设计步骤如图 7.35 所示。

图 7.35　组合逻辑电路设计步骤

1）步骤一：逻辑抽象

在很多情况下实际问题都是用一段文字来表述事物的因果关系，这时就需要通过逻辑抽象的方法，用逻辑函数来描述这一因果关系。

逻辑抽象的过程：

（1）分析事物的因果关系，找出输入变量、输出变量。一般把引起事物结果的原因作为输入变量，而把事物的结果作为输出变量。

（2）定义变量的状态。变量的状态分别用"0"和"1"表示。这里的"0"和"1"的具体含义是由设计者自行定义的。

（3）根据给出的逻辑因果关系，列出功能真值表。至此，将一个具体的问题逻辑抽象为逻辑函数的形式，这种逻辑函数是以真值表的形式给出的。

2）步骤二：写出逻辑表达式

根据真值表写出逻辑表述式。

3）步骤三：选定器件

根据逻辑表达式，选定合适的器件。应根据具体要求和器件的资源情况决定选用哪种器件。

4）步骤四：将逻辑函数化简和变换成适当的形式

在使用小规模集成门电路进行电路设计时，为获得最简单的设计结果，应将函数化简成最简形式。如果对所用器件的种类有附加的要求（例如：只允许用单一的与非门实现），还应将函数转换为与器件类型相一致的形式（与非-与非形式）。

5）步骤五：画逻辑电路图

根据化简、变换后的函数画出逻辑电路图。

6）步骤六：验证

可以通过 EDA 软件（如 Multisim）或者搭试具体电路来进行验证。

2. 组合逻辑电路设计举例

【例 7.9】用与非门设计一个交通报警控制电路。交通信号灯有黄、绿、红 3 种，3 种灯分别单独工作或黄、绿灯同时工作时属正常情况，其他情况均属故障，出现故障时输出报警信号。要求用与非门组成电路。

解： 设黄、绿、红三灯分别用输入变量 A、B、C 表示，灯亮时为工作，其值为 "1"，灯灭时为不工作，其值为 "0"；输出报警信号用 F 表示，正常工作时 F 值为 "0"，出现故障时 F 值为 "1"。

1）确定逻辑函数与变量关系

根据上述假设，我们可根据题目要求，首先把电路的输入、输出信号列写出来。

2）列出相应真值表（见表 7.17）

表 7.17　真值表

A	B	C	F
0	0	0	1
0	0	1	0
0	1	0	0
0	1	1	1
1	0	0	0
1	0	1	1
1	1	0	0
1	1	1	1

3）列出逻辑函数式

$$F = \overline{A}\,\overline{B}\,\overline{C} + \overline{A}BC + A\overline{B}C + ABC$$

用卡诺图对上式进行化简（见图 7.36）。

4）得出最简式

$$F = \overline{A}\,\overline{B}\,\overline{C} + AC + BC$$

5）画出逻辑电路图（见图 7.37）

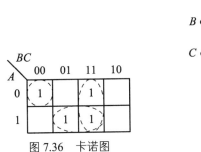

图 7.36　卡诺图

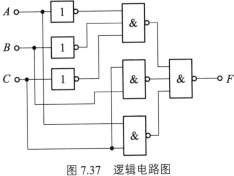

图 7.37　逻辑电路图

对组合逻辑电路的设计问题，不作深入要求，学习者可根据需要自己进一步巩固提高。

显然，组合逻辑电路的设计步骤为：① 据题意确定输入、输出变量的逻辑形式；② 列出相关真值表；③ 写出相应逻辑表达式；④ 化简逻辑式；⑤ 根据最简逻辑式设计出逻辑电路图。

7.4.3　组合逻辑电路中的竞争冒险

1. 竞争冒险

在组合逻辑电路中，当输入信号的状态改变时，输出端可能产生虚假错误信号——过渡干扰脉冲，这种现象就称为竞争冒险（见图 7.38）。

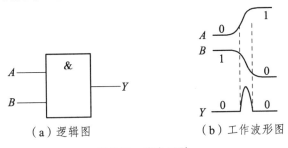

（a）逻辑图　　　　　　　　　　（b）工作波形图

图 7.38　竞争冒险

2. 产生竞争冒险的原因

前面讨论组合逻辑电路的分析与设计时，都是在输入、输出处于稳定的逻辑电平下进行的。没有考虑信号通过导线和逻辑门的传输延迟时间。然而在实际中，信号通过导线和门电路时都存在时间延迟，信号发生变化时也有一定的上升或下降时间。因此，同一个门的一组输入信号，由于它们在此前通过不同数目的门经过不同长度导线的传输，到达门输入端的时间会有先有后，这种现象称为竞争。竞争可能导致输出端产生不应有的尖峰干扰脉冲。如图 7.39 所示，理想情况下的波形应为一条水平直线。

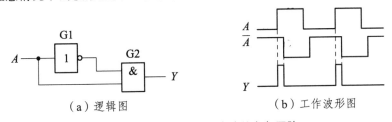

（a）逻辑图　　　　　　　　　　（b）工作波形图

图 7.39　产生正向干扰脉冲的竞争冒险

应当指出的是：有竞争时不一定都会产生尖峰脉冲即冒险。

由上分析可看出：在组合逻辑电路中，当一个门电路输入两个同时向相反方向变化的互补信号时，则在输出端可能会产生不应有的尖峰干扰脉冲。这是产生竞争冒险的主要原因。

3. 竞争-冒险现象的检查方法

1）代数识别法

一个变量以原变量和反变量出现在逻辑函数 F 中时，则该变量是具有竞争条件的变量。如果消去其他变量（令其他变量为 0 或 1），留下具有竞争条件的变量。

（1）若函数出现 $F = A + \overline{A}$，则产生负的尖峰脉冲的冒险现象，即"0"型冒险。

（2）若函数出现 $F = A \cdot \overline{A}$，则产生正的尖峰脉冲的冒险现象，即"1"型冒险。

【例 7.10】 用代数识别法检查竞争冒险现象。$Y = AB + \overline{A}C$，真值表如表 7.18 所示。

解：A 是具有竞争条件的变量。

表 7.18　真值表

B	C	Y
0	0	0
0	1	$\overline{A}$
1	0	A
1	1	$A + \overline{A}$

当 $B = C = 1$ 时，$Y = A + \overline{A}$——存在"0"型冒险

4. 竞争-冒险现象的消除

1）接入滤波电容法

毛刺很窄，因此常在输出端对地并接滤波电容 C，或在本级输出端与下级输入端之间串接一个积分电路，即可将尖峰脉冲消除。但 C 或 R、C 的引入会使输出波形边沿变斜，故参数要选择合适，一般由实验确定（见图 7.40）。

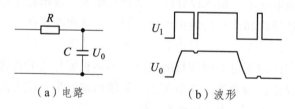

（a）电路　　　　　　（b）波形

图 7.40　加滤波电路排除冒险

2）引入选通脉冲法

毛刺仅发生在输入信号变化的瞬间，因此在这段时间内先将门封锁，待电路进入稳态后，再加选通脉冲使输出门电路开门。这样可以抑制尖峰脉冲的输出。该方法简单易行，但选通信号的作用时间和极性等一定要合适（见图 7.41）。

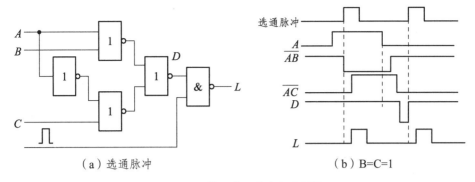

| （a）选通脉冲 | （b）B=C=1 |

图 7.41　利用选通脉冲克服冒险

3）修改逻辑设计法——增加冗余项

只要在其卡诺图上两卡诺圈相切处加一个卡诺圈（见图 7.42），即增加了一个冗余项，就可消除逻辑冒险。

$$Y = AB + \overline{A}C$$

所以　　　　　　$$Y = AB + \overline{A}C + BC$$

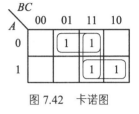

图 7.42　卡诺图

7.5　加法器

加法器是用来进行二进制数加法运算的组合逻辑电路，是数字系统的基本部件之一。

例如，两个 4 位二进制数 $A = 1001$ 和 $B = 1101$ 相加，可写成

$$
\begin{array}{r}
1001 \\
+\ 1101 \\
\hline
10110
\end{array}
$$

运算的基本规则：

（1）逢二进一。

（2）最低位是 2 个最低位的数相加，只求本位的和，无须考虑更低位送来的进位，这种加法称为半加。

（3）其余各位都是 3 个数相加，包括加数、被加数以及低位向本位送来的进位，这种加法称为全加。

（4）任何位相加的结果都产生两个输出，一个是本位和，另一个是向高位的进位。加法器电路是根据上述基本规则而设计的。加法器分为半加器和全加器。

7.5.1　半加器

在二进制加法运算中，要实现最低位的加法，必须有两个输入端（加数和被加数）、两个输出端（本位和及向高位的进位），这种加法逻辑电路称为半加器。

设 A 为被加数，B 为加数，S 为本位和，C 为向高位的进位。根据半加规则可列出半加器的逻辑状态表，如表 7.19 所示。

表 7.19 半加器逻辑状态表

输入		输出	
A	B	C	S
0	0	0	0
0	1	0	1
1	0	0	1
1	1	1	0

由逻辑状态表可以写出逻辑表达式为

$$S = \overline{A}B + A\overline{B} = A \oplus B \qquad\qquad (7.19)$$
$$C = AB \qquad\qquad (7.20)$$

由逻辑表达式就可画出逻辑电路图。S 是异或逻辑，可用异或门来实现。半加器的逻辑电路图及逻辑符号如图 7.43（a）（b）所示。

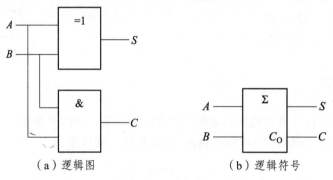

（a）逻辑图　　　　　　（b）逻辑符号

图 7.43 半加器

7.5.2 全加器

全加过程是被加数、加数以及低位向本位来的进位三者相加，所以全加器电路有 3 个输入端（被加数、加数以及由低位向本位来的进位）、2 个输出端（本位和及向高位的进位）。设 A_n 为被加数，B_n 为加数，C_{n-1} 为低位向本位的进位，S_n 为本位的全加和，C_n 为本位向高位的进位。根据全加规则可列出全加器的逻辑状态表，如表 7.20 所示。

表 7.20 全加器逻辑状态表

输入			输出	
A_n	B_n	C_{n-1}	S_n	C_n
0	0	0	0	0
0	0	1	1	0
0	1	0	1	0
0	1	1	0	1
1	0	0	1	0
1	0	1	0	1
1	1	0	0	1
1	1	1	1	1

由逻辑状态表可分别写出输出端 S_n 和 C_n 的逻辑表达式，并化简得

$$
\begin{aligned}
S_n &= \overline{A_n}\,\overline{B_n}C_{n-1} + \overline{A_n}B_n\overline{C_{n-1}} + A_n\overline{B_n}\,\overline{C_{n-1}} + A_nB_nC_{n-1} \\
&= (\overline{A_nB_n + A_n\overline{B_n}})\,\overline{C_{n-1}} + \overline{(\overline{A_n}\,\overline{B_n} + A_nB_n)}\ C_{n-1} \\
&= S_n'\overline{C_{n-1}} + \overline{S_n'}C_{\ n-1} = S_n' \oplus C_{n-1}
\end{aligned}
\tag{7.21}
$$

式中，$S_n' = A_n \oplus B_n$ 是半加器中的半加和。

$$
\begin{aligned}
C_n &= \overline{A_n}B_nC_{n-1} + A_n\overline{B_n}C_{n-1} + A_nB_n\overline{C_{n-1}} + A_nB_nC_{n-1} \\
&= (\overline{A_n}B_n + A_n\overline{B_n})\ C_{n-1} + A_nB_n(\overline{C_{n-1}} + C_{n-1}) \\
&= (A_n \oplus B_n)C_{n-1} + A_nB_n = S_n'C_{n-1} + A_nB_n
\end{aligned}
\tag{7.22}
$$

由逻辑表达式可画出逻辑图。全加器可用两个半加器和一个或门组成，如图 7.44（a）所示。A_n 和 B_n 在第一个半加器中相加，先得出半加和 S_n'，S_n' 再与 C_{n-1} 在第二个半加器中相加，其本位和输出即为全加和 S_n。两个半加器中的进位输出再通过或门进行或运算，即可得出全加的进位 C_n。全加器的逻辑符号如图 7.44（b）所示。

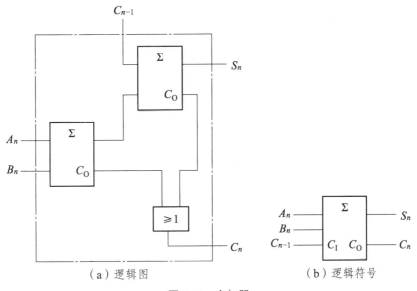

（a）逻辑图　　　　　　　　（b）逻辑符号

图 7.44　全加器

加法器集成电路组件是把多个全加器集成在一个芯片上，如 CT4183（54LS183/74LS183）即是把两个独立的全加器集成在一个组件中，两个全加器各自具有独立的本位和与进位输出，其引脚排列如图 7.45 所示。

用几个全加器可组成一个多位二进制数加法运算的电路。这种全加器任意一位的加法运算都必须等到低位加法完成并送来进位时才能进行，这种进位方式称为串进位。如 CT2083（74H83）就是 4 位串行进位的全加器。另一种集成全加器是 CT1283（或 3283、4283），它是 4 位二进制全加器，采用并行进位方式，即全加的每一位同时产生各位所需的进位信号，因而操作速度快，通称"超前进位"全加器。

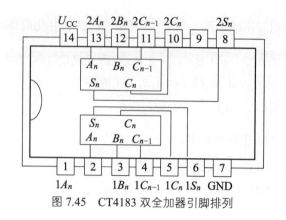

图 7.45　CT4183 双全加器引脚排列

7.6　译码器

译码器（decoder）是一类多输入多输出组合逻辑电路器件，可以分为：变量译码和显示译码两类。变量译码器一般是一种将较少输入变为较多输出的器件，常见的有 n 线——2^n 线译码和 8421BCD 码译码两类；显示译码器用来将二进制数转换成对应的七段码，一般其可分为驱动 LED 和驱动 LCD 两类。

译码器的种类很多，但它们的工作原理和分析设计方法大同小异，其中二进制译码器、二-十进制译码器和显示译码器是三种最典型，使用十分广泛的译码电路。

（1）二进制码译码器：也称为最小项译码器、N 中取一译码器，最小项译码器一般是将二进制码译为十进制码。

（2）代码转换译码器：是从一种编码转换为另一种编码。

（3）显示译码器：一般是将一种编码译成十进制码或特定的编码，并通过显示器件将译码器的状态显示出来。

7.6.1　显示译码器

1. 数码显示器件

1）数码显示器件的类型

在数字系统中，常常需要将数字、字母、符号等直观地显示出来，供人们读取或监视系统的工作情况。能够显示数字、字母或符号的器件称为数字显示器。

常用的数字显示器有多种类型。按发光的材料不同可分为荧光管显示器、半导体发光二极管显示器（LED）、液晶显示器（LCD）等。按显示方式分，有字型重叠式、点阵式、分段式等。目前常用的有 LED 数码显示器和 LCD 液晶显示器。

液晶显示器是一种能显示数字和图文的新型显示器件，具有较广泛的应用前景。它具有体积小、耗电省、显示内容广等特点，但其显示机理较为复杂，在本书中不作介绍。

2）LED 七段数码管

发光二极管显示器（俗称 LED 数码管），由于其工作原理简单、使用方便得到普遍运用。LED 数码管是由 LED 组成的，较普通二极管相比，LED 具有更高的导通电压（一般在 2 V 左

- 174 -

右），LED 点亮电流一般为 10～20 mA。下面看一看由发光二极管构成的七段数码显示器的工作原理。

数码管按段数分为七段数码管和八段数码管，八段数码管比七段数码管多一个发光二极管单元（多一个小数点显示）；按能显示多少个"8"可分为 1 位、2 位、4 位等数码管；按发光二极管单元连接方式分为共阳极数码管和共阴极数码管，如图 7.46 所示。

共阳数码管是指将所有发光二极管的阳极接到一起形成公共阳极（COM）的数码管。共阳数码管在应用时应将公共极 COM 接到+5 V，当某一字段发光二极管的阴极为低电平时，相应字段就点亮。当某一字段的阴极为高电平时，相应字段就不亮。共阴数码管是指将所有发光二极管的阴极接到一起形成公共阴极（COM）的数码管。共阴数码管在应用时应将公共极 COM 接到地线 GND 上，当某一字段发光二极管的阳极为高电平时，相应字段就点亮。当某一字段的阳极为低电平时，相应字段就不亮。然后还要清楚共阴数码管和共阳数码管各自的管脚分布，如图 7.47 所示。

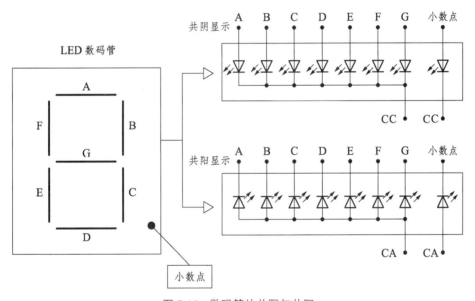

图 7.46　数码管的共阴与共阳

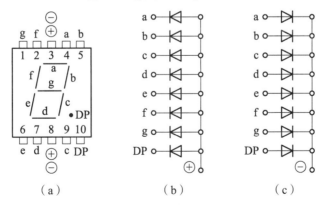

图 7.47　数码管引脚图

数码管要正常显示，就要用驱动电路来驱动数码管的各个段码，从而显示出我们要的数字，驱动电路有多种类型，需要根据实际需要的情况进行设计。

2. 数码管的类型判断

使用数码管时，首先要识别是共阴极型的还是共阳极型，可以通过测量它的管脚，找公共共阴和公共共阳：首先，找个电源（3～5 V）和 1 个 1 kΩ（几百欧的也行）的电阻，V_{CC} 串接电阻后和 GND 接在任意 2 个脚上，组合有很多，但总有一个会使 LED 发光，找到一个就够了，然后 GND 不动，用 V_{CC}（串电阻）逐个碰剩下的脚，如果有多个 LED（一般是 8 个）亮，那它就是共阴的。相反，V_{CC} 不动，用 GND 逐个碰剩下的脚，如果有多个 LED（一般是 8 个）亮，那它就是共阳的。也可以直接用数字万用表，同测试普通半导体二极管一样。注意，万用表应放在 R×10K 挡，因为 R×1K 挡测不出数码管的正反向电阻值。对于共阴极的数码管，红表笔接数码管的"–"，黑表笔分别接其他各脚。测共阳极的数码管时，黑表笔接数码管的 V_{DD}，红表笔接其他各脚。红表笔是电源的正极，黑表笔是电源的负极。

3. 数码管的驱动

根据数码管的驱动方式的不同，可以分为静态式和动态式两类显示方式。

（1）静态显示驱动：静态驱动也称为直流驱动。静态驱动是指每个数码管的每一个段码都由一个单片机的 I/O 端口进行驱动，或者使用如 BCD 码二-十进制译码器译码进行驱动。静态驱动的优点是编程简单，显示亮度高，缺点是占用 I/O 端口多，如驱动 5 个数码管静态显示则需要 5×8 = 40 个 I/O 端口来驱动（一个 89S51 单片机可用的 I/O 端口仅 32 个）。实际应用时必须增加译码驱动器进行驱动，增加了硬件电路的复杂性。

（2）动态显示驱动：数码管动态显示接口是单片机中应用最为广泛的一种显示方式之一，动态驱动是将所有数码管的 8 个显示笔画"a，b，c，d，e，f，g，h"的同名端连在一起，另外为每个数码管的公共极 COM 增加位选通控制电路，位选通由各自独立的 I/O 线控制，当单片机输出字形码时，所有数码管都接收到相同的字形码，但究竟是那个数码管会显示出字形，取决于单片机对位选通 COM 端电路的控制。所以我们只要将需要显示的数码管的选通控制打开，该位就显示出字形，没有选通的数码管就不会亮。通过分时轮流控制各个数码管的 COM 端，就使各个数码管轮流受控显示，这就是动态驱动。在轮流显示过程中，每位数码管的点亮时间为 1～2 ms，由于人的视觉暂留现象及发光二极管的余辉效应，尽管实际上各位数码管并非同时点亮，但只要扫描的速度足够快，给人的印象就是一组稳定的显示数据，不会有闪烁感，动态显示的效果和静态显示是一样的，能够节省大量的 I/O 端口，而且功耗更低。

4. 数码管的使用注意事项

数码管的使用中还要注意以下几个问题：

1）数码管使用时的电流与电压

电流：静态时，推荐使用 10～15 mA；动态时，即动态扫描时，平均电流为 4～5 mA，峰值电流为 50～60 mA。

电压：查引脚排布图，确定每段的芯片数量。为红色时，使用 1.9 V 乘以每段的芯片串联的个数；为绿色时，使用 2.1 V 乘以每段芯片串联的个数。

2）显示效果

由于发光二极管基本上属于电流敏感器件，其正向压降的分散性很大，并且还与温度有关，为了保证数码管具有良好的亮度均匀度，需要使其具有恒定的工作电流，且不能受温度及其他因素的影响。另外，当温度变化时，驱动芯片还要能够自动调节输出电流的大小以实现色差平衡温度补偿。

3）安全性

即使是短时间的电流过载也可能对发光管造成永久性的损坏，采用恒流驱动电路后可防止由于电流故障所引起的数码管的损坏。

另外，我们所采用的超大规模集成电路还具有级联延时开关特性，可防止反向尖峰电压对发光二极管的损害。超大规模集成电路还具有热保护功能，当任何一片的温度超过一定值时可自动关断，并且可在控制室内看到故障显示。

4）亮度一致性的问题

有两个因素对亮度一致性影响较大：一是芯片原材料的选取，二是使用数码管时采取的控制方式。要保证数码管亮度均匀，除了要选择合适的数码管外，在控制方式选取上也有差别，最好的办法是恒流控制，使流过每一个发光二极管的电流都是相同的，这样发光二极管看起来亮度就是一样的了。

5）焊接温度和时间

焊接温度一般为 260° 左右；焊接时间为 5 s 左右。

6）撕去保护膜

表面上有保护膜的产品，可以在使用前撕下来。

7.6.2　显示译码驱动器

在数字电路中，数字量都是以一定的代码形式出现的，所以这些数字量要先经过译码，才能送到数字显示器去显示。显示译码器的作用是将输入的二进制码转换为能控制发光二极管（LED）显示器、液晶（LCD）显示器及荧光数码管等显示器件的信号，以实现数字及符号的显示。由于 LED 点亮电流较大，LED 显示译码器通常需要具有一定的电流驱动能力，所以 LED 显示译码器通常又称为显示译码驱动器。

常见的显示译码器分两类，分别是 4000 系列 CMOS 数字电路（如 CD4511）和 74 系列 TTL 数字电路（如 74LS247，74LS248）。其中 4000 系列工作电压范围较宽，为 3～18 V；74 系列工作电压为（5±0.5）V，工作电压范围较小。图 7.48 是 CD4511 的管脚图。

如前所述，LC5011 是共阴极 LED 数码管，它必须和高电平有效的显示译码器相连接才能正常工作。CD4511 正是输出高电平有效的显示译码驱动器。

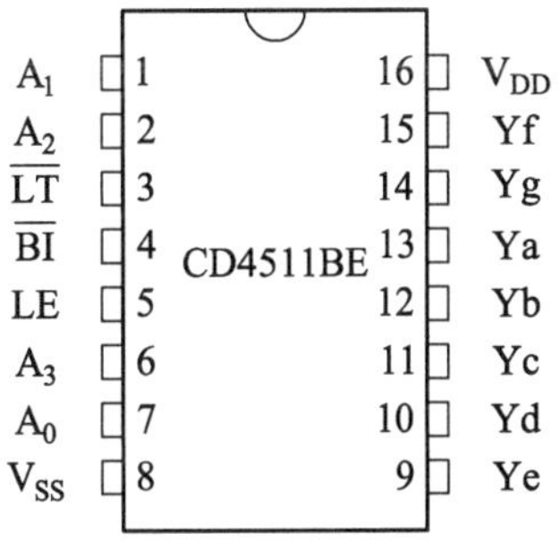

图 7.48　CD4511 的管脚图

CD4511 是一片 CMOS BCD-锁存/七段译码/驱动器，用于驱动共阴极 LED（数码管）显示器的 BCD 码-七段码译码器。具有 BCD 转换、消隐和锁存控制、七段译码及驱动功能的 CMOS

电路能提供较大的拉电流。可直接驱动共阴 LED 数码管。

1. 译码器 CD4511BE 管脚

CD4511BE 是一个用于驱动共阴极 LED（数码管）显示器的 BCD 码-七段码译码器，特点如下：具有 BCD 转换、消隐和锁存控制、七段译码及驱动功能，CMOS 电路能提供较大的上拉电流，可直接驱动 LED 显示器。其引脚如表 7.21 所示。

表 7.21　CD4511BE 引脚功能

序号	引脚号	功能	备注
1	B	BCD 码输入端	
2	C	BCD 码输入端	
3	$\overline{LT}$	测试输入端，$\overline{LT}$=0 时，译码器输出全为 1	$\overline{LT}$=1
4	$\overline{BI}$	消隐输入端，BI=1 时，译码器正常显示；BI=0 时，译码器处于消隐状态	
5	LE	锁定控制端，当 LE=0 时，允许译码输出。LE=1 时译码器是锁定保持状态，译码器输出被保持在 LE=0 时的数值	
6	D	BCD 码输入端	
7	A	BCD 码输入端	
8	U_{SS}	接地	
9	e	a、b、c、d、e、f、g：为译码输出端，输出为高电平 1 有效。	
10	d		
11	c		
12	b		本项目-悬空
13	a		本项目-悬空
14	g		
15	f		
16	U_{DD}	电源+5V	

部分引脚介绍如下：

BI：4 脚是消隐输入控制端，当 BI=0 时，不管其他输入端状态如何，七段数码管均处于熄灭（消隐）状态，不显示数字。

LT：3 脚是测试输入端，当 BI=1，LT=0 时，译码输出全为 1，不管输入 DCBA 状态如何，七段均发亮，显示 "8"。它主要用于检测数码管是否损坏。

LE：锁定控制端，当 LE=0 时，允许译码输出。LE=1 时译码器是锁定保持状态，译码器输出被保持在 LE=0 时的数值。

A1、A2、A3、A4：为 8421BCD 码输入端。

a、b、c、d、e、f、g：为译码输出端，输出为高电平 1 有效。

CD4511 的内部有上拉电阻，在输入端与数码管笔段端接上限流电阻就可工作。

2. 译码器 CD4511BE 的功能

将译码器使能端 S_1，$\overline{S_2}$，$\overline{S_3}$ 及地址端 A2，A1，A0 分别接至逻辑电平开关输出口，8 个输出端 $\overline{Y_7}$～$\overline{Y_0}$ 依次接在 0-1 指示器的 8 个输入口上，拨动逻辑电平开关，CD4511BE 的功能表如表 7.22 所示。

表 7.22　CD4511BE 的功能表

输入							输出							
LE	BI	LI	D	C	B	A	a	b	c	d	e	f	g	显示
×	×	0	×	×	×	×	1	1	1	1	1	1	1	8
×	0	1	×	×	×	×	0	0	0	0	0	0	0	消隐
0	1	1	0	0	0	0	1	1	1	1	1	1	0	0
0	1	1	0	0	0	1	0	1	1	0	0	0	0	1
0	1	1	0	0	1	0	1	1	0	1	1	0	1	2
0	1	1	0	0	1	1	1	1	1	1	0	0	1	3
0	1	1	0	1	0	0	0	1	1	0	0	1	1	4
0	1	1	0	1	0	1	1	0	1	1	0	1	1	5
0	1	1	0	1	1	0	0	0	1	1	1	1	1	6
0	1	1	0	1	1	1	1	1	1	0	0	0	0	7
0	1	1	1	0	0	0	1	1	1	1	1	1	1	8
0	1	1	1	0	0	1	1	1	1	0	0	1	1	9
0	1	1	1	0	1	0	0	0	0	0	0	0	0	消隐
0	1	1	1	0	1	1	0	0	0	0	0	0	0	消隐
0	1	1	1	1	0	0	0	0	0	0	0	0	0	消隐
0	1	1	1	1	0	1	0	0	0	0	0	0	0	消隐
0	1	1	1	1	1	0	0	0	0	0	0	0	0	消隐
0	1	1	1	1	1	1	0	0	0	0	0	0	0	消隐
1	1	1	×	×	×	×	*							*

注：×表示状态可以是 0 也可以是 1；*表示状态锁定在 LE=0 时的输出状态。

值得提出的是：CD4511 的输入为 8421BCD 码，当输入数值大于 1001 后，CD4511 的输出 a～g 全部为低电平，LED 数码管不亮。

7.6.3　变量译码器

在数字电路设计中，通常还用到另一种译码器，称为变量译码器。变量译码器是将输入的二进制码"翻译"成与之对应的输出端为有效高（或低）电平。变量译码器是一种将较少的输入变为较多输出的组合逻辑器件。变量译码器亦即最小项译码器，它把输入变量的所有状态都翻译出来，它的每一个输出都对应了输入变量的一个最小项。从实现组合逻辑函数的角度来看，变量译码器的输出端提供了其输入变量的全部最小项，而任何一个逻辑函数都可以写成最小项表达式，根据这个特点，利用附加的门电路将译码器的最小项输出适当地组合起来，就可以实现任何组合逻辑函数，以 74LS138（3-8 线）译码器为例。

1. 74LS138 管脚排布及内部逻辑图

74LS138 为 3-8 线译码器，共有 54LS138 和 74LS138 两种线路结构型式。54LS138 为军用，74LS138 为民用。如图 7.49 所示为 74LS138 管脚排布及内部逻辑图。

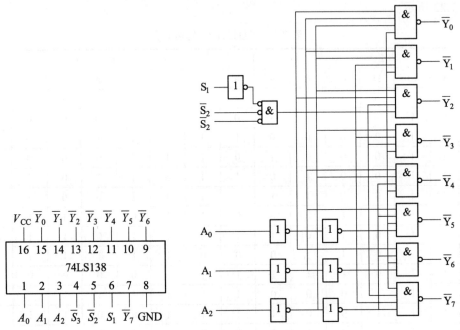

图 7.49　74LS138 管脚排布及内部逻辑图

74LS138 是用 TTL 与非门组成的 3 位二进制变量译码器，它有三个附加的使能端 S_1、$\overline{S_2}$ 和 $\overline{S_3}$。当 $S_1=1$ 且 $\overline{S_2}+\overline{S_3}=0$ 时，附加控制门 G_S 输出为高电平（$S_1=1$），译码器处于工作状态。否则译码器被禁止，所有的输出端被封锁在高电平。表 7.23 是 74LS138 功能真值表。A_2、A_1 和 A_0 称为地址输入端，其中 A_2 为最高位、A_0 为最低位。

表 7.23　74LS138 功能真值表

S_1	$\overline{S_2}+\overline{S_3}$	A_2	A_1	A_0	$\overline{Y_0}$	$\overline{Y_1}$	$\overline{Y_2}$	$\overline{Y_3}$	$\overline{Y_4}$	$\overline{Y_5}$	$\overline{Y_6}$	$\overline{Y_7}$
1	0	0	0	0	0	1	1	1	1	1	1	1
1	0	0	0	1	1	0	1	1	1	1	1	1
1	0	0	1	0	1	1	0	1	1	1	1	1
1	0	0	1	1	1	1	1	0	1	1	1	1
1	0	1	0	0	1	1	1	1	0	1	1	1
1	0	1	0	1	1	1	1	1	1	0	1	1
1	0	1	1	0	1	1	1	1	1	1	0	1
1	0	1	1	1	1	1	1	1	1	1	1	0
×	1	×	×	×	1	1	1	1	1	1	1	1
0	×	×	×	×	1	1	1	1	1	1	1	1

2. 74LS138 的应用

74LS138 可以组成三变量输入、四变量输入的任意组合逻辑电路。

（1）用一个 3-8 线译码器 74LS138 可以组成任何一个三变量输入的逻辑函数，任意一个输入三变量的逻辑函数都可以用一个 3-8 线译码器 74LS138 来实现。因为任意一个组合逻辑表达式都可以写成标准与或式的形式，即最小项之和的形式，而一个 3-8 线译码器 74LS138 的输出正好是二变量最小项的全部体现。

（2）2 个 3-8 线译码器 74LS138 可以组成任何一个四变量输入的逻辑函数。

常见的一些编码器、译码器如（74LS138）都只是三位或四位二进制的编码译码，只能满足一些简单电子电路的需求，对于复杂电子电路就无能为力了。

中规模集成电路 74LS138 的工作原理十分简单，根据输出表达式，可以看出译码器 74LS138 是一个完全译码器，涵盖了所有三变量输入的最小项，这个特性正是它组成任意一个组合逻辑电路的基础。74LS138 还有另一重要应用，可以组成数据分配器。该电路在家用电器、自动化控制等方面都有重要的应用。

【例 7.11】 用 3-8 线译码器 74LS138 实现逻辑函数（见图 7.50）。

解：已知 3-8 线译码器 74LS138 的输出表达式为

$$\overline{Y}_0 = \overline{\overline{A}_2\overline{A}_1\overline{A}_0} = \overline{m}_0 \qquad \overline{Y}_1 = \overline{\overline{A}_2\overline{A}_1 A_0} = \overline{m}_1$$

$$\overline{Y}_2 = \overline{\overline{A}_2 A_1\overline{A}_0} = \overline{m}_2 \qquad \overline{Y}_3 = \overline{\overline{A}_2 A_1 A_0} = \overline{m}_3$$

$$\overline{Y}_4 = \overline{A_2\overline{A}_1\overline{A}_0} = \overline{m}_4 \qquad \overline{Y}_5 = \overline{A_2\overline{A}_1 A_0} = \overline{m}_5$$

$$\overline{Y}_6 = \overline{A_2 A_1\overline{A}_0} = \overline{m}_6 \qquad \overline{Y}_7 = \overline{A_2 A_1 A_0} = \overline{m}_7$$

写出逻辑函数的最小项表达式

$$Y = AB + BC + AC = \overline{A}BC + A\overline{B}C + AB\overline{C} + ABC$$

$$= m_3 + m_5 + m_6 + m_7 = \overline{\overline{m}_3\overline{m}_5\overline{m}_6\overline{m}_7}$$

令 $A_2 = A,\quad A_1 = B, A_0 = C$，则

$$Y = \overline{\overline{Y}_3\overline{Y}_5\overline{Y}_6\overline{Y}_7}$$

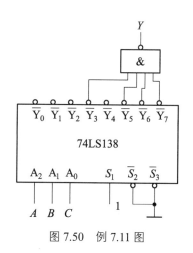

图 7.50　例 7.11 图

7.7 编码器

编码器（encoder）（见图 7.51）是将信号（如比特流）或数据进行编制，转换为可用于通信、传输和存储的信号形式的设备。编码器把角位移或直线位移转换成电信号，前者称为码盘，后者称为码尺。按照读出方式编码器可以分为接触式和非接触式两种；按照工作原理编码器可分为增量式和绝对式两类。增量式编码器是将位移转换成周期性的电信号，再把这个电信号转变成计数脉冲，用脉冲的个数表示位移的大小。绝对式编码器的每一个位置对应一个确定的数字码，因此它的示值只与测量的起始和终止位置有关，而与测量的中间过程无关；按照功能分为普通编码器和优先编码器，通常使用的优先编码器分为 2^n 到 n 的二进制编码器（如 74LS148）及 10 线到 8421BCD 码的二-十进制编码器（如 74LS147）两大类。

图 7.51　编码器

7.7.1 普通编码器

普通编码器约定在多个输入端中每个时刻仅有 1 个输入端有效，否则输出将发生混乱。某一普通编码器电路有 8 个输入端，且输入为高电平有效，每个时刻仅有 1 个输入端为高电平，可见输入共有 8 种组合，可以用 3 位二进制数来分别表示输入端的 8 种情况，也就是把每一种输入情况编成一个与之对应的 3 位二进制数，这就是 3 位二进制编码器。图 7.52 所示为普通 3 位二进制编码器的结构图。

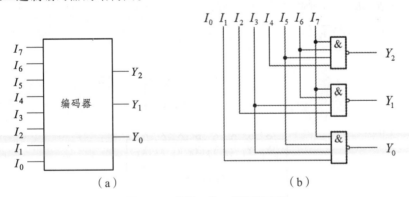

图 7.52　普通 3 位二进制编码器

根据上面的分析可列出表 7.24 所示的功能真值表。

表 7.24 普通 3 位二进制编码器功能真值表

I_0	I_1	I_2	I_3	I_4	I_5	I_6	I_7	Y_2	Y_1	Y_0
1	0	0	0	0	0	0	0	0	0	0
0	1	0	0	0	0	0	0	0	0	1
0	0	1	0	0	0	0	0	0	1	0
0	0	0	1	0	0	0	0	0	1	1
0	0	0	0	1	0	0	0	1	0	0
0	0	0	0	0	1	0	0	1	0	1
0	0	0	0	0	0	1	0	1	1	0
0	0	0	0	0	0	0	1	1	1	1

由真值表可写出输出与输入的函数表达式：

$$Y_2 = I_4 + I_5 + I_6 + I_7 \tag{7.23}$$

$$Y_1 = I_2 + I_3 + I_6 + I_7 \tag{7.24}$$

$$Y_0 = I_1 + I_3 + I_5 + I_7 \tag{7.25}$$

根据表达式可得出用门电路构成的普通 3 位二进制编码器电路。

7.7.2 二进制优先编码器

在优先编码器电路中，将所有输入端按优先顺序排队，允许同时在两个以上输入端上得到有效信号，此时仅对优先权最高的输入进行编码，而对优先级低的输入不予编码。

图 7.53（a）是二进制优先编码器 74LS148 的管脚图，图 7.53（b）是它的逻辑符号。其真值表如表 7.25 所示。

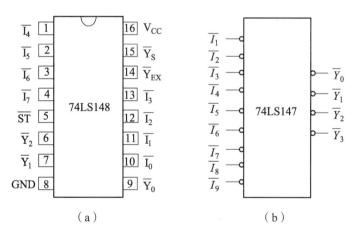

（a）   （b）

图 7.53 74LS148 管脚排布及逻辑符号

表 7.25　74LS148 功能真值表

$\overline{ST}$	I_0	I_1	I_2	I_3	I_4	I_5	I_6	I_7	Y_2	Y_1	Y_0	$\overline{Y_{EX}}$	$\overline{Y_s}$
1	×	×	×	×	×	×	×	×	1	1	1	1	1
0	1	1	1	1	1	1	1	1	1	1	1	1	0
0	1	0	0	0	0	0	0	0	0	0	0	0	1
0	0	1	0	0	0	0	0	0	0	0	1	0	1
0	0	0	1	0	0	0	0	0	0	1	0	0	1
0	0	0	0	1	0	0	0	0	0	1	1	0	1
0	0	0	0	0	1	0	0	0	1	0	0	0	1
0	0	0	0	0	0	1	0	0	1	0	1	0	1
0	0	0	0	0	0	0	1	0	1	1	0	0	1
0	0	0	0	0	0	0	0	1	1	1	1	0	1

从真值表可以看出，74LS148 是 8-3 线译码器，其编码原则如下：

（1）对低电平有效的输入编码。

（2）对优先级高的输入编码。

（3）输出编码是反码形式。如：对于输入 $\overline{I_7}$ 编码，其原码形式为 111，但 74LS148 是以反码形式输出的，实际编码结果为 000。

$\overline{ST}$ 为输入使能端，当 $\overline{ST}=1$ 时，输出全为高电平。当 $\overline{ST}=0$ 时，编码器工作。

$\overline{Y_s}$ 为选通输出端，$\overline{Y_s}=\overline{\overline{I_0}\cdot\overline{I_1}\cdot\overline{I_2}\cdot\overline{I_3}\cdot\overline{I_4}\cdot\overline{I_5}\cdot\overline{I_6}\cdot\overline{I_7}\cdot ST}$，即当所有的输入皆为高电平（无编码输入）且 $ST=1$（$\overline{ST}=0$）时，选通输出端 $\overline{Y_s}$ 才会为 0。因此 $\overline{Y_s}$ 的低电平输入信号表明"编码器工作，但无编码输入"。

$\overline{Y_{EX}}$ 为扩展输出端，$\overline{Y_{EX}}=\overline{(I_0+I_1+I_2+I_3+I_4+I_5+I_6+I_7)\cdot ST}$，即当任何一个输入端有编码输入且 $ST=1$（$\overline{ST}=0$）时，$\overline{Y_{EX}}$ 就会为 0。因此 $\overline{Y_{EX}}$ 的低电平输入信号表明"编码器正常工作，且有编码输入"。

从真值表中还可以看出，74LS148 的输出 $\overline{Y_3}\,\overline{Y_2}\,\overline{Y_1}=111$ 出现了三次。真值表第一行 $\overline{ST}=1$，且 $\overline{Y_s}=1$ 同时 $\overline{Y_{EX}}=1$，表明编码器没有有效使能、没有正常工作，输出全为高电平"111"；真值表第二行，$\overline{ST}=0$，且 $\overline{Ys}=1$ 同时 $\overline{Y_{EX}}=0$，表明"编码器工作，但无编码输入"，输出也为"111"；真值表最后一行，$\overline{ST}=0$，且 $\overline{Ys}=0$ 同时 $\overline{Y_{EX}}=1$，表明"编码器正常工作，且有编码输入"，输出同样为"111"。

7.7.3　8421BCD 码优先编码器

1. 8421BCD 码优先编码器的结构

74LS147 是 8421BCD 码优先编码器，图 7.54（a）是它的管脚排列，图 7.54（b）是它的逻辑符号。表 7.26 是 74LS147 的功能真值表。

2. 8421BCD 码优先编码器常见故障

（1）编码器本身故障：是指编码器本身元器件出现故障，导致其不能产生和输出正确的波形。这种情况下需更换编码器或维修其内部器件。

（2）编码器连接电缆故障：这种故障出现的几率最高，维修中经常遇到，应是首先考虑的因素。通常为编码器电缆断路、短路或接触不良，这时需更换电缆或接头。还应特别注意是否是由于电缆固定不紧，造成松动引起开焊或断路，这时需卡紧电缆。

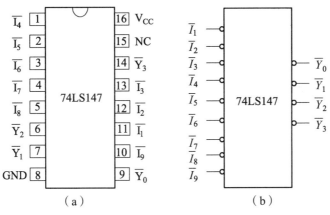

图 7.54　74LS147 管脚分布及逻辑符号

表 7.26　优先编码器 74LS147 功能真值表

$\overline{I_9}$	$\overline{I_8}$	$\overline{I_7}$	$\overline{I_6}$	$\overline{I_5}$	$\overline{I_4}$	$\overline{I_3}$	$\overline{I_2}$	$\overline{I_1}$	$\overline{Y_3}$	$\overline{Y_2}$	$\overline{Y_1}$	$\overline{Y_0}$
1	1	1	1	1	1	1	1	1	1	1	1	1
0	×	×	×	×	×	×	×	×	0	1	1	0
1	0	×	×	×	×	×	×	×	0	1	1	1
1	1	0	×	×	×	×	×	×	1	0	0	0
1	1	1	0	×	×	×	×	×	1	0	0	1
1	1	1	1	0	×	×	×	×	1	0	1	0
1	1	1	1	1	0	×	×	×	1	0	1	1
1	1	1	1	1	1	0	×	×	1	1	0	0
1	1	1	1	1	1	1	0	×	1	1	0	1
1	1	1	1	1	1	1	1	0	1	1	1	0

（3）编码器+5 V 电源下降：是指+5 V 电源过低（通常不能低于 4.75 V），造成过低的原因是供电电源故障或电源传送电缆阻值偏大而引起损耗，这时需检修电源或更换电缆。

（4）绝对式编码器电池电压下降：这种故障通常有含义明确的报警，这时需更换电池，如果参考点位置记忆丢失，还须执行重回参考点操作。

（5）编码器电缆屏蔽线未接或脱落：这会引入干扰信号，使波形不稳定，影响通信的准确性，必须保证屏蔽线可靠地焊接及接地。

（6）编码器安装松动：这种故障会影响位置控制精度，造成停止和移动中位置偏差量超差，甚至刚一开机即产生伺服系统过载报警，请特别注意。

（7）光栅污染：这会使信号输出幅度下降，必须用脱脂棉蘸无水酒精轻轻擦除油污。

7.8　数据选择器

数据选择器是指经过选择，把多个通道的数据传送到唯一的公共数据通道上去，实现数据选择功能的逻辑电路称为数据选择器。在多路数据传送过程中，能够根据需要将其中任意一路选出来的电路，叫作数据选择器，也称为多路选择器或多路开关（见图7.55）。

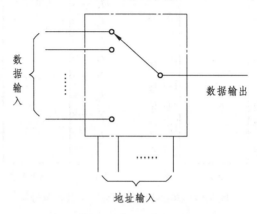

图 7.55　数据选择器和数据分配器框图

1. 中规模集成数据选择器

数据选择器通常又称为多路开关MUX。它有多个信号输入端（2^n），若干个（n）控制输入端（也叫地址输入端）和一个输出端。它的逻辑功能为：在控制输入端的作用下，从多个输入信号（输入的数据）中选择某一个输入的信号传送到输出端。数据选择器有许多种，图7.56（a）为8选1数据选择器74LS151的管脚排列图，图7.56（b）为8选1数据选择器74LS151的逻辑符号。功能真值表见表7.27。

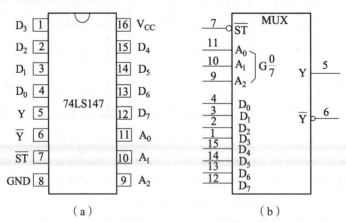

（a）　　　　　　　　（b）

图 7.56　8选1数据选择器 74LS151 管脚图和逻辑符号

表 7.27　74LS151 8 选 1 数据选择器功能真值表

$\overline{ST}$	A_2	A_1	A_0	Y	$\overline{Y}$
1	×	×	×	0	1
0	0	0	0	D_0	$\overline{D_0}$
0	0	0	1	D_1	$\overline{D_1}$
0	0	1	0	D_2	$\overline{D_2}$
0	0	1	1	D_3	$\overline{D_3}$
0	1	0	0	D_4	$\overline{D_4}$
0	1	0	1	D_5	$\overline{D_5}$
0	1	1	0	D_6	$\overline{D_6}$
0	1	1	1	D_7	$\overline{D_7}$

图 7.56 中，$\overline{ST}$ 为芯片选通输入端，低电平有效；8 选 1 数据选择器的控制输入端（又称为地址端）共有 3 位，A_2 为高位；共有 8 路数据输入，分别是 $D_0 \sim D_7$；当地址输入端 $A_2A_1A_0$ 为 000 时，Y 选择 D_0 的数据输出，当地址输入端 $A_2A_1A_0$ 为 001 时，Y 选择 D_1 的数据输出，以此类推，当地址输入端 $A_2A_1A_0$ 为 111 时，Y 选择 D_7 的数据输出。

不难看出，当电路处于正常工作状态时，输出和输入的关系如下：

$$Y = m_0D_0 + m_1D_1 + m_2D_2 + m_3D_3 + m_4D_4 + m_5D_5 + m_6D_6 + m_7D_7 \tag{7.26}$$

从数据选择器的输出和输入之间的关系可以看出：数据输入与地址输入的最小项相与就是数据选择器的输出。所以数据选择器可以实现组合逻辑函数功能。

集成数据选择器的种类很多，除了上面介绍的 8 选 1 数据选择器 74LS151 外，还有双 4 选 1 数据选择器 74LS153。另外还有 CMOS 系列的 8 选 1 数据选择器 CC4512 等。

2. 数据选择器的应用

【例 7.12】用 8 选 1 数据选择器实现逻辑函数：$Y=AB+BC+AC$

解：（1）将逻辑函数转换成最小项表达式：

$$Y = AB+BC+AC = \overline{A}BC + A\overline{B}C + AB\overline{C} + ABC$$
$$= m_3 + m_5 + m_6 + m_7$$

（2）写出 8 选 1 数据选择器的输出函数式：

$$Y' = (\overline{A_2}\,\overline{A_1}\,\overline{A_0})D_0 + (\overline{A_2}\,\overline{A_1}A_0)D_1 + (\overline{A_2}A_1\overline{A_0})D_2 + (\overline{A_2}A_1A_0)D_3$$
$$+ (A_2\overline{A_1}\,\overline{A_0})D_4 + (A_2\overline{A_1}A_0)D_5 + (A_2A_1\overline{A_0})D_6 + (A_2A_1A_0)D_7$$

（3）令 $A_2=A$，$A_1=B$，$A_0=C$，则

$$Y' = m_0D_0 + m_1D_1 + m_2D_2 + m_3D_3 + m_4D_4 + m_5D_5 + m_6D_6 + m_7D_7$$
$$D_3 = D_5 = D_6 = D_7 = 1，D_0 = D_1 = D_2 = D_4 = 0$$

（4）画出逻辑图（见图7.57）。

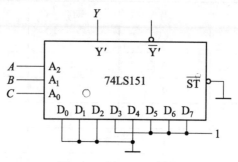

图7.57　例7.12 逻辑图

【例7.11】　用4选1数据选择器实现逻辑函数：$Y=AB+BC+AC$。

解：（1）写出逻辑函数的最小项表达式：

$$Y'=AB+BC+AC=\overline{A}BC+A\overline{B}C+AB\overline{C}+ABC=\overline{A}BC+A\overline{B}C+AB(\overline{C}+C)$$

（2）写出4选1数据选择器的输出函数式：

$$Y'=\overline{A}\,\overline{B}D_0+\overline{A}BD_1+A\overline{B}D_2+ABD_3$$

（3）对照以上两式：

$$D_0=0,\ D_1=D_2=C,\ D_3=\overline{C}+C=1$$

（4）画出逻辑图（见图7.58）。

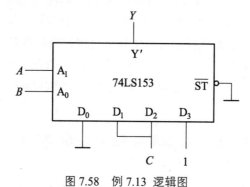

图7.58　例7.13 逻辑图

习 题

1. 写出下列各式的正确结果。

（1）$(101.01)_2=($ 　　　　$)_{10}$

$(23)_{10}=($ 　　　　$)_2$

$(01001101.10011100)_2=($ 　　　　$)_{16}$

（2）$(6E.3A5)_H=($ 　　　　$)_B$

$(43.5)_H=(67.41)_D=($ 　　　　$)_B$

（3）$(1111.11)_B=($ 　　　　$)_D=($ 　　　　$)_H$

$(1010.01)_B=($ 　　　　$)_D=($ 　　　　$)_H$

（4）$(12)_D=($ 　　　　$)_H=($ 　　　　$)_{8421BCD}$

$(1001\ 0101)_{8421BCD}=($ 　　　　$)_B=($ 　　　　$)_D$

（5）逻辑函数 $F=\overline{AB}+\overline{\overline{CD}+EF}$ 的反函数是（　　　　）。

逻辑函数 $F=\overline{(A+\overline{B})+CD}$ 的反函数是（　　　　）。

2. 将下列逻辑函数化简为最简与或表达式。

（1）$Y=\overline{A}\overline{B}C+\overline{A}BC+AB\overline{C}+ABC$

（2）$Y=\overline{A}+\overline{B}+\overline{C}+ABC$

（3）$Y=AC\overline{D}+AB\overline{D}+BC+\overline{A}CD+ABD$

（4）$Y=\overline{A}\overline{B}C+A\overline{B}+A\overline{D}+\overline{A}\ \overline{D}$

（5）$Y=\overline{A}\overline{B}C+\overline{A}\ \overline{C}D+A$

（6）$Y=A(\overline{A}+B)+B(B+C)+B$

3. 试画出图 7.59（a）所示电路在输入图 7.59（b）波形时的输出端 B、C 的波形。

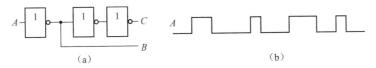

图 7.59　题 3 图

4. 试用卡诺图化简如下逻辑函数式。

（1）$F(A,B,C,D)=\sum m_{(0,1,2,8,9,10,12,13,14,15)}$；

（2）$F(A,B,C,D)=\sum m_{(2,4,5,6,7,11,12,14,15)}$；

（3）$F(A,B,C,D)=\sum m_{(0,2,4,6,7,8,12,14,15)}$。

5. 画出如下逻辑函数式的逻辑电路图。

（1）$\overline{A}B+A\overline{B}$；

（2）$AB+\overline{A}\ \overline{B}+\overline{A}BC$；

（3）$\overline{A}B(C+\overline{D})$；

（4）$A+B(\overline{C}+D(B+C))$

6. 已知某函数的真值表如表 7.28 所示，试列出逻辑表达式并化简为与非与非表达式，用二输入与非门实现，并画出逻辑电路图。

表 7.28　题 6 真值表

A	B	C	F
0	0	0	0
0	0	1	1
0	1	0	1
0	1	1	0
1	0	0	0
1	0	1	1
1	1	0	1
1	1	1	0

7. 在图 7.60（a）所示各门电路中，输入 A、B 波形如图 7.60（b）所示，试画出 $F_1 \sim F_4$ 的波形。

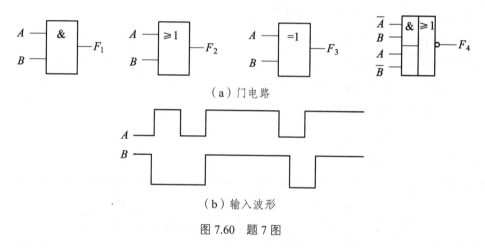

（a）门电路

（b）输入波形

图 7.60　题 7 图

8. 某医院有一、二、三、四号 4 间病房，每室设有呼叫按钮，同时在护士室内对应地装有一号、二号、三号、四号 4 个指示灯。现要求：当一号病室的按钮按下时，无论其他病室的按钮是否按下，只有一号灯亮。当一号病室的按钮没有按下而二号病室的按钮按下时，无论三、四号病室的按钮是否按下，只有二号灯亮。当一、二号病室的按钮都未按下而三号病室的按钮按下时，无论四号病室的按钮是否按下，只有三号灯亮。只有在一、二、三号病室的按钮均未按下而按下四号病室的按钮时，四号灯才亮。试用优先编码器 74LS148 和门电路设计满足上述控制要求的逻辑电路，给出控制 4 个指示灯状态的高、低电平信号。

9. 设计 1 个一致表决电路，当 3 个输入变量 A、B、C 一致时，输出为 1，否则为 0。

10. 试画出用 3-8 线译码器 74LS138 和门电路产生如下多输出逻辑函数的逻辑图。

$$\begin{cases} Y_1 = AC \\ Y_2 = \overline{A}\,\overline{B}C + A\overline{B}\,\overline{C} + BC \\ Y_3 = \overline{B}\,\overline{C} + AB\overline{C} \end{cases}$$

11. 画出用 4-16 线译码器 74LS154 和门电路产生如下多输出逻辑函数的逻辑图。

$$
\begin{cases}
Y_1 = \overline{A}\,\overline{B}\,\overline{C}\,\overline{D} + \overline{A}\,\overline{B}\,C\,\overline{D} + \overline{A}\,B\,\overline{C}\,\overline{D} + \overline{A}\,B\,C\,\overline{D} \\
Y_2 = \overline{A}\,B\,C\,D + A\,\overline{B}\,C\,D + A\,B\,\overline{C}\,D + A\,B\,C\,\overline{D} \\
Y_3 = \overline{A}\,B
\end{cases}
$$

12. 设计用 3 个开关控制 1 个电灯的逻辑电路，要求：改变任何一个开关的状态都能控制电灯由亮变灭或者由灭变亮；用数据选择器来实现。

8 触发器和时序逻辑电路

数字逻辑电路通常为可以分为两大类，一类是组合逻辑电路，另一类是时序逻辑电路。上一章讨论的各种门电路及由其组成的组合逻辑电路中，它门的输出变量状态仅由当时的输入变量的组合状态来决定，而与电路原来的状态无关，即它们不具有记忆功能。但是一个复杂的计算机或数字系统，要连续进行各种复杂的运算和控制，就必须在运算和控制过程中，暂时保存（记忆）一定的代码（指令、操作数或控制信号），为此，需要利用触发器构成具有记忆功能的电路。这种电路某一时刻的输出状态不仅和当时的输入状态有关，而且还与电路原来的状态有关。它们属于另一类逻辑电路，称为时序逻辑电路。

双稳态触发器是各种时序逻辑电路的基础。本章主要介绍触发器电路的结构与特点、触发器功能分类及分析方法；在分析双稳态触发器逻辑功能的基础上讨论几种典型的时序逻辑电路器件，并介绍几种简单实例来说明数字系统的构成和应用，以及模拟量与数字量的相互转换。

8.1 触发器

8.1.1 触发器的概念

在数字系统中，除了能够进行逻辑运算和算术运算的组合逻辑电路外，还需要具有记忆功能的时序逻辑电路。时序逻辑电路的输出状态不仅与当前的输入状态有关，还与原来所处的状态有关。触发器是时序逻辑电路的基本单元，具有记忆功能。

触发器有两个稳定的状态，即 0 状态和 1 状态，这两种状态在一定的外加输入信号的作用下，触发器可以从一个稳定状态转到另外一个稳定状态。而触发器在没有外加触发信号的作用下，它的状态保持不变。触发器由逻辑门电路组成有一个或者几个输入端；两个输出端，即 Q 和 $\overline{Q}$，两个输出状态互补。

不同的触发器具有不同的逻辑功能，电路结构和触发方式也有所不同。触发器的种类很多。根据逻辑功能的不同，可将触发器分为 RS 触发器、D 触发器、JK 触发器、T 触发器等。根据电路结构不同，可将触发器分为基本触发器、同步触发器、主从触发器、边沿触发器。

8.1.2 RS 触发器

1. 基本 RS 触发器

基本 RS 触发器是由两个与非门交叉连接组成的，如图 8.1（a）所示。其中 $\overline{S}$、$\overline{R}$ 是两个输入端，Q 和 $\overline{Q}$ 是两个互补的输出端。在正常条件下，两个输出端能保持相反的状态，一般

把 Q 的状态规定为触发器的状态。当 $Q=1$，$\overline{Q}=0$ 时，称触发器为 1 状态；当 $Q=0$，$\overline{Q}=1$ 时，称触发器为 0 状态。这就是触发器的两个稳定状态，所以称之为双稳态触发器。图 8.1（b）所示为基本 RS 触发器的逻辑符号，图中 $\overline{S}$、$\overline{R}$ 的小圆圈以及 $\overline{S}$、$\overline{R}$ 上面的非号均表示低电平有效。

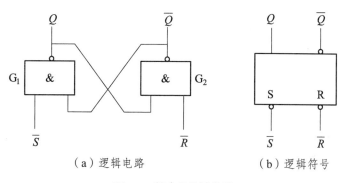

（a）逻辑电路　　　　　　　（b）逻辑符号

图 8.1　基本 RS 触发器

基本 RS 触发器的工作原理：

（1）当 $\overline{S}=\overline{R}=0$ 时，根据与非门的特点，输出 $Q=\overline{Q}=1$，这不满足基本 RS 触发器的输出状态 Q 和 $\overline{Q}$ 是两个互补的关系，因此这种输出状态时不定的，使用时应该禁止。

（2）当 $\overline{S}=0$，$\overline{R}=1$ 时，与非门 G_1 输出 $Q=1$，因为 $\overline{R}=1$，所以与非门 G_2 输出 $\overline{Q}=0$，即触发器被置 1，称 $\overline{S}$ 端为置 1 端或置位端。

（3）当 $\overline{S}=1$，$\overline{R}=0$ 时，与非门 G_2 输出 $\overline{Q}=1$，因为 $\overline{S}=1$，所以与非门 G_1 输出 $Q=0$，即触发器被置 0，称 $\overline{S}$ 端为置 0 端或复位端。

（4）当 $\overline{S}=\overline{R}=1$ 时，两个与非门的工作状态不受影响，各自的输出状态保持不变，即触发器保持原状态不变。

表 8.1 是由图 8.1（a）与非门组成的基本 RS 触发器的逻辑状态表。表中 Q^n 表示触发器在接收信号之前的输出状态，称为初态；Q^{n+1} 表示触发器在接收信号之后的输出状态，称为次态。

表 8.1　基本 RS 触发器的逻辑状态表

$\overline{S}$	$\overline{R}$	Q^{n+1}	逻辑功能
0	0	不定	不允许
0	1	1	置位
1	0	0	复位
1	1	Q^n	保持

2. 同步 RS 触发器

同步 RS 触发器是在基本 RS 触发器的基础上加了两个与非门 G_3、G_4 和一个时钟信号 CP，如图 8.2（a）所示。图 8.1（b）所示为同步 RS 触发器的逻辑符号。

同步 RS 触发器的工作原理：

（1）当 $CP=0$ 时，与非门 G_3、G_4 被锁定，两个输入端 S、R 的输入不会影响 G_3、G_4 门的输出，$Q_3=Q_4=1$，在 $\overline{S}_D$ 和 $\overline{R}_D$ 两个控制端不作用的情况下，基本 RS 触发器保持原状态不

变。$\overline{S}_D$ 和 $\overline{R}_D$ 两个控制端分别是置位端和复位端，同来使触发器直接置 1 和置 0，他们不受 CP 的控制。$\overline{S}_D$ 和 $\overline{R}_D$ 不能同时为 0，$\overline{S}_D$ 和 $\overline{R}_D$ 同时为 1 时，同步 RS 触发器才能正常进入工作状态。

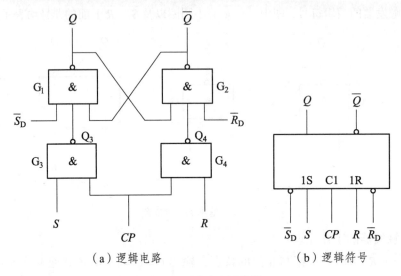

（a）逻辑电路 （b）逻辑符号

图 8.2 同步 RS 触发器

（2）当 $CP=1$ 时，与非门 G_3、G_4 解除封锁，触发器输出状态由 S、R 的输入状态决定。

当 $S=R=0$ 时，与非门 G_3、G_4 的 $Q_3=Q_4=1$，基本 RS 触发器的输出保持原状态，也就是同步 RS 触发器保持原状态。

当 $S=0$，$R=1$ 时，与非门 G_4 输出 $Q_4=0$，那么与非门 G_2 输出 $\overline{Q}=1$，即触发器被置 1，同时与非门 G_3 的输出 $Q_3=1$，那么与非门 G_1 输出 $Q=0$，同步 RS 触发器被复位。

当 $S=1$，$R=0$ 时，与非门 G_3 输出 $Q_3=0$，那么与非门 G_1 输出 $Q=1$，即触发器被置 1，同时与非门 G_4 的输出 $Q_4=1$，那么与非门 G_2 输出 $\overline{Q}=0$，同步 RS 触发器被置位。

当 $S=R=1$ 时，与非门 G_3、G_4 的 $Q_3=Q_4=0$，使输出 $Q=\overline{Q}=1$，这不满足基本 RS 触发器的输出状态 Q 和 $\overline{Q}$ 是两个互补的关系，因此这种输出状态时是不定的，使用时应该禁止。表 8.2 是同步 RS 触发器的逻辑状态表。

表 8.2　同步 RS 触发器的逻辑状态表

CP	S	R	Q^{n+1}	逻辑功能
0	×	×	Q^n	保持
1	0	0	Q^n	保持
1	0	1	0	置位
1	1	0	1	复位
1	1	1	不定	不允许

【例 8.1】已知同步 RS 触发器的输入信号 S、R 及时钟信号 CP 的波形如图 8.3 所示。设触发器的初始状态为 0 态，试画出输出端 Q 的波形图。

　　解　第一个时钟 CP 到来时，$S=R=0$，触发器的输出 $Q=0$；第二个时钟 CP 到来时，

$S=1$，$R=0$，触发器的输出 $Q=1$；第三个时钟 CP 到来时，$S=R=1$，触发器的输出状态不确定，可以为 $Q=0$ 或 $Q=1$，所以波形图如图 8.3 所示。

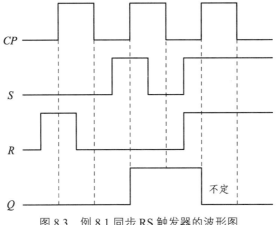

图 8.3 例 8.1 同步 RS 触发器的波形图

8.1.3 JK 触发器

JK 触发器的品种很多，可分为两大类：主从型和边沿型。主从型工作方式的 JK 触发器工作速度慢，容易受噪声干扰，所以现在用得很少。随着工艺的发展，JK 触发器大都采用边沿触发工作方式，具有抗干扰能力强、速度快、对输入信号的时间配合要求等优点。JK 触发器的逻辑符号如图 8.4 所示。下面介绍下降沿 JK 触发器的工作原理。

（1）当 $J=K=0$ 时，时钟信号触发后，JK 触发器保持原状态，$Q^{n+1}=Q^n$。

（2）当 $J=0$，$K=1$ 时，时钟信号触发后，$Q^{n+1}=0$，JK 触发器被复位。

（3）当 $J=1$，$K=0$ 时，时钟信号触发后，$Q^{n+1}=1$，JK 触发器被置位。

（4）当 $J=K=1$ 时，时钟信号触发后，$Q^{n+1}=\overline{Q^n}$，$\overline{Q^{n+1}}=Q^n$，JK 触发器翻转。说明每加入一个时钟脉冲信号，

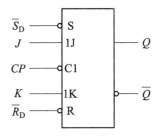

图 8.4 JK 触发器的逻辑符号

触发器的状态就翻转 1 次，称为计数功能。表 8.3 是 JK 触发器的逻辑状态表。

表 8.3 JK 触发器的逻辑状态表

CP	J	K	Q^{n+1}	逻辑功能
0	×	×	Q^n	保持
↓	0	0	Q^n	保持
↓	0	1	0	置位
↓	1	0	1	复位
↓	1	1	$\overline{Q^n}$	翻转

根据 JK 触发器的逻辑状态表列出逻辑表达式并化简，得到特性方程：

$$Q^{n+1} = J\overline{Q^n} + \overline{K}Q^n \qquad (8.1)$$

【例 8.2】 已知 JK 触发器（见图 8.4）的输入信号 J、K 及时钟信号 CP 的波形如图 8.5 所示。设触发器的初始状态为 0 态，试画出输出端 Q 的波形图。

解 第一个时钟 CP 下降沿到来时，$J = K = 1$，触发器的计数翻转，输出 $Q = 1$；第二个时钟 CP 下降沿到来时，$J = 1$，$K = 0$，触发器的输出 $Q = 1$；第三个时钟 CP 下降沿到来时，$J = K = 1$，触发器的计数翻转，输出 $Q = 0$，所以波形如图 8.5 所示。

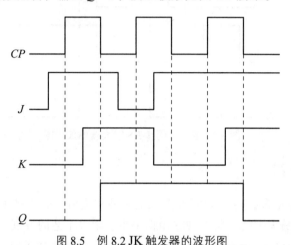

图 8.5 例 8.2 JK 触发器的波形图

8.1.4 D 触发器

D 触发器也是一种边沿触发器，它的逻辑功能是在时钟脉冲 CP 的作用下，进行置 0 或置 1。D 触发器的逻辑符号如图 8.6 所示。下面介绍上升沿 D 触发器的工作原理。

（1）当 $D = 0$ 时，时钟信号触发后，$Q^{n+1} = 0$，D 触发器被复位。

（2）当 $D = 1$ 时，时钟信号触发后，$Q^{n+1} = 1$，D 触发器被置位。

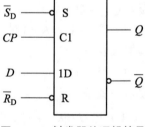

图 8.6 D 触发器的逻辑符号

表 8.4 为 D 触发器的逻辑状态表。

表 8.4 D 触发器的逻辑状态表

CP	D	Q^{n+1}	逻辑功能
0	×	Q^n	保持
↑	0	0	置位
↑	1	1	复位

根据 D 触发器的逻辑状态表列出逻辑表达式并化简，得到特性方程：

$$Q^{n+1} = D \qquad (8.2)$$

【例 8.3】 已知 D 触发器（见图 8.6）输入信号 D 及时钟信号 CP 的波形如图 8.7 所示。设触发器的初始状态为 0 态，试画出输出端 Q 的波形图。

解　第一个时钟 CP 上升沿到来时，$D=1$，触发器的输出 $Q=1$；第二个时钟 CP 下降沿到来时，$D=0$，触发器的输出 $Q=0$，第三个时钟 CP 下降沿的到来时，$D=1$，触发器的输出 $Q=0$，所以波形如图 8.7 所示。

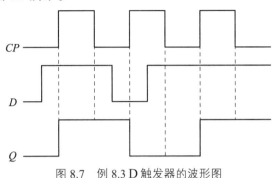

图 8.7　例 8.3 D 触发器的波形图

8.1.5　T 触发器

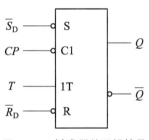

T 触发器也是一种边沿触发器，它的逻辑功能是在时钟脉冲 CP 的作用下，进行保持或翻转作用。T 触发器的逻辑符号如图 8.8 所示。下面介绍下降沿 T 触发器的工作原理。

（1）当 $T=0$ 时，时钟信号触发后，$Q^{n+1}=Q^n$，T 触发器保持原状态。

（2）当 $T=1$ 时，时钟信号触发后，$Q^{n+1}=\overline{Q^n}$，T 触发器翻转。

图 8.8　T 触发器的逻辑符号

表 8.5 为 T 触发器的逻辑状态表。

表 8.5　T 触发器的逻辑状态表

CP	T	Q^{n+1}	逻辑功能
0	×	Q^n	保持
↓	0	Q^n	保持
↓	1	$\overline{Q^n}$	翻转

根据 T 触发器的逻辑状态表列出逻辑表达式并化简，得到特性方程：

$$Q^{n+1}=T\overline{Q^n}+\overline{T}Q^n \qquad (8.3)$$

8.2　时序逻辑电路的分析

8.2.1　时序逻辑电路的概述

在组合逻辑电路章节中，已经阐述过组合逻辑电路中基本单元是门电路，当时的输出仅仅取决于当时的输入，它没有记忆功能；而与之对比的时序逻辑电路中，则含有具有记忆能力的存储器件，任何一个时刻的输出状态不仅取决于当时的输入信号，还与电路的原状态有关。存储器件的种类有很多，如触发器、延迟线、磁性器件等，但最常用的是触发器。时序逻辑电路结构框图如图 8.9 所示。

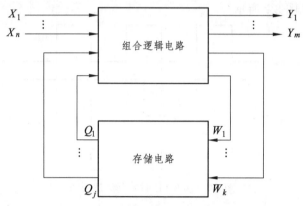

图 8.9 时序逻辑电路的结构框图

图 8.9 中，X（X_1，X_2，…，X_n）是时序逻辑电路的输入信号；Y（Y_1，Y_2，…，Y_m）是时序逻辑电路的输出信号；W（W_1，W_2，…，W_k）是存储电路的输入信号，取自组合逻辑电路的输出；存储电路的输出状态 Q（Q_1，Q_2，…，Q_j）是存储电路的输出信号，其输出状态又反到组合逻辑电路的输入端，与输入信号共同决定时序电路的新状态。

图 8.9 所示的只是时序电路的一般结构，并不是所有的时序电路都包含图示的电路结构，有些时序电路没有输入，有些可能没有组合逻辑电路，不一而同。但不管怎样变化，时序逻辑电路中一定会包含触发器。

从图示结构图中可以看出，时序逻辑电路有以下特点：

（1）时序逻辑电路由组合电路和存储电路共同组成，既然包含存储电路，那一定具有记忆功能。

（2）时序逻辑电路中存在反馈回路，也就是时序逻辑电路是一个闭环系统。

时序逻辑电路根据逻辑功能不同，可以分成计数器、寄存器、移位寄存器和序列脉冲发生器等。根据时钟是否统一，可以分成异步时序逻辑电路和同步时序逻辑电路。异步时序逻辑电路是指时序电路中的各触发器不是用的统一的时钟，也就是说外部脉冲来临之时，不是每个触发器的输出都根据特征方程发生相应的改变；而同步时序逻辑电路是指时序电路中的时钟用的是同一个，当时钟来临时，所有的触发器的输出统一根据特征方程发生相应改变。根据输出信号的特点，时序逻辑电路可以分为米利型（Mealy）和莫尔型（Moore）。米利型时序逻辑电路是指时序逻辑电路的输出不仅与现态有关，而且还决定于电路当前的输入状态。莫尔型时序逻辑电路是指输出仅决定于电路的现态，与电路当前的输入状态无关。

8.2.2 时序逻辑电路的分析

时序逻辑电路的分析和组合逻辑电路的分析一样，都是根据给定的电路，写出逻辑功能。一般分析步骤如下：

（1）由逻辑图写出方程式（时钟方程、输出方程、驱动方程、状态方程）。时钟方程是指各个触发器的时钟表达式；输出方程是指时序逻辑电路的输出逻辑表达式；驱动方程是指各触发器输入信号的表达式；状态方程是指将驱动方程代入相应触发器的特性方程中，得到该触发器次态与输入、现态的表达式。

（2）列写状态转换真值表。状态转换真值表也是真值表，在组合逻辑电路中，真值表是将输入信号与输出信号的对应关系表现在一张表格里。在时序逻辑电路中，将电路输出、次态、与输入、现态它们的对应关系写在一张表格中，这就叫作状态转换真值表。也就是将电路现态的各种取值组合代入状态方程和输出方程中进行计算，求出相应的次态和输出填写在表格中即可。注意：不能漏掉任何一个组合。

（3）说明逻辑功能。

（4）画出状态转换图和时序图。

反应时序电路状态转换规律及相应输入、输出取值情况的几何图形就叫作状态转换图。时序图也叫作波形图，是指在时钟脉冲的作用下，各触发器状态变化的波形图。

1. 同步时序逻辑电路的分析

对于同步时序逻辑电路而言，因为整个电路的时钟是同一个，所以在列写方程式的时候就没必要写时钟方程了。

【例 8.4】试分析如图 8.10 所示的同步时序逻辑电路，并说明它的逻辑功能。

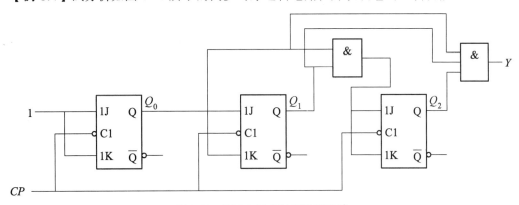

图 8.10　例 8.4 同步时序逻辑电路

解　如图 8.10 所示，输出 Y 仅仅和 Q_0、Q_1、Q_2 有关，没有输入变量，因此这种时序逻辑电路星莫尔型的。根据以上分析步骤，解题如下：

（1）写出方程式。

驱动方程
$$\begin{cases} J_0 = K_0 = 1 \\ J_1 = K_1 = Q_0^n \\ J_2 = K_2 = Q_0^n Q_1^n \end{cases}$$
（8.4）

因为 JK 触发器的特性方程为

$$Q^{n+1} = J\overline{Q^n} + \overline{K}Q^n$$
（8.5）

将各驱动方程代入上述特性方程得状态方程

$$\begin{cases} Q_0^{n+1} = J_0 \overline{Q_0^n} + \overline{K_0} Q_0^n = \overline{Q_0^n} \\ Q_1^{n+1} = J_1 \overline{Q_1^n} + \overline{K_1} Q_1^n = Q_0^n \overline{Q_1^n} + \overline{Q_0^n} Q_1^n = Q_0^n \oplus Q_1^n \\ Q_2^{n+1} = J_2 \overline{Q_2^n} + \overline{K_2} Q_2^n = Q_0^n Q_1^n \overline{Q_2^n} + \overline{Q_0^n Q_1^n} Q_2^n = Q_0^n Q_1^n \oplus Q_2^n \end{cases} \tag{8.6}$$

输出方程为

$$Y = Q_0^n Q_1^n Q_2^n \tag{8.7}$$

（2）列状态转换真值表。设初始状态 $Q_2^n Q_1^n Q_0^n = 000$，代入式（8.4）和式（8.6）可以得到经过一个脉冲之后得次态 $Q_2^{n+1} Q_1^{n+1} Q_0^{n+1} = 001$ 以及输出 $Y = 0$；在输入第二个脉冲之前的现态就是 001，依照这种方法，得到状态转换真值表，如表 8.6 所示。

表 8.6 状态转换真值表

现态			次态			输出	时钟
Q_2^n	Q_1^n	Q_0^n	Q_2^{n+1}	Q_1^{n+1}	Q_0^{n+1}	Y	CP
0	0	0	0	0	1	0	↓
0	0	1	0	1	0	0	↓
0	1	0	0	1	1	0	↓
0	1	1	1	0	0	0	↓
1	0	0	1	0	1	0	↓
1	0	1	1	1	0	0	↓
1	1	0	1	1	1	0	↓
1	1	1	0	0	0	1	↓

从状态转换真值表可见：经过了 8 个触发脉冲后，触发器的 $Q_2 Q_1 Q_0$ 回到初始状态，同时输出 Y 发出一个进位信号，因此这个电路为同步 8 进制计数器（就是可以计 CP 脉冲的个数为 8 个）。

（1）根据表 8.6 画出时序图，如图 8.11 所示。

（2）画出状态转换图。根据表 8.6 画出图 8.12 所示的状态转换图。图中圆圈内表示电路的一个状态。箭头表示电路状态的转换方向。箭头上方标注的 X/Y 为转换条件，X 为转换前输入变量的取值，Y 为输出值。由于例题中没有输入变量，所以没有标注 X。

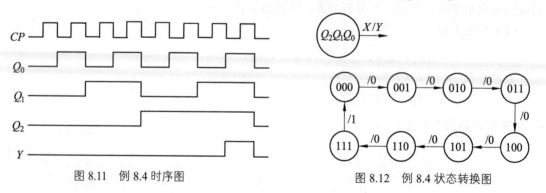

图 8.11 例 8.4 时序图　　　　　　　　图 8.12 例 8.4 状态转换图

2. 异步时序逻辑电路的分析

异步时序逻辑电路的分析方法和同步时序逻辑电路的分析方法基本类似，但是需要注意的是异步时序逻辑电路的时钟不是同意的，在书写方程时需要写出时钟方程，而且在分析电路时，各触发器的状态方程一定是在满足时钟条件时才能使用。

【例8.5】 试分析如图8.13所示的异步时序逻辑电路，并说明它的逻辑功能。

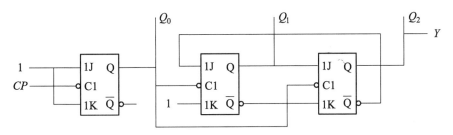

图8.13 例8.5 异步时序逻辑电路

解 如图 8.13 所示，输出 Y 仅仅和 Q_0、Q_2 有关，没有输入变量，因此这种时序逻辑电路是莫尔型的。根据以上分析步骤，解题如下：

（1）写出方程式。

驱动方程
$$\begin{cases} J_0 = K_0 = 1 \\ J_1 = \overline{Q_2^n} \quad K_1 = 1 \\ J_2 = Q_1^n \quad K_2 = \overline{Q_1^n} \end{cases} \tag{8.8}$$

时钟方程
$$\begin{cases} CP_0 = CP(\text{下降沿触发}) \\ CP_1 = CP_2 = Q_0^n(\text{下降沿触发}) \end{cases} \tag{8.9}$$

因为 JK 触发器的特性方程为

$$Q^{n+1} = J\overline{Q^n} + \overline{K}Q^n \tag{8.10}$$

将各驱动方程代入上述特性方程得状态方程

$$\begin{cases} Q_0^{n+1} = J_0\overline{Q_0^n} + \overline{K_0}Q_0^n = \overline{Q_0^n} \quad (CP\text{下降沿有效}) \\ Q_1^{n+1} = J_1\overline{Q_1^n} + \overline{K_1}Q_1^n = \overline{Q_2^n}\,\overline{Q_1^n} \quad (Q_0\text{下降沿有效}) \\ Q_2^{n+1} = J_2\overline{Q_2^n} + \overline{K_2}Q_2^n = Q_1^n\overline{Q_2^n} + Q_1^nQ_2^n = Q_1^n \quad (Q_0\text{下降沿有效}) \end{cases} \tag{8.11}$$

输出方程为

$$Y = Q_2^n \tag{8.12}$$

（2）列状态转换真值表。设初始状态 $Q_2^nQ_1^nQ_0^n = 000$，代入式（8.8）、式（8.9）和式（8.11）可以得到经过一个脉冲之后得次态 $Q_2^{n+1}Q_1^{n+1}Q_0^{n+1} = 001$ 以及输出 $Y = 0$；在输入第二个脉冲之前的现态就是 001，依照这种方法，得到状态转换真值表，如表 8.7 所示。

表 8.7　状态转换真值表

现态			次态			输出	时钟		
Q_2^n	Q_1^n	Q_0^n	Q_2^{n+1}	Q_1^{n+1}	Q_0^{n+1}	Y	CP_2	CP_1	CP_0
0	0	0	0	0	1	0	↑	↑	↓
0	0	1	0	1	0	0	↓	↓	↓
0	1	0	0	1	1	0	↑	↑	↓
0	1	1	1	0	0	0	↓	↓	↓
1	0	0	1	0	1	1	↑	↑	↓
1	0	1	0	0	0	1	↓	↓	↓

从状态转换真值表可见：经过了 6 个触发脉冲后，触发器的 $Q_2Q_1Q_0$ 回到初始状态，同时输出 Y 发出一个进位信号，因此这个电路为异步 6 进制计数器。

（3）根据表 8.7 画出时序图，如图 8.14 所示。

（4）画出状态转换图。根据表 8.7 画出图 8.15 所示的状态转换图。

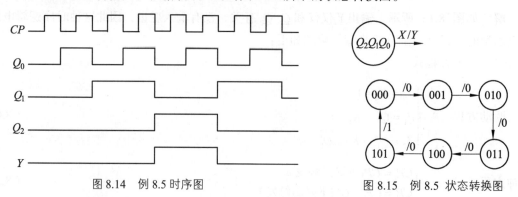

图 8.14　例 8.5 时序图　　　　　　　图 8.15　例 8.5 状态转换图

（5）检查电路能否自启动。作为三位输出，应该有 8 种组合。在图 8.15 中只出现了 6 种组合，这 6 种状态被称为有效状态，还有 110 和 111 2 种状态没有出现，被称为无效状态。如果电路由于某种原因，使得初始状态为这两种无效状态的其中一种，若经过数个 CP 能自动的进入有效状态，那么就称这个电路具有自启动功能；若无论经过多少 CP，都不能进入有效状态，那么就称这个电路没有自启动功能。该题将 110 代入状态方程进行计算后得 111，再将其代入状态方程进行计算后得 100，为有效状态，故电路具备自启动功能。

8.3　寄存器

寄存器是一种具有接收、存放及传送数字信号功能的时序逻辑部件，也是非常重要的数字电路部件。寄存器的主要组成部分是具有记忆功能的双稳态触发器。一个触发器可以存放 1 位二进制代码，要存放 n 位二进制代码，就要 n 个触发器。寄存器包括数码寄存器和移位寄存器。

8.3.1　数码寄存器

数码寄存器是用来暂时存放数码的数字部件。图 8.16 所示是由 4 个 D 触发器组成的 4 位数码寄存器 74HS175 的逻辑电路图。它能接收、存放 4 位二进制代码。$D_0 \sim D_3$ 是数据输入端，

CP 是时钟脉冲输入端，$\overline{R_D}$ 是异步清零控制端，$Q_0 \sim Q_3$ 是数据输出端。74HS175 的功能表如表 8.8 所示。

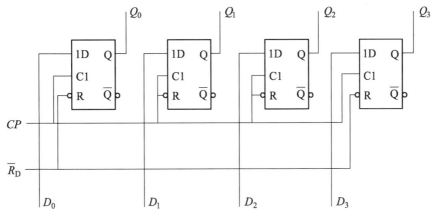

图 8.16　74HS175 的逻辑电路图

表 8.8　74HS175 的功能表

$\overline{R_D}$	CP	$D_0 \sim D_3$	$Q_0 \sim Q_3$	逻辑功能
0	×	×	0	清楚
1	↑	1	1	送数
1	↑	0	0	送数
1	0	×	保持	保持

当 $\overline{R_D} = 0$ 时，寄存器的输出端 $Q_0 \sim Q_3$ 的输出全部为 0，与时钟信号无关。当 $\overline{R_D} = 1$ 时，时钟脉冲 CP 的上升沿到来，$D_0 \sim D_3$ 并行输入。当 $\overline{R_D} = 1$，$CP = 0$ 时，寄存器保持原状态。

8.3.2　移位寄存器

移位寄存器不仅具有存储数码功能，还具有移位功能，即在时钟脉冲 CP 作用下，实现数码的左移或右移。移位寄存器主要用于二进制的数值运算。图 8.17 所示是由 4 个 D 触发器组成的 4 位右移移位寄存器。

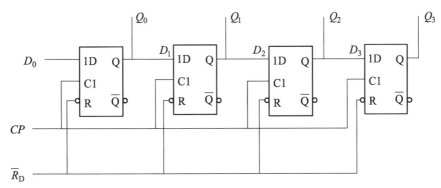

图 8.17　4 位右移移位寄存器

当 $\overline{R_\mathrm{D}}=0$ 时，寄存器的输出端 $Q_0 \sim Q_3$ 的输出全部为 0，与时钟信号无关。输入信号从 D_0 端输入。假设要输入的信号为 1011，并且当第一个时钟脉冲 CP 到来前，4 个触发器的输入端分别是：$D_0=1$，$D_1=Q_0=0$，$D_2=Q_1=0$，$D_3=Q_2=0$。所以第一个时钟脉冲 CP 上升沿到来时，4 个触发器的输出端为 $Q_0=1$，$Q_1=0$，$Q_2=0$，$Q_3=0$。第二个时钟脉冲 CP 上升沿到来时，4 个触发器的输出端为 $Q_0 \doteq 0$，$Q_1=1$，$Q_2=0$，$Q_3=0$。第三个时钟脉冲 CP 上升沿到来时，4 个触发器的输出端为 $Q_0=1$，$Q_1=0$，$Q_2=1$，$Q_3=0$。第四个时钟脉冲 CP 上升沿到来时，4 个触发器的输出端为 $Q_0=1$，$Q_1=1$，$Q_2=0$，$Q_3=1$。4 个数码依次全部寄存到寄存器中，存数结束。

数码 1011 经过 4 个时钟依次右移，称之为串行输入，有多个触发器的输出端时并行输出。

8.4 计数器

计数器是一种具有计数功能的时序逻辑部件，同样是非常重要的数字电路部件。计数器的主要组成部分是具有记忆功能的双稳态触发器。计数器的种类很多，按触发方式不同，分为同步计数器和异步计数器；按计数步长分为二进制、十进制等；计数增减分为加计数器、减计数器和加减计数器。

8.4.1 同步二进制加法计数器

同步二进制加法计数器是全部触发器共用一个时钟脉冲 CP，同时翻转。同步计数器由 T 触发器组成，可由 JK 触发器转换而成，图 8.18 所示是由 JK 触发器组成的 3 位同步二进制加法计数器。分析它的逻辑功能如下。

1. 写出逻辑表达式

第一个触发器 FF_0：$J_0=K_0=1$，每来一个计数脉冲 CP 就翻转 1 次。

第二个触发器 FF_1：$J_0=K_0=Q_0$，当 $Q_0=1$ 且来一个计数脉冲 CP 就翻转 1 次。

第三个触发器 FF_2：$J_0=K_0=Q_1Q_0$，当 $Q_1=Q_0=1$ 且来一个计数脉冲 CP 就翻转 1 次。

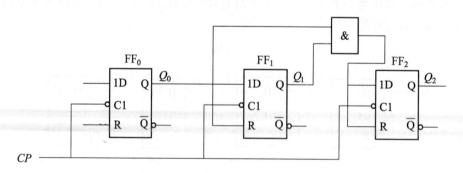

图 8.18　3 位同步二进制加法计数器

2. 列出状态转换表（见表8.9）

表8.9　3位同步二进制加法计数器的状态转换表

CP	Q_2	Q_1	Q_0	对应十进制数
0	0	0	0	0
1	0	0	1	1
2	0	1	0	2
3	0	1	1	3
4	1	0	0	4
5	1	0	1	5
6	1	1	0	6
7	1	1	1	7
8	0	0	1	0

3. 画出波形图（见图8.19）

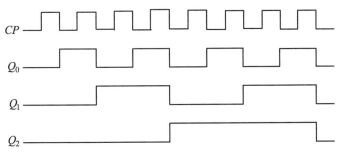

图8.19　3位同步二进制加法计数器的时序图

8.4.2　异步二进制加法计数器

异步二进制加法计数器是按从低位到高位逐位进位的方式工作的，它的各个触发器不是同时翻转的。异步计数器由T触发器组成，可由JK触发器转换而成，图8.20所示是由JK触发器组成的3位异步二进制加法计数器。分析它的逻辑功能如下。

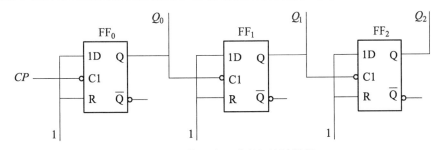

图8.20　3位异步二进制加法计数器

第一个触发器 FF_0：$J_0 = K_0 = 1$，每来一个计数脉冲 CP 就翻转1次。
第二个触发器 FF_1：$J_0 = K_0 = 1$，当 $CP = Q_0 = 1$ 就翻转1次。

第三个触发器 FF_2：$J_0 = K_0 = 1$，当 $CP = Q_1 = 1$ 就翻转 1 次。

清零后连续输入计数脉冲 CP，异步二进制加法计数器中各触发器的状态及时序图与同步二进制加法计数器完全一致。

8.5　555 定时器

8.5.1　555 定时器

555 定时器是一种将模拟电路和数字电路集成在一起的定时器，属于中规模集成电路，使用方便，应用范围广。555 定时器包括以下几部分：一个由 3 个相等阻值的电阻组成的分压器，2 个电压比较器 A_1 和 A_2，1 个 RS 触发器，1 个三极管 T 和 1 个反相器。555 定时器的电路结构如图 8.21（a）所示，图 8.21（b）所示为引脚图。

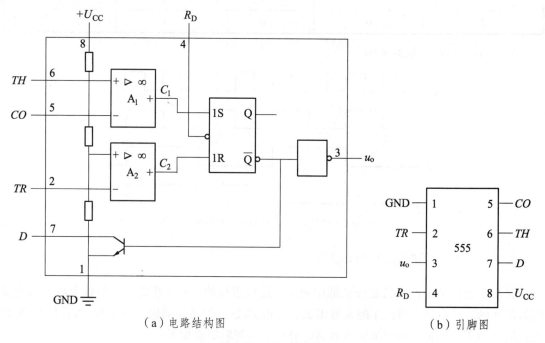

（a）电路结构图　　　　　　　　　　　　（b）引脚图

图 8.21　555 定时器

电阻分压器：由三个相等阻值为 5 kΩ 的电阻组成，故取名 555。为电压比较器 A_1 和 A_2 提供两个基准电压，比较器 A_1 的基准电压为 $\frac{2}{3}U_{CC}$，比较器 A_2 的基准电压为 $\frac{1}{3}U_{CC}$。若在控制端外加一控制电压，则可以改变两个电压比较器的基准电压。

电压比较器：A_1 和 A_2 是两个结构完全相同的高精度电压比较器，分别由两个集成运放构成。比较器 A_1 的反相输入端接基准电压，同相端称为高触发端。比较器 A_2 的同相输入端接基准电压，反相端称为低触发端。

基本 RS 触发器：由两个与非门组成，R_D 端为异步清零控制端，可使触发器强制复位，使 $Q = 0$，电压比较器 A_1 和 A_2 的输出端控制触发器输出端的状态。

555 定时器的各个引脚功能如下：

GND：外接电源负端或接地，一般情况下接地。

U_{CC}：外接电源，电源 U_{CC} 的范围是 4.5～18 V。

TR：低触发端。

u_o：输出端。

R_D：端为异步清零控制端。

CO：电压控制端。

TH：高触发端。

D：放电端。该端与放电三极管 T 的集电极相连，用作定时器时电容的放电。

定时器的工作状态取决于电压比较器 A_1 和 A_2，它们的输出控制着基本 RS 触发器和放电管 T 的状态。在脚 1 接地，脚 5 未外接电压，两个比较器 A_1 和 A_2 基准电压分别为 $\frac{2}{3}U_{CC}$ 和 $\frac{1}{3}U_{CC}$，当高触发端 TH 的电压高于 $\frac{2}{3}U_{CC}$ 时，比较器 A_1 输出为低电平，使 RS 触发器置 0，即 $Q = 0$，$\overline{Q} = 1$ 使放电管 T 导通；当低触发端的电压低于 $\frac{1}{3}U_{CC}$ 时，比较器 A_2 输出为低电平，使 RS 触发器置 1，即 $Q = 1$，$\overline{Q} = 0$，使放电管 T 截止。当 TR 端电压低于 $\frac{2}{3}U_{CC}$，TR 端电压高于 $\frac{1}{3}U_{CC}$ 时，比较器 A_1 和 A_2 的输出均为 0，放电管 T 和定时器输出端将保持原状不变。555 定时器的功能如表 8.10 所示。

表 8.10　555 定时器的功能

R_D	TH	TR	T	u_o	功能
0	$\times$	$\times$	导通	0	清零
1	$>\frac{2}{3}U_{CC}$	$>\frac{1}{3}U_{CC}$	导通	0	置位
1	$<\frac{2}{3}U_{CC}$	$<\frac{1}{3}U_{CC}$	截止	1	复位
1	$<\frac{2}{3}U_{CC}$	$>\frac{1}{3}U_{CC}$	保持	保持	保持

8.5.2　555 定时器的应用

1. 多谐振荡器

多谐振荡器是一种产生矩形波的自激振荡器，又称为方波振荡器。它不需要外加触发信号便能自动地产生矩形脉冲，用 555 定时器构成多谐振荡器的电路结构图如图 8.22（a）所示，图 8.22（b）所示为波形图。

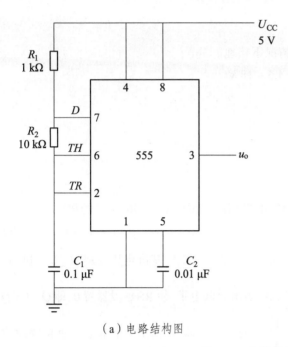

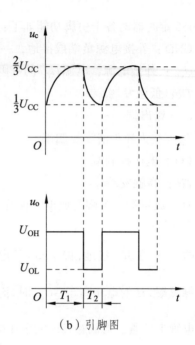

（a）电路结构图 　　　　　　　　　（b）引脚图

图 8.22　多谐振荡器

接通电源后，U_{CC} 通过电阻 R_1、R_2 对电容 C_1 充电，电容电压 u_C 增加，当 $u_C = \dfrac{2}{3}U_{CC}$ 时，比较器 A_1 输出高电平，基本 RS 触发器置 0，使输出端 $u_o = 0$，同时 $\overline{Q} = 1$ 使放电管 T 导通，电容 C_1 通过 R_2、T 放电，u_C 下降，当 u_C 下降到 $\dfrac{1}{3}U_{CC}$ 时，比较器 A_2 输出高电平，基本 RS 触发器置 1，使输出端 $u_o = 1$，同时 $Q = 1$ 使放电管 T 截止，电容 C_1 又重新充电，重复以上过程，产生振荡，经分析可得：

输出高电平时间（即电容充电时间）

$$T_1 = (R_1 + R_2)C\ln 2 = 0.7\,(R_1 + R_2)C \tag{8.13}$$

输出高电平时间（即电容充电时间）

$$T_2 = R_2 C\ln 2 = 0.7 R_2 C \tag{8.14}$$

矩形波周期

$$T = T_1 + T_2 = 0.7(R_1 + 2R_2)C \tag{8.15}$$

振荡周期

$$f = \frac{1}{T} = \frac{1.43}{(R_1 + 2R_2)C} \tag{8.16}$$

2. 单稳态触发器

单稳态触发器是一种整形电路，用于脉冲整形、延时以及定时等。它具有暂稳状态和稳定状态两个不同的工作状态。在无时钟脉冲触发时，电路工作在稳定状态。在有时钟脉冲触发下，电路由稳定状态翻转为暂稳状态，在暂稳态维持一段时间后，电路能够自动返回稳定状态。暂稳状态维持时间的长短取决于单稳态触发电路的参数，与触发器的脉冲无关。用 555 定时器构成单稳态触发器的电路结构图如图 8.23（a）所示，图 8.23（b）为波形图。

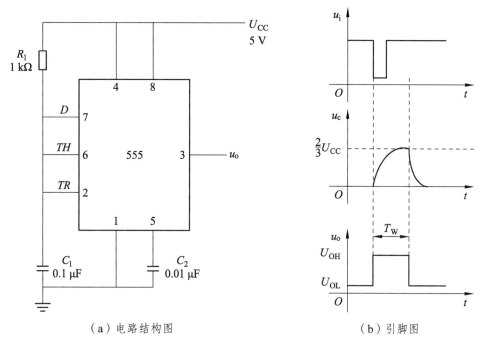

（a）电路结构图　　　　　　　　　（b）引脚图

图 8.23　单稳态触发器

接通电源后，未加负脉冲信号时，$u_i > \frac{1}{3}U_{CC}$，U_{CC} 通过电阻 R_1、R_2 对电容 C_1 充电，电容电压 u_C 增加，当 $u_C > \frac{2}{3}U_{CC}$ 时，基本 RS 触发器置 0，使输出端 $u_o = 0$，同时 $\overline{Q} = 1$ 使放电管 T 导通，电容 C_1 通过 R_1、T 放电，u_C 下降到 0。在加负脉冲信号前，u_o 保持 0 状态，这是单稳态触发器的稳定状态。当 $u_i < \frac{1}{3}U_{CC}$，而 $u_C = 0$，此时输出端 $u_o = 1$，同时 $Q = 1$ 使放电管 T 截止，电容 C_1 充电。只要 $u_C < \frac{2}{3}U_{CC}$，u_o 保持 1 状态，这是单稳态触发器的暂稳状态。随着电容 C_1 充电，u_C 逐渐升高，当 $u_i < \frac{1}{3}U_{CC}$，放电管 T 导通，电容 C_1 又放电，u_o 从 1 状态恢复到 0 状态，回到稳定状态。如果再次输入触发脉冲，将重复上述过程。经分析可得：

输出脉冲宽度

$$T_W = RC \ln 3 = 1.1RC \tag{8.17}$$

3. 施密特触发器

施密特触发器是一种脉冲波形变换的电路。它具有两个不同的稳定工作状态，当输入信号很小时，处于第 I 稳定状态；当输入信号电压增至一定数值时，触发器翻转到第 II 稳定状态，但输入电压必须减小至比刚才发生翻转时更小，才能返回到第 I 稳定状态。用 555 定时器构成施密特触发器的电路结构图如图 8.24（a）所示，图 8.24（b）所示为波形图。

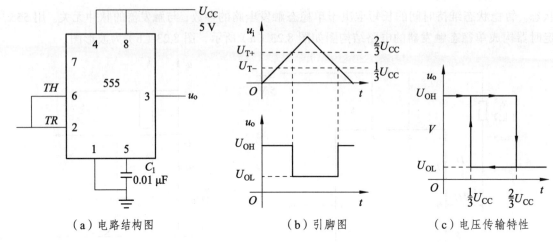

（a）电路结构图　　　　　　　（b）引脚图　　　　　　　（c）电压传输特性

图 8.24　施密特触发器

接通电源后，u_i 从 0 开始增加，当 $u_i < \dfrac{1}{3}U_{CC}$，比较器 A_2 输出高电平，基本 RS 触发器置 1，使输出端 $u_o = 1$，电路处于第 I 稳定状态；在 $\dfrac{1}{3}U_{CC} < u_i < \dfrac{2}{3}U_{CC}$ 时，比较器 A_1 和 A_2 输出均为 0，电路保持第 I 稳定状态。当 $u_i > \dfrac{2}{3}U_{CC}$，比较器 A_1 输出高电平，基本 RS 触发器置 0，使输出端 $u_o = 0$，电路处于第 II 稳定状态；在 $\dfrac{1}{3}U_{CC} < u_i < \dfrac{2}{3}U_{CC}$ 时，电路保持第 II 稳定状态。u_i 减小，当 $u_i < \dfrac{1}{3}U_{CC}$，比较器 A_2 输出高电平，基本 RS 触发器置 1，使输出端 $u_o = 1$，电路回到第 I 稳定状态。从以上分析得到施密特触发器的电压传输特性如图 8.24（c）所示。施密特触发器的波形图 8.24（b）中，U_{T+} 称为上限阈值电压，U_{T-} 称为下限阈值电压，$\Delta U_T = U_{T+} - U_{T-}$ 称为回差电压，显然，施密特触发器的回差电压为

$$\Delta U_T = U_{T+} - U_{T-} = \dfrac{2}{3}U_{CC} - \dfrac{1}{3}U_{CC} = \dfrac{1}{3}U_{CC} \tag{8.18}$$

习 题

1. 由与非门组成的基本 RS 触发器电路，输入信号 $\overline{S}$、$\overline{R}$ 的波形如图 8.25 所示，画出输出端 Q 的波形（设初态 $Q=0$）。

2. 同步 RS 触发器电路的输入信号 S、R、CP 的波形如图 8.26 所示，画出输出端 Q 的波形（设初态 $Q=0$）。

3. 上升沿 D 触发器电路的输入信号 D、CP 的波形如图 8.27 所示，画出输出端 Q 的波形（设初态 $Q=0$）。

4. 上升沿 JK 触发器电路的波形如图 8.28 所示，画出输出端 Q 的波形（设初态 $Q=0$）。

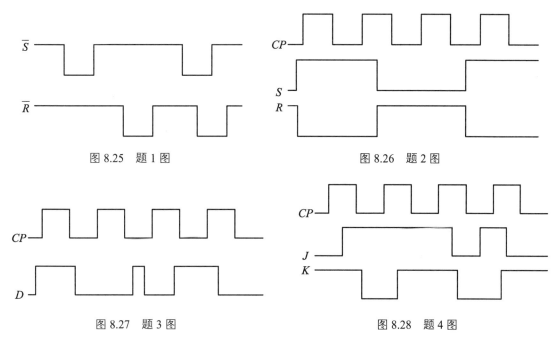

图 8.25　题 1 图　　　　　　　　图 8.26　题 2 图

图 8.27　题 3 图　　　　　　　　图 8.28　题 4 图

5. 两个上升沿 D 触发器组成电路如图 8.29 所示，画出输出端 Q、$\overline{Q}$ 的波形（设初态 $Q=0$）。

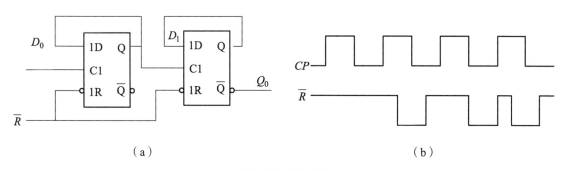

（a）　　　　　　　　　　　　（b）

图 8.29　题 5 图

6. 试画出如图 8.30 所示电路的输出端 Q_0、Q_1 的波形（设初态 $Q=0$）。

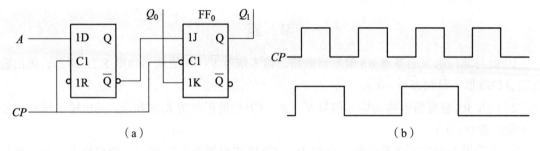

（a）　　　　　　　　　　　　　　（b）

图 8.30　题 6 图

7. 分析如图 8.31 所示电路的逻辑功能。

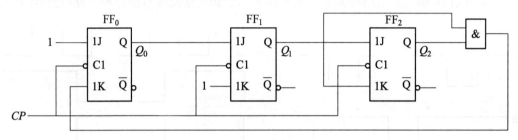

图 8.31　题 7 图

9. 试用 4 个主从型 D 触发器组成一个 4 位二进制异步加法计数器。

10. 试用 4 个 T 触发器组成一个 4 位二进制加法计数器。

11. 对于图 8.32 所示的 3 位同步二进制加法计算器，设原始状态为 101，再输入 5 个计数脉冲，试写出计数器的状态变化表。

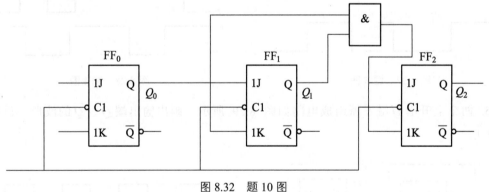

图 8.32　题 10 图

9 半导体存储器和可编程逻辑器件

半导体和可编程逻辑器件属于大规模集成组合逻辑电路。半导体存储器是电子计算机中的重要部件，而可编程逻辑器件是在此基础上发展而成的独立系列大规模集成器件。半导体存储器是用来存储大量二值（0、1）数据信息代码的一种半导体器件。半导体存储器具有集成度高、体积小、存储信息容量大（如动态存储器容量达 10^9 位/片）、工作速度快（如高速随机存储器的存取时间仅 10 ns 左右）的特点，因此在电子计算机和数字系统中得到广泛应用。

可编程逻辑器件是一种功能特殊的大规模集成电路，可由用户定义和设置逻辑功能，取代中小规模的标准集成逻辑器件并创建大型复杂的数字系统，具有结构灵活、集成度高（如高密度可编程逻辑器件集成度达 3 万门/片以上）和可靠性高等特点，因而在产品开发、工业控制以及高科技电子产品设计等方面得到了广泛应用。

本章先介绍只读存储器和随机存取存储器的几种典型电路结构和工作原理，然后再介绍几种典型的可编程逻辑器件的结构和逻辑功能。

9.1 存储器概述

9.1.1 概　述

存储器是一种能存储二进制代码的器件。存储器按其材料组成主要可分为磁存储器和半导体存储器。磁存储器的主要特点是存储容量大，但读写速度较慢。早期的磁存储器是磁芯存储器，后来有磁带、磁盘存储器，目前微机系统还在应用的硬盘就属于磁盘存储器。半导体存储器是由半导体存储单元组成的存储器，读写速度快，但存储容量相对较小，随着半导体存储器技术的快速发展，半导体存储器的容量越来越大，正逐步取代磁盘存储器。本章介绍半导体存储器。

半导体存储器按存取功能可分为两大类。

1. 只读存储器（ROM）

ROM 一般用来存放固定的程序和常数，如微机的管理程序、监控程序、汇编程序以及各种常数、表格等。其特点是信息写入后能长期保存，不会因断电而丢失，在要求使用时信息（程序和常数）不能被改写。所谓"只读"，是指不能随机写入。

2. 随机存取存储器（RAM）

RAM 主要用于存放各种现场的输入、输出数据和中间运算结果。其优点是能随机读出或写入，读写速度快（能跟上微机快速操作）、方便（无需特定条件）。缺点是断电后，被存储的信息丢失，不能保存。

9.2.2 存储器的主要技术指标

1. 存储容量

能够存储 1 位二进制数码 1 或 0 的电路称为存储单元，一个存储器中有大量的存储单元。存储容量即存储器含有存储单元的数量。存储容量通常用位（bit，缩写为小写字母 b）或字节（Byte，缩写为大写字母 B）表示。位是构成二进制数码的基本单元，通常 8 位组成一个字节，由一个或多个字节组成个字（Word）。因此，存储器存储容量的表示方式有两种。

（1）按位存储单元数表示。例如，存储器有 32 768 个位存储单元，存储容量可表示为 32K（位，bit）。其中 1 Kb=1024 b，1024b×32=32768 b。

（2）按字节单元数表示。例如，存储器有 32 768 个位存储单元，可表示为 4 KB（字节，Byte），4×1024×8 b=32768 b。

2. 存储周期

连续两次读（写）操作间隔的最短时间称为存取周期。存取周期表明了读写存储器的工作速度，不同类型的存储器存取周期相差很大。快的为纳秒级，慢的为几十毫秒。

9.2 只读存储器（ROM）

9.2.1 ROM 的基本结构和工作原理

在数字系统中，向存储器中存入信息常称为写入，从存储器中取出信息常称为读出。在用专用装置向 ROM 写入数据后，即使 ROM 掉电数据也不会丢失。ROM 只能读出而不能写入信息，所以一般用它来存储固定不变的信息。ROM 的基本结构如图 9.1 所示。它是由存储矩阵、地址译码器和输出缓冲器三部分组成的。为了增加带负载能力，在存储矩阵的输出端接有读出电路，通过读出电路读出 ROM 中所存储的信息。

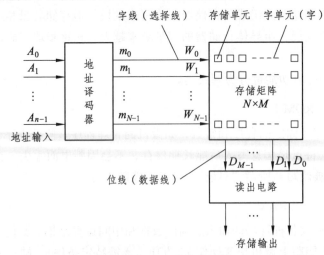

图 9.1 ROM 的基本结构

存储矩阵是 ROM 的主体，含有大量存储单元，每个存储单元可以存放 1 位二进制数码（或二元信息代码）1 或 0。存储单元排成若干行和若干列，形成矩阵结构。通常数据和信息是用若干位（如 4 位、8 位、16 位等）二进制数码（或二元代码）来表示的。这样的二进制数码称为一个字，一个字的位数称为字长 M。存储器以字为单位进行存储，即用一组存储单元存放一个字。存放一个字长为 M 的字，需要 M 个存储单元，这 M 个存储单元称为字单元。在图 9.1 中共有 N 个字单元，存储单元的总数为 N 字 $\times M$ 位，$N \times M$ 称为存储器的存储容量。存储容量越大，存储的信息就越多，存储功能就越强。

为了从存储矩阵中取出信息，每个字单元都有一个标号，即地址。在图 9.1 中，$A_0 \sim A_{n-1}$ 分别为 N 个字单元的地址；$W_0 \sim W_{n-1}$ 这 N 条线称为字线，也称地址选择线，地址的选择由地址译码器来完成。

地址译码器是 ROM 的另一主要组成部分，它有 n 位输入地址码（$A_0 \sim A_{n-1}$），由此组合出 N（$N = 2^n$）个输出译码地址，即 N 个最小项，用 $W_0 \sim W_{n-1}$ 表示，它们对应 N 条字线或 N 个字单元的地址（$W_0 \sim W_{n-1}$）。选择哪一条字线，这取决于地址码的哪一种取值。任何情况下，只能有一条字线被选中。于是，被选中的那条字线所对应的一组存储单元中的各位数码便经位线（也称数据线）$D_0 \sim D_{M-1}$ 通过读出电路输出。

ROM 器件按制造工艺的不同，可分为二极管、双极型和 MOS 型三种；按存储内容存入方式的不同，可分为固定和可编程两种，而可编程 ROM 又可分为一次可编程存储器（PROM）、光可擦除可编程存储器（EPROM）、电可擦除可编程存储器（E^2PROM）和快闪存储器（Flash）等。

固定 ROM 内部所存储的信息是由生产工厂制造时采用掩模工艺予以固定的，故又称其为掩模 ROM，其结构如图 9.1 所示。

1. 二极管掩模 ROM

图 9.2 所示为 4×4 位存储容量的二极管掩模 ROM，存储单元中 1 或 0 代码用二极管有或无来设置。由图可知，2 根地址线经地址译码器译出 4 根字线 $W_0 \sim W_3$，每根字线存储 4 位二进制数，总存容量为 4×4 位=16 位。译码器由最简单的与门电路组成，并由片选信号 $\overline{CS}$ 控制。

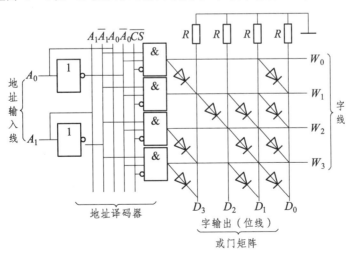

图 9.2 4×4 二极管掩模 ROM

当 $\overline{CS}=0$ 时，译码器工作，表示该片 ROM 被选中，允许输出存储内容。存储体为一个二极管或门矩阵电路，每一位数据线 D_j 实质上为二极管或门电路。只有当 $W_i=1$ 的字线上的二极管导通时，才使该位 $D_j=1$ 输出，而 $W_i=1$ 字线上无二极管的位数据线的 $D_j=0$。例如，当地址码 $A_1A_0=00$ 时，则 $W_0=1$，而 $W_1=W_2=W_3=0$，在字线 W_0 上挂有二极管的位线 $D_3=D_0=1$，无二极管的 $D_2=D_1=0$，这时输出数码为 $D_3D_2D_1D_0=1001$。当 A_1、A_0 地址码改变后，输出数码也相应改变，如表 9.1 所示。

表 9.1　图 9.2 中电路存储内容

地址输入		字线	位输出			
A_1	A_0	W_i	D_3	D_2	D_0	D_1
0	0	$W_0=1$	1	0	0	1
0	1	$W_1=1$	0	1	1	1
1	0	$W_2=1$	1	0	1	1
1	1	$W_3=1$	1	0	1	1

2. MOS 管掩模 ROM

用 MOS 管组成的掩模 ROM 电路如图 9.3 所示。图中第一行管子为负载管，各管栅极与漏极连接 U_{DD}，总是处于导通状态，可等效为一个电阻。在存储单元中，以有或无 MOS 管表示存储信息 1 或 0。地址线为 $A_9 \sim A_0$，共 10 根。如果采用图 9.2 所示与门组成译码器，则字线输出为 $2^{10}=1024$ 根。为了减少译码器输出线，将地址线分为两组：$A_4 \sim A_0$ 作为行地址译码器的输入线，译出行选择线（2^5）为 $X_0 \sim X_{31}$；$A_9 \sim A_5$ 作为列地址译码器的输入线，译出列选择线（2^5）为 $Y_0 \sim Y_{31}$。两者的总和仅 64 根选择线，使译码器输出线大为减少。行选择线与列选择线的矩阵交点共为 $32 \times 32=1024$ 个，每一交点为一个存储单元，在交点上有 MOS 管的表示信息 1，无 MOS 管的表示信息 0，输出数码只是 1024 中的某一位，故该存储器容量为 1K×1 位。

例如，当地址码为 $A_9 \sim A_0=0000100001$ 时，$A_9 \sim A_5=00001$，译出 $Y_1=1$，而 $A_4 \sim A_0=00001$，译出 $X_1=1$。由于 $Y_1=1$，使控制管 T_3 导通，而 $X_1=1$，只能使选中的 Y_1 列上的 T_2 可导通，因此 T_2 的漏极为低电平，经 T_3 源极输出也为低电平。当片选信号 $\overline{CS}=0$ 时，表示 ROM 可工作，经三态反相器输出数码 $D_{out}=1$，如果该存储单元上不存在 T_2，则源极输出为高电平，经三态反相器输出数码 $D_{out}=0$。由此可知，被行、列选择线选中的存储单元中，有 MOS 管信息为 1，无 MOS 管信息为 0。存储容量为 1024×1 位。

为了获得 1K×8 位存储器，可将 8 片 1K×1 位存储器芯片并联起来。将每片相同的地址线 A_i 并接，这样每片处在相同地址码下的存储单元被选中，在某一地址下，每片输出 1 位数据，组成相应 8 位数据 $D_7 \sim D_0$ 输出，如图 9.4 所示。这种方法的连接称为存储器的位线扩展。

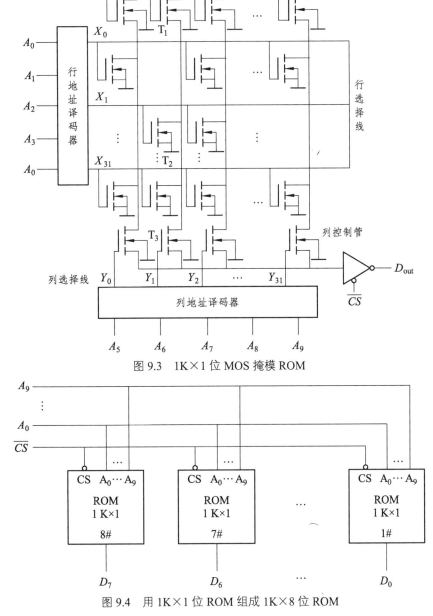

图 9.3 1K×1 位 MOS 掩模 ROM

图 9.4 用 1K×1 位 ROM 组成 1K×8 位 ROM

此外，还有双极型（晶体管）掩模 ROM，这里不再赘述。

9.2.2 可编程 ROM（PROM）

可编程 ROM 可由用户根据自己的需要将信息代码存入存储单元内，一旦写入，就不能更改，故称为可编程的只读存储器，简称 PROM。

PROM 的结构原理如图 9.5 所示。在存储矩阵中，字线和位线的交叉处以晶体管发射极与位线相连的快速熔丝作为存储单元，熔丝通常用低熔点的合金或很细的多晶硅导线制成。在编程存入信息时，如果使熔丝烧断，表示存储单元信息为 0，熔丝不烧断，表示信息为 1。

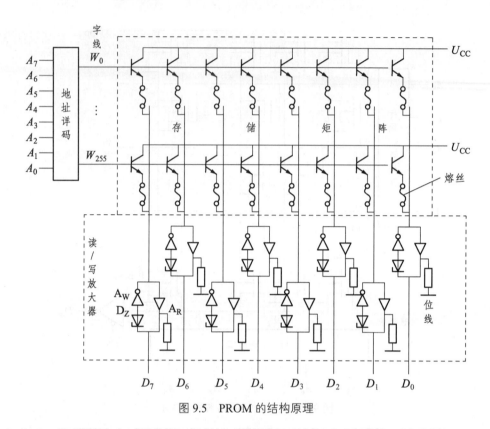

图 9.5　PROM 的结构原理

当要写入信息代码时，首先输入相应的地址码，使相应的子线被选中为高电平。然后对要求写入 0 的立线上按规定加入高电压脉冲，使该位线上读写放大器中的稳压管 D_Z 导通，反相器 A_W 输出低电平，使被选中字线的相应位熔丝烧断。对要求写入 1 的位线上加低电平信号，D_Z 不导通，熔丝不烧断。

正常读出时，字线被选中后，对于有熔丝的存储单元，其读出放大器 A_R 输出的高电压不足以使 D_Z 导通，反相器 A_W 截止，输出为 1。而无熔丝的输出为 0。

PROM 由于熔丝烧断后不能恢复，故只能写入 1 次，给使用者带来不便。

可擦除可编程只读存储器也是由用户将自己所需的信息代码写入存储单元内。与 PROM 不的是，如果要重新改写信息，只需擦除原先存入的信息，再进行重写，故称为可擦除可编程只读存储（EPROM）。

1. 光可擦除可编程只读存储器（EPROM）

用紫外线（或 X 射线）擦除的可编程只读存储器简称 EPROM，这是早期对可擦除可编程 ROM 的通称，现在也称 UVEPROM。

图 9.6（a）所示为 UVEPROM 内用 N 沟道增强型浮置栅 MOS 管（简称 SIMOS 或叠栅 MOS）组的一个存储单元结构，其符号及单元电路如图 9.6（b）所示。控制栅 g 用于控制其下方内部的浮栅 G_f，用于存储信息 1 或 0。

在漏、源极间加高电压+25 V，使之产生雪崩击穿。同时，在控制栅 g 上加幅度为+25 V、宽度为 50 ms 左右的正脉冲。这样，在栅极电场作用下，高速电子能穿过 SiO_2，在浮置栅上注入负电荷，使单元管开启电压升高，控制栅在正常电压作用下，管子仍处于截止，这样该单元被编程为 0。产品出厂时，置栅上不带负电荷，全部单元为 1。

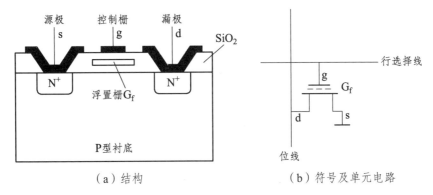

图 9.6　N 沟道增强型浮置栅 MOS 管组成的存储单元

编程时，要擦除原有存储信息，是在器件的石英玻璃盖上用紫外线照射 15 min，将浮置栅上的电荷移去。经过擦除后的芯片，所有存储信息均为 1，然后可以进行写操作。

使用较多的 EPR0M 有 2716 型。其存储容量为 2K×8 位，工作电压 U_{CC} = +5 V，图 9.7（a）（b）所示为 EPR0M 2716 内部逻辑结构框图和引脚排列图。芯片表面有透明石英玻璃盖板，供紫外线照射用。

EPROM 2716 的存储矩阵组成方式为：地址码 $A_0 \sim A_3$ 通过列码器译出 $Y_0 \sim Y_{15}$ 共 16 根列选择线，地址码 $A_4 \sim A_{10}$ 通过行译码器译出 $X_0 \sim X_{127}$ 共 128 根行选择线，而每根列选择线控制 $D_0 \sim D_7$ 代码输出，因此共构成 128×16×8 位的存储单元矩阵，存储容量为 2K×8 位。

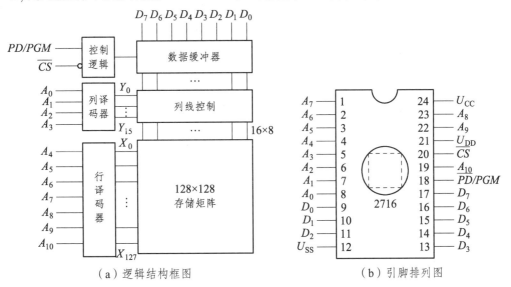

（a）逻辑结构框图　　　　　　　　（b）引脚排列图

图 9.7　EPROM 2716 内部逻辑结构框圈和引脚排列图

EPROM 2716 的工作方式如表 9.2 所示。数据线 $D_7 \sim D_0$ 为双向输入、输出线，在禁止输出和功率下降方式下，D_i 为高阻状态。$\overline{CS}$ 为片选信号控制端，当 $\overline{CS}$ = 0 时，必须 $\overline{PD}/PGM$ 也为 0，数据才可输出。编程检验方式下，数据输出后，用以检验所写入数据是否正确。数据写好并检验完毕后，应用不透明的胶带遮蔽石英盖板，以防数据丢失。

表 9.2　EPROM 2716 的工作方式

工作方式	$D_7 \sim D_0$	$\overline{PD}/PGM$	$\overline{CS}$	U_{DD}	U_{CC}	U_{SS}	说明
读出	输出	0	0	+5 V			$\overline{CS}=0$ 有效，D_i 作输出端
禁止输出	高阻	0	1	+5 V			D_i 呈高阻状态
功率下降	高阻	1	×	+5 V	+5 V	0 V	功耗由 525 mW 降到 132 mW
编程	输入	50 ms 正脉冲	1	+25 V			D_i 作输入端
编程检验	输出	0	0	+25 V			D_i 作输出端
编程禁止	高阻	0	1	+25 V			D_i 呈高阻状态

常用的 EPROM 还有 2732（4K×8 位）、2764（8K×8 位）、27128（32K×8 位）等。其型号的后几位数表示存储容量，单位为 Kb。

2. 电可擦除可编程只读存储器（E²PROM）

由于 EPROM 必须把芯片放在专用设备上用紫外线进行擦除，因此耗时较长，又不能在线进行，使用起来很不方便。后来出现了采用电信号擦除的可编程 ROM，称为 E²PROM，它可进行在线擦除和编程。由于器件内部具有由 5 V 产生 21 V 的转变电路和编程电压形成电路，因此在擦除信息和编程时无需专用设备，且擦除速度较快。E²PROM 存储单元结构有两种，一种为双层栅介质 MOS 管，另一种为浮栅隧道氧化层 MOS 管。后者的型号有 2816、2816A、2817、2817A，均为 2K×8 位；2864 为 8K×8 位。它们的擦写次数可达 10^4 次以上。

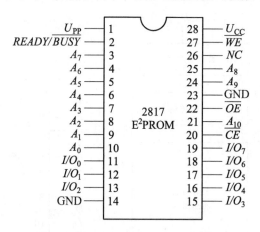

图 9.8　E2PR0M 2817 的引脚排列图

图 9.8 所示为 E²PROM 2817 芯片的引脚排列图，共 28 个引脚。电源电压 $U_{PP} = U_{CC} = +5V$，$I/O_7 \sim I/O_2$ 为输入/输出端，$A_{10} \sim A_0$ 为地址输入端，$\overline{CE}$ 为片选控制输入端，$\overline{WE}$ 为写控制输入端，$\overline{OE}$ 为读控制输入端，$READY/\overline{BUSY}$ 为准备/忙输入端。

写入时，只需置 $\overline{CE}=0$，$\overline{WE}=0$，$\overline{OE}=1$，$READY=1$，加入地址码和存入数码即可；读出时，置 $\overline{CE}=0$，$\overline{OE}=0$，$\overline{WE}=1$，$READY$ 为任意，即可输出对应地址码的存储数据。

E^2PROM 可以根据选择地址码按字节擦除和写入，也可以全部擦除和重写。

3. 快闪存储器（Flash）

快闪存储器采用类似于 EPROM 单管叠栅结构的存储单元，为新一代用电信号擦除的可编程 ROM。它具有结构简单、编程可靠、擦除快捷的特性，而且集成度高、可在线电擦除。但是它不能像 E^2PR0M 那样按字节擦除，只能全片擦除。如 M48F512 快闪存储器具有 512 字节（1 字节为 8 位数码的存储单元），所有存储单元的电擦除最大时间为 7.5 s。

快闪存储器还具有成本低、使用方便等优点，可取代大容量的 EPROM 和 E^2PROM，其存储容量逐年提高，并得到了广泛应用。

9.2.3 ROM 的应用实例

由于 ROM 具有断电后所存信息不丢失的特点，因而广泛应用于计算机程序的存储。同时，利用对其内部存储矩阵的编程，还能实现各种组合逻辑电路。

1. 用 ROM 实现组合逻辑电路

例如，用 ROM 实现全加器。前面介绍过用组合逻辑电路实现全加器的方法，其真值表如表 9.3 所示。

表 9.3　全加器真值表

输入			输出	
A_i	B_i	C_{i-1}	S_i	C_i
0	0	0	0	0
0	0	1	1	0
0	1	0	1	0
0	1	1	0	1
1	0	0	1	0
1	0	1	0	1
1	1	0	0	1
1	1	1	1	1

由真值表得到全加器的逻辑表达式后再画出相应的逻辑图，就可实现全加器逻辑功能。

用 ROM 实现组合逻辑函数，只要把函数自变量的不同取值作为 ROM 的不同地址，把每种取值所对应的函数值存入 ROM 对应地址的存储单元，ROM 就成了一个函数表。根据全加器的要求，其输入逻辑变量有 3 个，即 A_i、B_i、C_{i-1}；输出变量有 2 个，即 S_i、C_i。如采用 EPROM 实现，只要把 3 个输入变量 A_i、B_i、C_{i-1}，作为地址码输入，2 个输出变量 S_i 和 C_i 作为线数据输出，依次写入 EPROM 即可。

用 EPROM 实现全加器的电路阵列结构如图 9.9 所示。

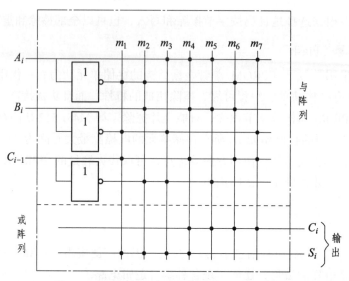

图 9.9　用 EPROM 实现全加器的电路阵列结构

地址 A_i、B_i、C_{i-1}，通过译码器（与阵列）输出 8 条字线，即 8 种输出组合。在位线处输出一个 2 位二进制代码 S_i、C_i，与其真值表输出相对应，则实现了全加器的功能。

2. 存储数据和程序

单片机系统中都含有一定单元的程序存储器 ROM。图 9.10 所示为 EPROM2764 与 MCS-51 型单片机（8031）的典型连接电路，用于存放编好的程序和表格常数。

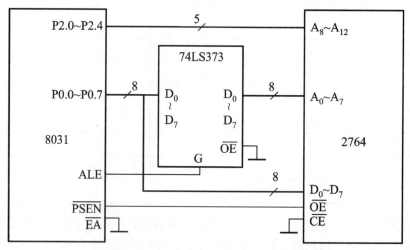

图 9.10　EPROM2764 与 8031 的典型连接电路

3. 逻辑门电路的简化画法

在绘制中、大规模集成电路的逻辑图时，为方便起见，经常采用图 9.11 所示的简化画法。图 7.11（a）是一个多输入端与门，竖线为一组输入信号线，与横线的交叉点状态表示是否接到了这个门的输入端上。交叉点上画"•"的表示硬连接，不能通过编程改变；交叉点上画"×"的表示编程连接，即编程后熔丝未熔断或 MOS 管处于导通状态。图 9.11（b）表示多输入端或门。图 9.11（c）是同相输出、反相输出和具有互补输出的各种缓冲器的画法。

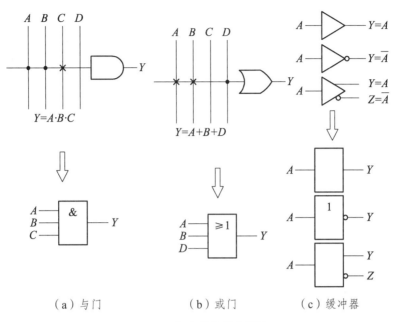

（a）与门　　　　　　（b）或门　　　　　　（c）缓冲器

图 9.11　门电路的简化画法

9.3　随机存取存储器（RAM）

随机存取存储器（RAM）也称为读/写存储器，它不仅可以随时从指定的存储单元读出数据，而且可以随时向指定的存储单元写入数据。因此，RAM 的读、写非常方便，使用起来更加灵活。但 RAM 有丢失信息的缺点（断电时存储的数据会随之消失），不利于数据和信息的长期保存。

9.3.1　RAM 的分类

RAM 有双极型和 MOS 型两大类。两者相比，双极型存储速度快，但集成度较低，制造工艺复杂，功耗大，成本高，主要用于高速场合；MOS 型存储速度较低，但集成度高，制造工艺简单，功耗小，成本低，主多用于对工作速程要求不亮的场合。在 MOS 型 RAM 中，又分为静态 RAM 和动态 RAM 两种，动态 RAM 存储单元所用元件少，集成度高，功耗小，但不如静态 RAM 使用方便。一般，大容量存储器使用动态 RAM，小容量存储器使用静态 RAM。

9.3.2　RAM 的结构和工作原理

图 9.12 所示是 RAM 的结构框图，它由以下几部分组成。

1. 存储矩阵

RAM 的存储矩阵与 ROM 一样，也是由大量存储单元构成的。与 ROM 存储单元不同的是，RAM 存储单元中的数据不是预先固定的，而是随时由外部输入。为了保存这些数据，RAM

的存储单元由具有记忆功能的电路构成。

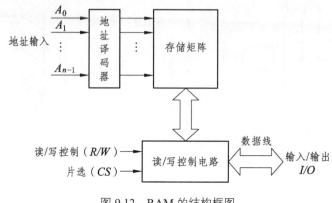

图 9.12　RAM 的结构框图

2. 地址译码器

地址译码器的作用与 ROM 相似，也是对输入的地址码进行译码，一个地址对应着一条字线（选择线）。当某条选择线被选中，与该选择线相联系的字单元中的数据便与位线（数据线）相通，就可以进行读数或写数。

3. 读/写控制电路

当一个地址选中存储矩阵中相应一组存储单元时，是进行读数还是进行写数，由读/写控制端（$R/\overline{W}$）来决定：当 $R/\overline{W}=1$ 时，执行读操作，RAM 将存储矩阵中的内容送到输入/输出端（I/O）；当 $R/\overline{W}=0$ 时，执行写操作，RAM 将输入/输出端（I/O）上的输入数据写入存储矩阵中。在同一时间内，不会同时发出读和写的指令，RAM 的读和写是有序进行的。因此，可以把原来分开的输入线和输出线合用一条双向数据线。同理，读/写线也应是双向的。

4. 片选控制

数字系统中的随机存取存储器容量很大，一般由多片 RAM 组成。访问存储器时，每次只与其中的一片或几片进行信息交换。因此，在每片 RAM 上均加有片选端 $\overline{CS}$，低电平有效，即当 $\overline{CS}=0$ 时，该片（或几片）RAM 工作；当 $\overline{CS}=1$ 时，该片不工作。于是，只有 $\overline{CS}=0$ 的一片（或几片）RAM 的输入/输出端（I/O）与外部总线接通，交换数据，而其他各片的输入/输出端（I/O）呈高阻状态，不能与总线交换数据。

9.3.3　集成 RAM 存储器

图 9.13 所示是集成静态存储器 SRAM 2114 的引脚图，它采用 18 脚双列直插结构，由+5V 电源供电，$A_0 \sim A_9$ 是 10 条地址输入线，$\overline{CS}$ 和 $R/\overline{W}$ 为 2 条控制线，$\overline{CS}$ 为片选端，低电平有效，$R/\overline{W}$ 为读/写控制端，$I/O_1 \sim I/O_4$ 是 4 条数据输入/输出线。显然，SRAM 2114 可存储的字数为 $2^{10}=1024$（1K），字长为 4 位。

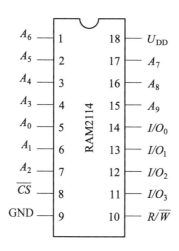

图 9.13 SRAM 2114 的引脚图

SRAM2114 有三种工作方式：

（1）写入方式。当 $\overline{CS}=0$ ，$R/\overline{W}=0$ 时，数据线 $I/O_1 \sim I/O_4$ 上的内容存入 $A_0 \sim A_9$ 相应的单元。

（2）读出方式。当 $\overline{CS}=0$ ，$R/\overline{W}=1$ 时，$A_0 \sim A_9$ 相应单元上的内容输出到数据线 $I/O_1 \sim I/O_4$。

（3）低功耗维特方式。当 $\overline{CS}=1$ 时，芯片输出为高阻态，存储器内部电路与外部总线隔离。

9.3.4 RAM 存储容量的扩展

数据存储器广泛应用于微处理器和计算机系统中。在实际应用中，如果单片 RAM 无法满足存储容量的要求，可将若干芯片相连，通过字数和位数的扩展来扩充其容量。

1. RAM 的位扩展

将多片 RAM 并联时可实现位数的扩展（简称为位扩展）。如每片 SRAM 2114 的容量为 1K×4 位，若用两片并联即可组成 1 K×8 位的存储器，只要将地址线、读/写信号线和片选信号线对应相连，各芯片的编入、输出端作为 1 K×8 位存储器的 I/O 端，如图 9.14 所示，即实现了 RAM 的位扩展。

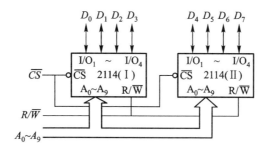

图 9.14 RAM 的位扩展

2. RAM 的字扩展

利用 RAM 芯片的片选信号控制端可实现 RAM 字数的扩展（简称字扩展）。图 9.15 所示为用两片 1 K×4 位的 RAM 实现 2 K×4 位 RAM 的接线图，用一个高位地址线 A_{10} 加一个非门对两片存储器芯片实现片选，低电平时选中 RAM（Ⅰ），高电平时选中 RAM（Ⅱ），由此可得各芯片的地址，RAM（Ⅰ）的地址为 0 ~ 1K，RAM（Ⅱ）的地址为 1 ~ 2 K，从而实现了 2 K×4 位字的扩展。

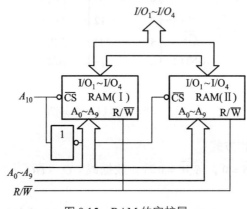

图 9.15　RAM 的字扩展

9.4　可编程逻辑器件（PLD）

可编程逻辑器件（PLD）是 20 世纪 80 年代发展起来的逻辑器件，是一种可用编程的方法设计定义其功能的大规模集成电路。

在前面的章节中介绍了 TTL 和 MOS 数字集成电路，如译码器、计数器等。这些器件一经制作，其内部逻辑功能就已被限定了，用户只能去使用，而不能改变这些器件的逻辑功能。在构成复杂的数字系统时，需要使用大量不同功能的芯片，同时要进行大量的连线工作。这会导致系统可靠性降低，系统的体积和功耗也会增加，设计周期延长，难以实现最优化设计。而 PLD 的出现，使设计观念发生了改变，设计工作变得非常容易，因而得到了迅速的发展和应用。

现代数字系统越来越多地采用 PLD 来构成，这不仅能大大简化系统的设计过程，而且还能使系统结构简单，可靠性提高。PLD 技术从一个方面反映了现代电子技术的发展趋势。

9.4.1　PLD 的结构框图

PLD 的结构框图如图 9.16 所示，其核心部分由两个逻辑门阵列（与阵列和或阵列）所组成。与阵列在前，通过输入电路接受输入逻辑变量 A、B、C、…；或阵列在后，通过输出电路送出输出逻辑变量。不同类型的 PLD 结构差异很大，但它们的共同之处是，都有一个与阵列和一个或阵列。有的 PLD 内部还有反馈电路。

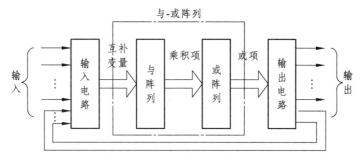

图 9.16　PLD 的结构框图

作为用户，可根据实际需要，将厂家提供的产品按规定的编程方法自行改变其内部的与阵列和或阵列结构（或者其中之一），从而获得所需要的逻辑关系和逻辑功能。

PLD 主要分为可编程逻辑阵列（PLA）、可编程阵列逻辑（PAL）、通用阵列逻辑（GAL）、现场可编程门阵列（FPGA）、在系统可编程逻辑器件（ispPLD）等。下面分别加以介绍。

9.4.2　可编程逻辑阵列（PLA）简介

可编程逻辑阵列（PLA）是 20 世纪 70 年代中期出现的逻辑器件，它既包括可编程的与阵列，也包括可编程的或陈列；不仅可用于实现组合逻辑电路功能，还可以在或阵列的输出外接触发器实现时序逻辑电路功能。PLA 是为了解决 ROM 存在的问题而设计的。用 ROM 实现逻辑函数时，其主要问题是不经济。如一个 10 变量的逻辑函数，经过化简后，其与或表达式中的乘积项通常不会超过 40 个，而一个 10 输入变量的 ROM 的全译码与阵列却有 $2^{10}=1024$ 个乘积项，这不仅使芯片面积很大，利用率低，而且还会导致信号开关延迟时间长、工作速度低等可题。所以 ROM 一般只作存储器用。PLA 阵列结构如图 9.17 所示。

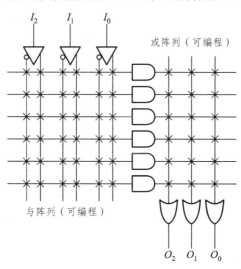

图 9.17　PLA 阵列结构

由图 9.17 可知，PLA 的与阵列不是全译码，而是可编程的。同时，其或阵列也是可编程的。用它来实现同样的逻辑函数，其阵列规模要比 ROM 小得多。由于 PLA 在编程实现给定的逻辑功能时，一般只需不多的阵列，但在制造时却一个也不能省略，利用率太低，因而大大增加了产品的成本，而且其只能一次编程写入，不能改写，因此 PLA 在简单的逻辑设计中并不实用。

9.4.3　可编程阵列逻辑（PAL）简介

可编程阵列逻辑（PAL）是 20 世纪 70 年代末期出现的产品，它是由可编程的与阵列和固定的或阵列所组成的与或逻辑阵列，其阵列结构如图 9.18 所示。

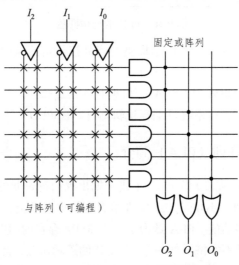

图 9.18　PAL（GAL）阵列结构

PAL 有不同品种，以满足各种不同的需要。用户可根据使用要求选择其阵列结构的大小、输入/输出的数目与方式，以实现各种组合逻辑功能和时序逻辑功能。PAL 比 PLA 工艺简单，易于编程和实现，既有规则的阵列结构，又有灵活多变的逻辑功能，使用较方便。但其输出方式固定而不能重新组态，编程是一次性的，因此它的使用仍有较大的局限性。

9.4.4　通用阵列逻辑（GAL）简介

通用阵列逻辑（GAL）是 20 世纪 80 年代中期推出的可电擦电写、可重复编程、可硬件加密的一种可编程逻辑器件，是第二代 PAL 产品。从阵列结构上看，它与 PAL 器件类似，也具有可编程的与阵列和固定的或阵列，如图 9.18 所示。由于其输出采用了可编程的输出逻辑宏单元，可由用户定义所需的输出状态，同时其芯片类型少、功能全、速度快、集成度高，并可多次编程重复使用，能仿真所有 PAL 芯片所能完成的功能，因此，GAL 芯片成为各种 PLD 器件的理想产品，在研制和开发新的数字系统时极为方便。目前常用的芯片有 GAL16V8 和 GAL20V8 两种。

以上三种类型可编程逻辑器件的共同特点是可实现速度特性好的逻辑功能，但其过于简单的结构也使它们只能实现规模较小的电路。

目前使用较多的为复杂可编程逻辑器件（CPLD），它是基于乘积项技术和 E^2PROM（或 Flash）工艺的逻辑块编程，能实现较大规模的逻辑电路设计。

9.4.5 现场可编程门阵列（FPGA）

与前面所述的可编程逻辑器件相比，现场可编程门阵列（FPCA）的结构不受与-或阵列限制，也不受触发器和 I/O 端数量限制，它可以构成任何复杂的逻辑电路，更适合构成多级逻辑功能。由于内部可编程逻辑模块的排列形式与前述可编程器件门阵列中的排列形式相似，因而沿用门阵列名称。FPGA 属于高密度 PLD，集成度高达 3 万门/片以上。

目前生产 FPGA 的厂家较多，种类也多，但其结构大致相似，下面以 Xilinx 公司的 XC4000E 系列为例进行简单介绍。它有 8 种型号，现列出容量最小和最大的两个产品，对其内部结构数量进行一般介绍，如表 9.4 所示。

表 9.4　XC4000E 系列的 FPGA 典型容量

器件型号	门数	CLB 数量/个	IOB 数量/个	触发器 数量/个	数据结构 长度/bit	数据结构 数量/个	编程数据 总量/bit	PROM 容 量/bit
XC4003E	3000	100	80	360	126	428	53936	53984
XC4025E	25000	1024	256	2560	346	1220	442128	442176

FPGA 产品的种类较多，结构也各不相同，但其基本结构有共同之处。图 9.19 所示是一个典型的 FPGA 基本结构。

FPGA 通常包括三类可编程资源。

1. 可编程逻辑块（CLB）

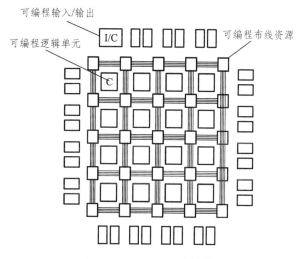

图 9.19　FPGA 基本结构

CLB 是排列规则的、可实现基本逻辑功能的单元，即可编程逻辑单元，又称宏单元。由于实现的逻辑功能难易不同，所以 CLB 的大小差异很大，小的只有两个晶体，如实现倒相器功能的 CLB，大的可完成极复杂的逻辑功能。

2. 可编程输入/输出模块（IOB）

IOB 通常分布于可编程逻辑块四周，其功能是连接芯片与外部封装。

3. 可编程布线资源（PI）

PI 又称为可编程内部互连，是一些各种长度的连线和可编程的连接开关。通过 PI 的配置，可将内部各个 CLB、IOB 连接起来，实现系统的逻辑功能，构成用户电路。

目前，FPGA 已成为设计数字电路的首选器件之一，它在个人计算机接口卡的总线接口、程控交换机的信号处理与接口、图像控制与数字处理、数控机床的测试系统等方面获得应用，许多电子系统已采用 CPU+RAM+FPGA 的设计模式，电路简单而灵活。

9.4.6 在系统可编程逻辑器件（ispPLD）

上述 PLA、PAL 和 CAL 等可编程逻辑器件编程时，都要把它们从系统的电路板上取下来，插到编程器上，由编程器对器件实施"离线"编程。这种编程方式很不方便。在系统可编程逻辑器件（ispPLD）是 20 世纪 90 年代推出的一种高性能大规模数字集成电路，它成功地将原属于编程器的有关电路也集成于 ispPLD 中。因此，ispPLD 的最大特点是，编程时既不需要使用编程器，也不需要将器件从系统的电路板上取下，用户可以直接在系统上进行编程。

可编程逻辑器件从"离线"编程发展到"在线"编程，具有重要意义，它改变了产品生产的先编程后装配的惯例，可以先将器件全部安装在电路底板上，然后编程制成产品。这就简化了产品设计和生产流程，降低了产品成本。成为产品后还可"在线"反复编程，修改逻辑设计，重构逻辑系统，实现新的逻辑功能，对产品实行升级换代。

在系统编程技术更新了人们的设计观念，为电子设计自动化（EDA）开创了新的途径。

ispPLD 有低密度和高密度两种类型。后者比前者复杂得多，功能也更强，也称为复杂可编程逻辑器件（CPLD）。

低密度 ispPLD 是在 GAL 的基础上增加了写入/擦除控制电路而构成的。例如，ispGAL16Z8 有正常、诊断和编程三种工作方式，工作方式由输入控制信号指定。其正常工作状态与 CAL16V8 的工作状态相同。

在高密度 ispPLD 中，以 ispLSI1016 为例进行一简单介绍。它的电路结构框图和逻辑功能划分框图分别如图 9.20 和图 9.21 所示。

由图 9.20 可见，ispLSI1016 芯片有 $A_0 \sim A_7$ 和 $B_0 \sim B_7$ 共 16 个通用逻辑块（Generic Logic Block，GLB），32 个输入/输出单元（I/O Cell，IOC）、全局布线区（Global Routing Pool，GRP）、输出布线区（Output Routing Pool，ORP）、时钟分配网络（Clock Distribution Network，CDN）和编程控制电路。$N_0 \sim N_3$ 是 4 个专用输入。

1. 全局布线区（GRP）

GRP 位于芯片中央。通过编程，可实现 16 个 GLB 的互相连接，以及与 IOC 和 ORP 的连接，任何一个 GLB 都能与任何一个 IOC 相连。

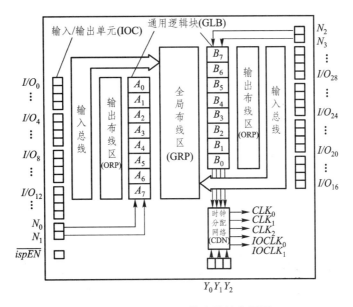

图 9.20 ispLSI1016 的电路结构框图

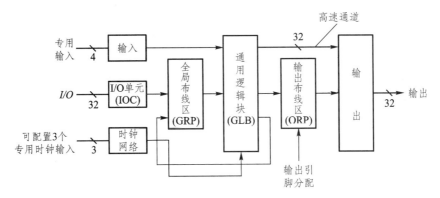

图 9.21 ispLSI1016 的逻辑功能划分框图

2. 通用逻辑块（GLB）

GLB 位于 CRP 的两边，每边 8 块，共 16 块。GLB 主要由可编程的与阵列、乘积项共享的或阵列和四输出逻辑宏单元（OLMC）三部分组成，如图 9.22 所示。它的与阵列有 18 个输入端，其中 16 个来自 GRP，2 个是专用输入。每个 GLB 有 20 个与门，组成 20 个乘积项。4 个或门的输入按 4、4、5、7 配置，它们的 4 个输出送至 4 个 OLMC，OLMC 的 4 个输出送至 GRP、ORP 和 IOC。

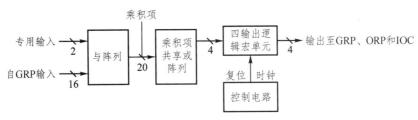

图 9.22 GLB 的电路结构框图

3. 输出布线区（ORP）

ORP 是可编程互连阵列，阵列的输入是 8 个 GLB 的 32 个输出。阵列的 16 个输出端分别与该侧的 16 个 IOC 相连，这就是把 GLB 的输出信号接到 IOC。不仅可以将一个 GLB 的输出送至 16 个 IOC 的某一个，还可以通过输入总线和 CRP 送至另一侧的 16 个 IOC。ORP 逻辑功能示意图如图 9.23 所示。

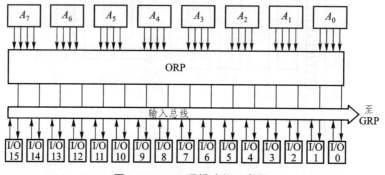

图 9.23　ORP 逻辑功能示意图

9.4.7　PLD 发展趋势

可编程逻辑器件最早用于制作某些专用数字集成电路，这些专用数字集成电路可以用中小规模通用数字集成电路组合，若能将这些中小规模通用数字集成电路组合集成在一片芯片上，便可缩小体积，提高可靠性，增加保密性。但这种专用数字集成电路由于其专用性，一般使用面较窄，生产批量小，研制周期长，费用昂贵。为了解决这些问题，通常先制作一批通用的半成品集成电路，然后再根据用户要求加工为专用数字集成电路。这类半成品集成电路称为半定制集成电路或可编程逻辑器件（PLD）。20 世纪 70—80 年代，PLD 器件发展很快，性价比最好的是通用阵列逻辑（GAL）器件。进入 20 世纪 90 年代后，PLD 并未像人们原来预期的那样迅速发展和广泛应用。由于微控制器（Micro Controller Unit，MCU），也就是通常所说的单片机的迅猛发展，提供了用软件替代和实现硬件功能的更佳途径，再加上原有专用数字集成电路和中小规模通用数字集成电路已具备了足够强大和丰富的功能，因此，PLD 的应用主要处于中小规模通用数字集成电路与微控制器（MCU）的中间地带，即规模和功能比中小规模通用数字集成电路复杂，但又不需要智能化应用的场合。目前，PLD 发展的趋势是高速度、高密度、应用灵活和在系统可编程。

习 题

1. 什么是 ROM? 什么是 RAM? 它们各有什么特点和用途?

2. 简述存储器容量用位或字节表示的区别。

3. ROM 是由哪两个主要部分组成的? 它们的主要作用是什么?

4. ROM 为什么只能随时读出信息而不能随时写入信息? 为什么它在断电时也不会丢失信息?

5. RAM 是由哪些主要部分组成的? 它们的主要作用是什么?

6. 试比较 RAM 和 ROM 的基本结构和主要功能的异同。

7. PLD 基本结构中的核心部分是什么?

8. GAL 的突出优点是什么?

9. 试用 ROM 构成全加器,画出阵列图。

10 试用 ROM 实现下面逻辑函数,画出阵列图。

（1）$F = A\overline{B}\overline{C}D + \overline{A}BC\overline{D} + ABCD + A\overline{B}C\overline{D}$

（2）$F = A\overline{B}D + BC\overline{D} + \overline{A}BC + A\overline{C}D$

11. 试用 2114RAM 构成 1K×16 位存储器。

12. 试用 PLA 实现半加器,画出阵列图。

工业生产中用到的大多数物理量是连续变化的模拟量，如温度、压力、流量、液位、速度、位移等，这些物理量经过检测元件检测后，通常需要转换为对应的电压、电流信号。而在计算机自动控制系统中，往往需要对这些信号进行采集、处理和控制应用。为了使计算机数字系统处理这些模拟信号，必须把这些模拟信号转换成对应的数字信号，计算机或数字处理器才能识别和处理；同时，经过处理的数字信号往往也需要重新转换成相应的模拟信号，才能实现对生产过程中的各种装置进行自动控制。例如在数字仪表中，必须将被测的模拟量转换为数字量，才能实现数字显示。

我们将模拟信号到数字信号的转换称为模数转换，简称 A/D 转换（Analog to Digital），能够实现该功能的电路称为模数转换器，简称 ADC；将数字信号到模拟信号的转换称为数模转换，简称 D/A 转换（Digital to Analog），能够实现该功能的电路称为数模转换器，简称 DAC。A/D 和 D/A 转换器是工业控制及数字测量系统中重要的接口电路，是计算机数字控制系统中不可或缺的部件。一个完整的控制系统通常既有 A/D 转换电路，又有 D/A 转换电路，如图 10.1 所示。

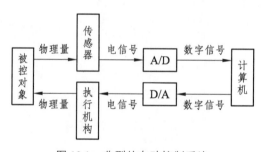

图 10.1　典型的自动控制系统

10.1　D/A 转换器

10.1.1　D/A 转换器的基本原理

D/A 转换器的作用是把数字量转换成对应的模拟量，其输入的是数字量，输出的是模拟量。由于构成数字代码的每一位都有一定的"权"，因此为了将数字量转换成模拟量，必须将数字量中每一位代码按其"权"转换成相应的模拟量，然后再将代表各位代码的模拟量相加即可得到与该数字量成正比的模拟量，这就是 D/A 转换器的基本思想。

D/A 转换器的转换特性是指其输出模拟量和输入数字量之间的转换关系。以二进制为例，一个多位二进制数中每一位的 1 所代表的数值大小称为这一位的权。如果一个 n 位二进制数

用 $D_n=d_{n-1}d_{n-2}\cdots d_1d_0$ 表示，那么最高位到最低位的权依次为 2^{n-1}、2^{n-2}、$\cdots 2^1$、2^0。这里我们称 $D_n=d_{n-1}d_{n-2}\cdots d_1d_0$ 为数字信号，把按照权位展开后相加所得到的信号称为模拟信号。理想 D/A 转换器的转换特性应是输出模拟量与输入数字量成正比，即

$$u_o = K_u(d_{n-1}\cdot 2^{n-1}+d_{n-2}\cdot 2^{n-2}+\cdots+d_1\cdot 2^1+d_0\cdot 2^0)$$ （10.1）

D/A 转换器种类很多，下面只介绍权电阻网络 D/A 转换器和 T 形电阻网络 D/A 转换器。

10.1.2 二进制权电阻网络 D/A 转换器

图 10.2 所示为 4 位 DAC 的逻辑电路图，它用于对 4 位二进制数字量进行数/模转换。它由电子开关、电阻求和网络、运算放大器和基准电压源等组成。

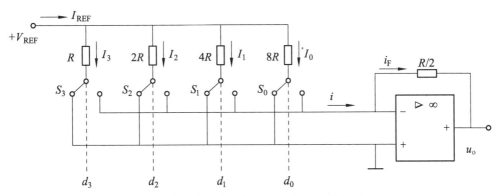

图 10.2 4 位二进制权电阻网络 D/A 转换器

V_{REF} 是由基准电压源提供的，称为参考电压或基准电压。

S_0、S_1、S_2、S_3 是各位的电子模拟开关，是由电子器件构成的。

$d_3d_2d_1d_0$ 是输入数字量，是存放在数码寄存器中的 4 位二进制数，各位数码分别控制相应位的电子模拟开关，当二进制数第 k 位 $d_k=1$ 时，开关 S_k 接到右端，即将基准电源 V_{REF} 经第 k 条支路电阻 R_k 的电流汇集到运算放大器的反相输入端。当 $d_k=0$ 时，S_k 接到左端，则相应电流将直接流入地。

二进制权电阻网络 D/A 转换器不论模拟开关接到集成运算放大器的反相输入端（虚地）还是接到地，也就是不论输入数字信号是 1 还是 0，各支路的电流不变。

各支路电流分别为

$$I_0=\frac{V_{REF}}{8R}\quad I_1=\frac{V_{REF}}{4R}\quad I_2=\frac{V_{REF}}{2R}\quad I_3=\frac{V_{REF}}{R}$$ （10.2）

则反向输入端总电流为

$$\begin{aligned}
i &= I_0d_0+I_1d_1+I_2d_2+I_3d_3 \\
&= \frac{V_{REF}}{8R}d_0+\frac{V_{REF}}{4R}d_1+\frac{V_{REF}}{2R}d_2+\frac{V_{REF}}{4R}d_3 \\
&= \frac{V_{REF}}{2^3R}(d_3\cdot 2^3+d_2\cdot 2^2+d_1\cdot 2^1+d_0\cdot 2^0)
\end{aligned}$$ （10.3）

根据反相比例加法运算电路输出电压与各输入电压的关系，可得图 10.2 所示电路的模拟量输出 u_o 为

$$u_o = -R_F i_F = -\frac{R}{2} \cdot i \tag{10.4}$$

$$= -\frac{V_{REF}}{2^4}(d_3 \cdot 2^3 + d_2 \cdot 2^2 + d_1 \cdot 2^1 + d_0 \cdot 2^0)$$

输出电压的大小与输入数字量的状态和参考电压的大小有关。

10.1.3 T 形电阻网络 D/A 转换器

T 形电阻网络由 R 和 $2R$ 两种阻值的电阻构成。4 位数/模转换器 T 形电阻网络由 8 个电阻构成，n 位数/模转换器由 $2n$ 个电阻构成。它的输出端接到运算放大器的反相输入端（见图 10.3）。

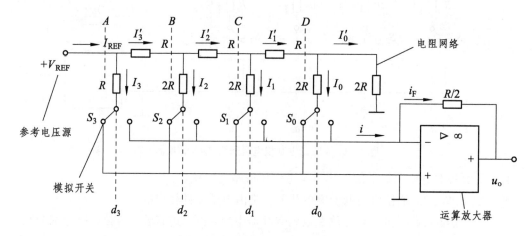

图 10.3 T 形电阻网络 D/A 转换器

从虚线 A、B、C、D 处向右看的二端网络等效电阻都是 R，不论模拟开关接到集成运算放大器的反相输入端（虚地）还是接地，也就是不论输入数字信号是 1 还是 0，各支路的电流不变。其中

$$I_{REF} = \frac{V_{REF}}{R} \tag{10.5}$$

各支路的电流分别为

$$I_3 = \frac{1}{2}I_{REF} = \frac{V_{REF}}{2R} \quad I_2 = \frac{1}{4}I_{REF} = \frac{V_{REF}}{4R}$$

$$I_1 = \frac{1}{8}I_{REF} = \frac{V_{REF}}{8R} \quad I_0 = \frac{1}{16}I_{REF} = \frac{V_{REF}}{16R} \tag{10.6}$$

反向输入端合成电流为

$$i = I_0 d_0 + I_1 d_1 + I_2 d_2 + I_3 d_3$$
$$= (\frac{1}{16} d_0 + \frac{1}{8} d_1 + \frac{1}{4} d_2 + \frac{1}{2} d_3) \frac{V_{REF}}{R} \qquad (10.7)$$
$$= \frac{V_{REF}}{2^4 R}(d_3 \cdot 2^3 + d_2 \cdot 2^2 + d_1 \cdot 2^1 + d_0 \cdot 2^0)$$

集成运算放大器的输出电压

$$u_o = -R_F i_F = -R_F i = -\frac{V_{REF} R_F}{2^4 R}(d_3 \cdot 2^3 + d_2 \cdot 2^2 + d_1 \cdot 2^1 + d_0 \cdot 2^0) \qquad (10.8)$$

输出电压的大小与输入数字量的状态和参考电压的大小有关。

由此推广到一般情况，若有 n 位二进制数 $d_{n-1} d_{n-2} d_{n-3} \cdots d_2 d_1 d_0$，其相应的十进制数为

$$N = 2^{n-1} \cdot d_{n-1} + 2^{n-2} \cdot d_{n-2} + \cdots + 2^1 \cdot d_1 + 2^0 \cdot d_0 \qquad (10.9)$$

如果将其输入到 n 位 D/A 转换器中，则相应的输出模拟电压为

$$u_o = -\frac{1}{2^n} \cdot \frac{R_F}{R} \cdot U_{REF} \cdot (2^{n-1} \cdot d_{n-1} + 2^{n-2} \cdot d_{n-2} + \cdots + 2^1 \cdot d_1 + 2^0 \cdot d_0) \qquad (10.10)$$

可见，输入的数字量被转换为模拟电压，而且输出模拟电压的大直接与输入二进制数的大小成正比，从而实现了数字量到模拟电压的转换。

例如，对于 4 位 D/A 转换器，当 $d_3 d_2 d_1 d_0 = 1111$ 时，$u_o = -\frac{15}{16} \cdot \frac{R_F}{R} \cdot U_{REF}$；当 $d_3 d_2 d_1 d_0 = 0111$，

$u_o = -\frac{7}{16} \cdot \frac{R_F}{R} \cdot U_{REF}$。

其他类型的 D/A 转换器，电路形式各异，但输出模拟电压与输入的数字量的关系基本与上述关系相同。

10.1.4　D/A 转换器的主要技术指标

D/A 转换器的主要技术指标有分辨率、转换精度、输出建立时间。

1. 分辨率

分辨率用于表征 D/A 转换器对输入微小量变化敏感程度。其定义为 D/A 转换器模拟输出电压可能被分离的等级数。输入数字量位数愈多，输出电压可分离的等级愈多，即分辨率愈高。所以在实际应用中，往往用输入数字量的位数表示 D/A 转换器的分辨率。在分辨率为 n 位的 D/A 转换器中，输出电压能区分 $2n$ 个不同的输入二进制代码状态，能给出 $2n$ 个不同等级的输出模拟电压。

此外，分辨率也可以用 D/A 转换器的最小输出电压（对应的输入数字量只有最低有效位为 1）与最大输出电压（对应的输入数字量所有有效位全为 1）的比值表示。

n 位 D/A 转换器的分辨率可表示为 $\frac{1}{2^n - 1}$。它表示 D/A 转换器在理论上可以达到的精度。例如，10 位 D/A 转换器的分辨率为

$$\frac{1}{2^{10} - 1} = \frac{1}{1023} \approx 0.001$$

2. 转换精度

D/A 转换器的转换精度是指输出模拟电压的实际值与理想值之差，即最大静态转换误差。通常用最大误差与满量程输出电压的百分比表示。例如，某 DAC 的满量程输出电压为 10 V，假设其转换精度为 1%，就意味着输出电压的最大误差为±0.1 V。

3. 输出建立时间

从输入数字信号起，到输出电压或电流到达稳定值时所需要的时间，称为输出建立时间。

10.1.5 集成 D/A 转换芯片 DAC0832 及其应用

随着集成电路技术的发展，由于 D/A 转换器的应用十分广泛，所以制成了各种 D/A 转换集成电路芯片供选用。按输入的二进制数的位数有 8 位、10 位、12 位和16 位等。集成芯片有多种型号，如 DAC0832 是 8 位 D/A 转换器，它可与 Z80、I8085 等微处理器芯片直接连用，它的输出要外接运算放大器，模拟电子开关则集成在芯片内部。

DAC0832 的主要技术指标：

- 分辨率为 8 位；
- 电流稳定时间 1 μs；
- 可双缓冲，单缓冲或直接数字输入；
- 只需在满量程下调整其线性度；
- 单一电源供电（+5 ~ +15 V）；
- 低功耗，20 mW。

DAC0832 由三大部分组成：一个 8 位输入寄存器、一个 8 位 DAC 寄存器和一个 8 位 D/A 转换器，其原理框图和引脚图如图 10.4 所示。在 D/A 转换器中采用的是 T 形 R-2R 电阻网络。DAC0832 器件由于有两个可以分别控制的数据寄存器，使用时有较大的灵活性，可以根据需要接成多种工作方式。

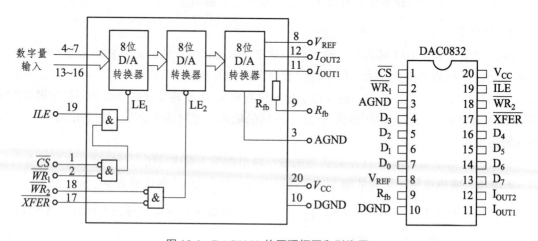

图 10.4　DAC0832 的原理框图和引脚图

各引脚的功能：

I_{OUT1}、I_{OUT2}：电流（模拟信号）输出端。

D_7~D_0：数据（数字信号）输入端（D_7 为最高有效位，D_0 为最低有效位）。

R_F：反馈电阻，用作外接运算放大器的负反馈电阻，与 DAC 具有相同的温度特性。

U_{REF}：参考电压输入，可在 –10~+10 V 之间选择。

U_{CC}：电源电压，可在 +5~+15 V 之间选择（推荐值 +15 V）。

AGND：模拟地。

DGND：数字地。

$\overline{CS}$：片选信号，低电平有效，$\overline{CS}=0$ 时，本芯片选通，可以运行。

ILE：输入寄存器选通信号，高电平有效。

$\overline{WR_1}$：写信号1，低电平有效。当 $\overline{CS}=0$、$ILE=1$、$\overline{WR_1}=0$ 时，输入数据被送入输入寄存器，当 $\overline{WR_1}=1$ 时，输入寄存器中的数据被锁存，不能修改其中的内容。

$\overline{XFER}$：传输控制信号，低电平有效。

$\overline{WR_2}$：写信号2，低电平有效。当 $\overline{XFER}=0$ 和 $\overline{WR_2}=0$ 时，输入寄存器的内容被送入数据寄存器，并进行 D/A 转换。

图 10.5 是 DAC0832 与单片机 8031 的单缓冲方式接口电路，$\overline{CS}$ 和 $\overline{XFER}$ 和 8031 的地址线 P_{27} 相连，ILE 接高电平（+5 V），$\overline{WR_1}$ 和 $\overline{WR_2}$ 都由 8031 的写信号 $\overline{WR}$ 端控制。当 8031 的地址线选通 DAC0832 后，只要发出 $\overline{WR}$ 信号（即 $\overline{WR}=0$），就能一步完成数字量的输入锁存和 D/A 转换输出。

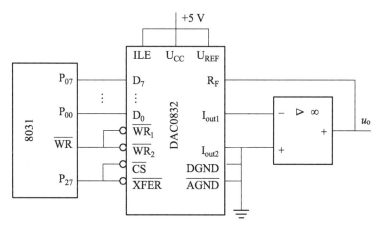

图 10.5　DAC0832 配接单片机的典型电路

10.2　A/D 转换器

10.2.1　A/D 转换器的基本原理

A/D 转换器与 D/A 转换器的功能正好相反，它的任务是将模拟量输入信号（如电压或电流信号）转换成数字量输出。在 A/D 转换电路中，由于输入模拟信号是连续变化的，而输出数字信号是离散的，因此，模数转换一般分为四个步骤：采样、保持、量化、编码。其基本原理如图10.6所示。

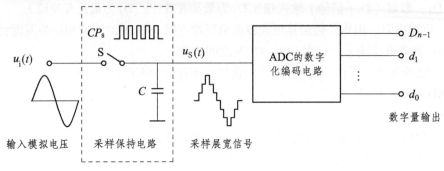

图 10.6　A/D 转换工作原理

1. 采样-保持电路

因为模拟电压在时间上一般是连续变化的量，而要输出的是数字量（二进制数），所以在进行转换时必须在一系列选定的时间间隔对模拟电压采样，经采样保持电路得出的每次采样结束时的电压就是待转换的输入电压 u_i。

图10.7是采样-保持电路的原理图和输入输出波形。模拟电子开关 S 在采样脉冲的控制下重复接通、断开。S 接通时，$u_i(t)$ 对 C 充电，为采样过程；S 断开时，C 上的电压保持不变，为保持过程。在保持过程中，采样的模拟电压经数字化编码电路转换成一组 n 位的二进制数输出。t_0 时刻 S 闭合，C 被迅速充电，电路处于采样阶段。由于两个放大器的增益都为1，因此这一阶段 u_o 跟随 u_i 变化，即 $u_o = u_i$。t_1 时刻采样阶段结束，S 断开，电路处于保持阶段。若 A_2 的输入阻抗为无穷大，S 为理想开关，则 C 没有放电回路，两端保持充电时的最终电压值不变，从而保证电路输出端的电压 u_o 维持不变。

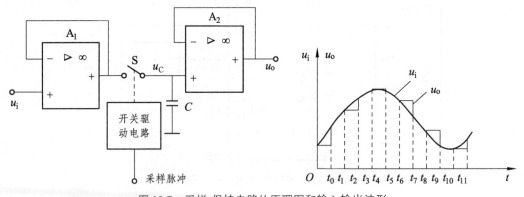

图 10.7　采样-保持电路的原理图和输入输出波形

2. 量化与编码

输入的模拟信号经采样保持后，得到的是阶梯波信号，而阶梯波的幅度是连续可变的，有无限多个值。要把连续变化的所有电平都转化为不同的数字信号是不可能的，也是不必要的。我们用近似的方法去取值，将采样保持后的值，用一个规定的最小基准单元电平去度量，其值用这个最小基准单元（称为量化单位 Δ）的 N 倍（N 为整数）来确定。当然可能出现量度有余数（小于量化单元部分），这时，规定用某种公式或取整归并为 $N+1$ 或舍弃成 N 倍。这种将连续的幅值经取整归并后，变成量化单元整数倍的转化过程称为量化。

将量化后的有限个数值予以赋值，即用一个有规律的二进制代码去表示量化后的值，称之为编码。显然，编码输出的数字信号最低有效位的 1 代表的数量大小就等于 Δ。由于模拟信号是连续的，那么它就不一定能被 Δ 整除，因此量化过程不可避免地引入误差，这种误差称为量化误差。

A/D 转换器类型也较多，下面介绍目前应用比较广泛的两种，逐次逼近型和双积分型 A/D 转换器。

10.2.2 逐次逼近型 A/D 转换器

逐次逼近型 A/D 转换器的工作原理可用天平称量过程作比喻来说明。若有 4 个质量分别为 8 g、4 g、2 g、1 g 的砝码，去称 13 g 的物体，可采用表 10.1 所示的步骤称量。

表 10.1　逐次逼近型称物举例

顺序	砝码称量	比较判断	该砝码是保留或除去	暂时结果
1	8 g	砝码重量<待测物重量	保留	8 g
2	加 4 g	砝码总重量<待测物重量	保留	12 g
3	加 2 g	砝码总重量>待测物重量	除去	12 g
4	加 1 g	砝码总重量=待测物重量	保留	13 g

由表可见，上述称量过程遵循以下几条规则：

（1）按砝码质量逐次减半的顺序加入砝码。

（2）每次所加砝码是否保留，取决于加入新的砝码后天平上的砝码总质量是否超过待测物质量。若超过，新加入的砝码应撤除；若未超过，新加砝码应保留。

（3）直到质量最轻的一个砝码也试过后，则天平上所有砝码的质量总和就是待测物质量。

逐次逼近型 A/D 转换器的工作原理与上述称物过程十分相似。逐次逼近型 A/D 转换器一般由顺序脉冲发生器、逐次逼近寄存器、D/A 转换器和电压比较器等几部分组成，其原理框图如图 10.8 所示。

图 10.8　逐次逼近型 A/D 转换器原理框图

转换开始前先将所有寄存器清零。开始转换以后，时钟脉冲首先将寄存器最高位置成 1，使输出数字为 $100\cdots0$。这个数码被 D/A 转换器转换成相应的模拟电压 u_o，送到比较器中与 u_i 进行比较。若 $u_i > u_o$，说明数字过大，故将最高位的 1 清除；若 $u_i < u_o$，说明数字还不够大，

应将这一位保留。然后，再按同样的方式将次高位置成 1，并且经过比较后确定这个 1 是否应该保留。这样逐位比较下去，一直到最低位为止。比较完毕后，寄存器中的状态就是所要求的数字量输出。

10.2.3 双积分型 A/D 转换器

双积分型 A/D 转换器属于间接型 A/D 转换器，它是把待转换的输入模拟电压先转换为一个中间变量，如时间 T；然后再对中间变量量化编码，得出转换结果，这种 A/D 转换器多称为电压-时间变换型（简称 VT 型）。图 10.9 给出的是 VT 型双积分式 A/D 转换器的原理图。

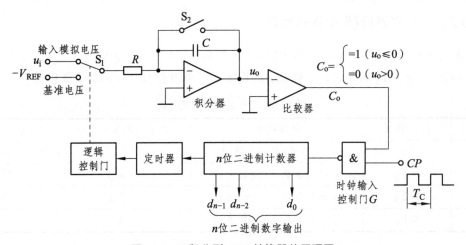

图 10.9 双积分型 A/D 转换器的原理图

开关 S_1 控制将模拟电压或基准电压送到积分器输入端。开关 S_2 控制积分器是否处于积分工作状态。

比较器对积分器输出模拟电压的极性进行判断：$u_o \leq 0$ 时，比较器输出 $C_o=1$（高电平）；$u_o > 0$，比较器输出 $C_o=0$（低电平）。

时钟输入控制门是由比较器的输出 C_o 进行控制：当 $C_o=1$ 时，允许时钟脉冲输入至计数器；当 $C_o=0$ 时，时钟脉冲禁止输入。

计数器对输入时钟脉冲个数进行计数。

定时器在计数器计数计满时（即溢出）就置 1。

逻辑控制门控制开关 S 的动作，以选择输入模拟信号或基准电压。

双积分型 A/D 转换器与逐次逼近型 A/D 转换器相比较，因有积分器的存在，积分器的输出只对输入信号的平均值有所响应，所以，它的突出优点是工作性能比较稳定且抗干扰能力强。由以上分析可以看出，只要两次积分过程中积分器的时间常数相等，计数器的计数结果就与 RC 无关，所以，该电路对 RC 精度的要求不高，而且电路的结构也比较简单。双积分型 A/D 转换器属于低速型 A/D 转换器，一次转换时间为 1～2 ms，而逐次比较型 A/D 转换器可达到 1 μs。不过在工业控制系统中的许多场合，毫秒级的转换时间已经绰绰有余，因此，双积分型 A/D 转换器得到了广泛应用。

10.2.4 A/D 转换器的主要技术指标

A/D 转换器的主要技术指标有分辨率、转换精度、转换速度。

分辨率是指引起输出数字量变动一个二进制码最低有效位（LSB）时，输入模拟量的最小变化量。它反映了 A/D 转换器对输入模拟量微小变化的分辨能力。在最大输入电压一定时，位数越多，量化单位越小，分辨率越高。

转换精度是指实际的各个转换点偏离理想特性的误差。

转换速度是指完成一次转换所需的时间。转换时间是指从接到转换控制信号开始，到输出端得到稳定的数字输出信号所经过的这段时间。

10.2.5 集成 A/D 转换芯片 ADC0809 及其应用

目前，一般用得多是单片集成 A/D 转换器，其种类很多，例如 ADC0801 、ADC0804 、ADC0809 等。在使用时可查阅产品手册，以了解其引脚排列及使用要求。

以 ADC0809 为例，它是用 CMOS 工艺制成的逐次逼近型 A/D 转换器，有 8 路模拟量输入通道，输出为 8 位二进制数，最高转换速率的为 100 μs 。ADC0809 的原理框图和引脚排列如图 10.10 和图 10.11 所示，各个引脚功能如下：

$IN_0 \sim IN_7$：8 个模拟量输入通道，可以对 8 路不同的模拟输入量进行 A/D 转换。

ADDC 、ADDB 、ADDA（C 、B 、A）：通道号选择端口，例如 $CBA = 000$，选通 IN_0 通道；$CBA = 101$，选通 IN_5 通道；等等。

$D_7 \sim D_0$：数据（数字信号）输出端（D_7 为最高有效位，D_0 为最低有效位）。

START：启动 A/D 转换，当 $START = 1$ 时，开始 A/D 转换。

EOC：转换结束信号，当 A/D 转换结束后，EOC 端发出一个正脉冲，作为判断 A/D 转换是否完成的检测信号，或作为向计算机申请中断（请求对转换结果进行处理）的信号。

OE：输出允许控制端，当 $OE = 1$ 时，将 A/D 转换结果送入数据总线（即读取数字量）。

CLK：实时时钟，可通过外接 RC 电路改变芯片的工作频率。

U_{CC}：电源电压，+5 V 。

REF(+) 、REF(−)：外接参考电压端口，为片内 D/A 转换器提供标准电压，一般 REF(+) 接 +5 V ，REF(−) 接地。

GND：接地端。

ALE：地址锁存信号，高电平有效，当 $ALE = 1$ 时，允许 C 、B 、A （通道号选择端口）所示通道地址读入地址锁存器，并将所选择通道的模拟量接入 A/D 转换器。

图 10.12 是 ADC0809 的典型应用接线图，其中地址输入 $CBA = 000$ 是选中通道 IN_0 为输入通道（C 、B 、A 端可由计算机控制，以选择不同的模拟量输入通道）。由计算机发出的片选信号 $\overline{CS}$ 使本片 A/D 转换器被选中，写控制信号 $\overline{WR}$ 控制 A/D 转换开始，读控制信号 $\overline{RD}$ 允许输出数字量。EOC 信号可作为 A/D 转换器的状态查询信号，也可用作向计算机申请中断处理的信号。

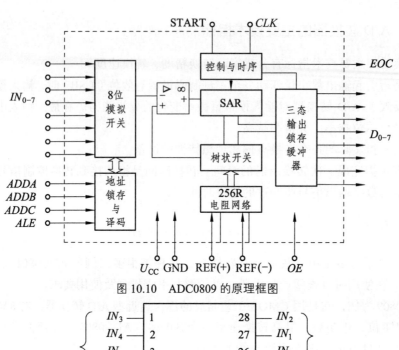

图 10.10 ADC0809 的原理框图

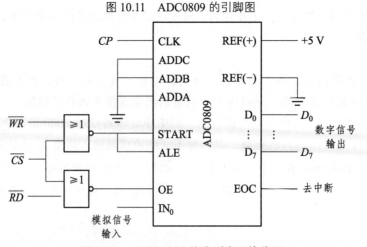

习 题

一、填空题

1. D/A 转换器是把输入的_____转换成与之成比例的_____。

2. T 形电阻网络 D/A 转换器由_____、_____、_____及_____组成。

3. 最小输出电压和最大输出电压之比叫作_____,它取决于 D/A 转换器的_____。

4. 精度指输出模拟电压的_____和_____之差,即最大静态误差。主要是参考电压偏离_____、运算放大器_____、模拟开关的_____、电阻值误差等引起的。

5. D/A 转换器输出方式有_____、_____和_____。

6. 采样是将时间上_____(a. 连续变化,b. 断续变化)的模拟量,转换成时间上_____(a. 连续变化,b. 断续变化)的模拟量。

二、判断题(正确打 √,错误的打 ×)

1. 采样是将时间上断续变化的模拟量,转换成时间上连续变化的模拟量。 (   )

2. 在两次采样之间,应将采样的模拟信号暂存起来,并把该模拟信号保持到下一个采样脉冲到来之前。 (   )

3. 非线性误差主要由转换网络和运算放大器的非线性引起的。 (   )

4. 双积分 A/D 转换器转换前要将电容充电。 (   )

5. 分辨率以二进制代码表示,位数越多分辨率越高。 (   )

三、计算题

1. 求 8 位 D/A 转换器的分辨率。

2. 有一个 6 位 D/A 转换器,最大输出电压为 10 V,那么当 $D=101001$ 时,输出电压为多少?

[1] 吕国泰，白明友. 电子技术[M]. 北京：高等教育出版社，2019.

[2] 付植桐. 电子技术[M]. 北京：高等教育出版社，2021.

[3] 董昌春，袁冬琴. 电工电子技术[M]. 北京：高等教育出版社，2017.

[4] 王建珍. 电子技术[M]. 北京：人民邮电出版社，2012.

[5] 冯泽虎. 数字电子技术[M]. 北京：高等教育出版社，2018.

[6] 沈任元. 电气技术基础[M]. 北京：机械工业出版社，2013.

[7] 徐超明. 电子技术[M]. 北京：人民邮电出版社，2021.

[8] 许珊. 电工电子技术实训教程[M]. 北京：北京邮电大学出版社，2013.